装备科技译著出版基金

小型无人机理论与应用

SMALL UNMANNED AIRCRAFT
Theory and Practice

[美]兰德尔·W. 比尔德(Randal W. Beard)
[美]蒂莫西·W. 麦克莱恩(Timothy W. McLain) 著
王　强　沈自才　伍政华　丁义刚　译

U0375689

国防工業出版社
·北京·

著作权合同登记 图字：军 -2014 -200 号

图书在版编目(CIP)数据

小型无人机理论与应用 / （美）兰德尔 · W. 比尔德（Randal W. Beard），（美）蒂莫西 · W. 麦克莱恩（Timothy W. McLain）著；王强等译. —北京：国防工业出版社，2024. 4 重印

书名原文：Small Unmanned Aircraft：Theory and Practice

ISBN 978-7-118-10969-6

Ⅰ. ①小… Ⅱ. ①兰… ②蒂… ③王… Ⅲ. ①无人驾驶飞机 - 研究 Ⅳ. ①V279

中国版本图书馆 CIP 数据核字(2017)第 023035 号

※

国防工业出版社出版发行

（北京市海淀区紫竹院南路 23 号 邮政编码 100048）

天津嘉恒印务有限公司印刷

新华书店经售

*

开本 710 × 1000 1/16 **印张** 15¾ **字数** 292 千字

2024 年 4 月第 1 版第 2 次印刷 **印数** 2001—3500 册 **定价** 116. 00 元

（本书如有印装错误，我社负责调换）

国防书店：（010）88540777 发行邮购：（010）88540776

发行传真：（010）88540755 发行业务：（010）88540717

前　　言

无人机(Unmanned Aircraft Systems,UAS)在世界范围内的防御计划和防御策略中扮演着越来越重要的角色。技术上的进步同时推动了大型无人机(如"全球鹰""肉食动物")和小型并且越来越适合于无人操控的飞机(如"黄蜂""夜鹰")的发展。近期的军事冲突表明,无人机在军事上有着广泛的应用,如反恐、监控、战场破坏评估以及通信中继。

在民用及商业领域同样有着广泛的潜在应用,包括环境监测(如污染、天气、科学应用),森林火灾监测,国土安全,边境巡逻,毒品禁止,空中监视与测绘,交通监测,精细化农业,减灾救灾,自组通信网络,乡村搜索及搜救。但是,这些应用要想得到成熟的发展,必须要增加无人机系统的可靠性,拓展其功能,改善其易用性并且降低其成本。除了这些技术和经济方面的因素之外,应用无人机在本国和国际空间飞行也需要解决在管理方面的限制。

无人机系统不单指飞机本身,还包括系统中应用的所有支持设备,包括传感器、微控制器、软件、地面站计算机、用户界面以及通信设备。本书主要集中在飞机及其导航、制导与控制子系统。无人机通常可以分为两大类:固定翼飞机和旋翼飞机。两类飞机在自动飞行设计方面各有其独特的性质。本书主要集中介绍固定翼飞机,并根据飞机的尺寸对其进行分类。小型无人机主要是指翼展在5~10英尺(1英尺=0.3048m)的固定翼飞机。小型无人机通常是由汽油驱动的,而且一般情况下需要跑道进行起飞和降落。当然,有一个著名的特例是波音公司的"扫描鹰",它采用弹射装置起飞。小型无人机通常的设计工作时间在10~12h,载质量为10~50磅(1磅=0.4536kg)。

微小型飞机(Miniature Air Vehicle, MAV)是指翼展小于5英尺的固定翼飞机。MAV通常是由电池驱动、手动发射并用机身着陆,因此其起飞和降落不需要跑道。其设计飞行时间从20min到几小时。负载质量可以从几盎司到几磅。负载能力小限制了MAV上可以装配的传感器模块和机载计算机。这些限制给MAV自动操作模式的设计带来了有趣的挑战。不过,本书中所描述的很多概念也适用于更大或者更小的飞机,本书的重点是如何实现制导和控制负载能力受限的小型和微型飞机。

本书原本的创作意图是要为研究生讲授一门课程,使学生们能够从事无人机协同控制方面的研究工作。我们的大多数学生具有电气工程、计算机工程、机械工程或者计算机科学的研究背景。只有很少的学生上过空气动力学方面的课程，电气工程、计算机工程和计算机科学专业的学生一般都没有上过运动学、动力学或者流体力学等课程。不过，多数学生上过信号与系统、反馈控制、机器人学和计算机视觉的课程。

在飞机动力学与控制方面有很多相关的教材，不过大多假设读者具有航空学的背景但却没有接触过反馈控制。文献[1-6]等教材在没有介绍流体动力学和航空学基本概念的情况下讨论空气动力学。同时，这些教材通常包括反馈控制概念的详细介绍，如根轨迹等。文献[7]更接近于我们所要教给学生的，但是其重点在于自动控制中的稳定性增强系统。自动操作需要的不仅是简单的自动驾驶，还包括自动起飞和降落、路径规划、路径跟踪等操作，并且要集成高度的自主决策过程。据我们所知，目前并没有涵盖飞机动力学模型、底层自动驾驶仪设计、状态估计以及高级路径规划等内容的教材。我们希望这本书能够填补这个空白。我们的目标读者是具有反馈控制和机器人学背景知识的电气工程、计算机工程、机械工程和计算机科学专业的学生。我们希望本书也能够对那些航空领域的工程师在自动控制系统方面有所帮助。

在本书的写作过程中，我们的目标是写作13章，每章包括3个小时课程，这样这个课程就很适合一学期的教学内容。不过其中某些章节比我们原来预想得要长一些，我们的经验是书中的内容能够在一学期的课程中完整讲述。附加的材料可以让指导教师在讲述内容上有一些自由度。

本书的一个独特之处在于附带的设计项目。在我们讲述这门课程的时候，从原来布置书写作业发展到计算机仿真任务。我们发现当学生们完成计算机仿真的时候，他们会更仔细地分析资料，而且理解得也更深入。

我们讲授这门课的时候，让学生们开发一套完整的飞行模拟器，包括真实的飞行动力学、传感器模型、自动驾驶仪设计以及路径规划。在课程结束的时候，学生们已经完成了这个项目的每个部分，而且也理解了这些部分是如何整合在一起的。此外，他们理解了一个相当复杂的飞行模拟软件的内部工作原理，并可以在他们今后的研究项目中应用。

我们的设计项目原来是要用C/C++语言来开发实现的，这需要学生具有熟练的编程能力。有些时候，这给学生和指导教师增加了额外的负担。因此，我们修改了练习项目，用Matlab/Simulink就可以实现。我们觉得这可以使学生的精力能够更加集中于MAV相关的概念而不是编程方面的细节。附录中给出了在MAV仿真的开发中将要用到的主要的Matlab/Simulink工具。与本书相关的网站也给出了能够帮助读者完成书中项目的仿真设计文件。

目　　录

第1章　引　　言

1.1　系统架构

本书的目的是使读者能够在这个令人兴奋且快速发展的无人机自主导航、制导与控制领域从事相关研究工作。本书的重点在于自动和半自动飞行软件算法的设计。为了能够在这个领域里工作,研究人员需要熟悉广泛的研究内容,包括坐标系变换、空气动力学、自动驾驶仪设计、状态估计、路径规划以及计算机视觉。本书的目标就是要涵盖这些关键内容,并特别强调这些理论在微小型飞机(Miniature Air Vehicle, MAV)中的应用。

在讨论过程中,我们需要记住如图 1.1 所示的软件结构。图中标注为无人机的是一个 6 自由度的真实飞机,会对控制命令输入(升降翼、副翼、舵和油门)、风和其他干扰做出响应。固定翼飞行的数学模型相对复杂,相关内容会在第 2 章 ~ 第 5 章以及第 9 章中介绍。特别地,第 2 章会讨论坐标系及其间的变换。研究坐标变换是必要的,因为对 MAV 的很多设定都是在惯性系下(如在特定轨道运行),而大多数传感器的测量值是相对于体坐标系,执行器施加力和力矩也是相对体坐标系。第 3 章提出刚体运动的运动学和动力学方程。第 4 章介绍作用在固定翼飞机上的空气动力和力矩。第 5 章将第 3 章和第 4 章的结果进行结合,并得出 MAV 的 6 自由度、12 状态的非线性动态模型。由于希望在仿真中达到较高的精度,这个 6 自由度的模型相对复杂,处理起来也会麻烦一些。如果用较低阶的线性模型,那么飞机控制方法的设计与分析会容易一些。第 5 章推导出了进行适当简化后的线性模型,包括线性传递函数和状态空间模型。

图 1.1 中的自动驾驶仪模块指的是用来保持滚转和俯仰角度、飞行速度、高度和航向角度等的底层控制算法。第 6 章介绍设计自动驾驶仪闭环控制规律的标准方法。嵌套的控制回路逐级来实现,其中内环控制实现滚转和俯仰角度保持,外环控制实现飞行速度、高度和航线控制。

自动驾驶仪和更高阶的模块依赖于对状态的精确估计,包括对加速度计、速率陀螺、压力传感器、磁力计和 GPS 接收器等板载传感器进行动态滤波所得到的状态。对这些传感器及其数学模型的描述在第 7 章给出。由于无法用标准传感器测出小型飞机的所有状态,所以状态估计算法起到了非常重要的作用。第 8 章给出了几种对 MAV 进行状态估计非常有效的方法。

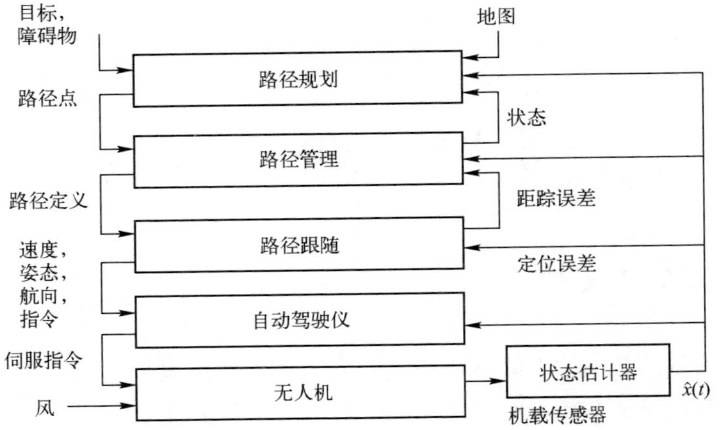

图 1.1　本书所采用的系统架构。路径规划模块能够产生通过有障碍环境的直线或者 Dubins 路径。路径管理模块通过在轨迹跟踪和直线路径跟踪之间切换实现沿预定路线的运行。路径跟踪模块则向底层的自动驾驶仪发送命令对飞机进行控制。上述模块都依赖于对板载传感器的数据进行滤波而得到的状态估计结果

一个包括自动驾驶和状态估计方法在内的完整的飞行动力学模型会表现为一个高维、高复杂度、非线性的方程组。系统的完整方程过于复杂不利于高层的制导算法的开发。因此，第 9 章介绍了能够描述系统闭环特性的低阶非线性方程组模型。后续的章节中用这些模型来设计制导算法。

MAV 的主要设计难点之一是在有风的条件中飞行。MAV 正常的飞行速度为 20～40 英里/h（1 英里 = 1.6093km），而地表几百英尺之上的风速通常超过 10 英里/h。因此，MAV 必须具备在风中灵活飞行的能力。机器人领域中的传统轨迹跟踪方法不能很好地适用于 MAV。应用这些方法的主要难点是其要求在确定的时间到达确定的地点，而这在由于风速的未知变化而导致飞机实际飞行速度变化的情况下难以精确实现。反而，这种简单地保持飞机运行在期望路径上的路径跟踪算法在实际的飞行测试中被证明是有效的。第 10 章介绍了图 1.1 中路径规划模块相关的算法和技术。我们集中讨论的是直线路径、圆形和弧形轨迹。其他要用到的路径形式可以通过这些直线和弧线的路径组合来实现。

图 1.1 中的路径管理模块是一个有限状态机，将一系列路径点配置（位置和方向）转换为一系列的直线路径和弧形轨迹以方便 MAV 跟踪。这样可以简化路径规划问题，路径规划可以设计一系列直线路径的组合指引 MAV 通过有障碍物的区间，也可以设计一条 Dubins 路径通过障碍区间。第 11 章介绍路径管理，第 12 章介绍路径规划。在路径规划中，我们考虑两类问题。第一类问题为点到点的算法，即目标是在躲避一组障碍物的同时，从起始位置运动到终止位

置。第二类问题是搜索算法,其目标是在具有位置传感器的条件下覆盖一个确定的区间,搜索过程可以不要求明确的终止位置。

几乎所有用到 MAV 的应用都会用到板载的电子 - 光学/红外(EO/IR)照相机,其典型目的是为用户提供视觉信息。不过 MAV 的负载能力有限,用照相机进行导航、制导和控制也是有实际意义的。如何有效利用照相机信息是目前一个活跃的研究领域。第 13 章会讨论在 MAV 中应用照相机的几种方法,包括地理定位和基于视觉的着陆。地理定位利用图像序列以及板载传感器来估计地面上物体的世界坐标。基于视觉的着陆则利用 MAV 获得的视频信息将其导引到一个图像中可识别的目的地。我们觉得对这些问题的理解有助于进一步研究基于视觉的 MAV 制导方法。

第 13 章采用图 1.2 所示的软件体系,其中路径规划模块已经被替换为基于视觉的制导模块。不过,基于视觉的制导控制律在与软件体系中的模块进行交互时,与路径规划模块采用相同的模式。该体系的模块化性质是其最明显的特征之一。

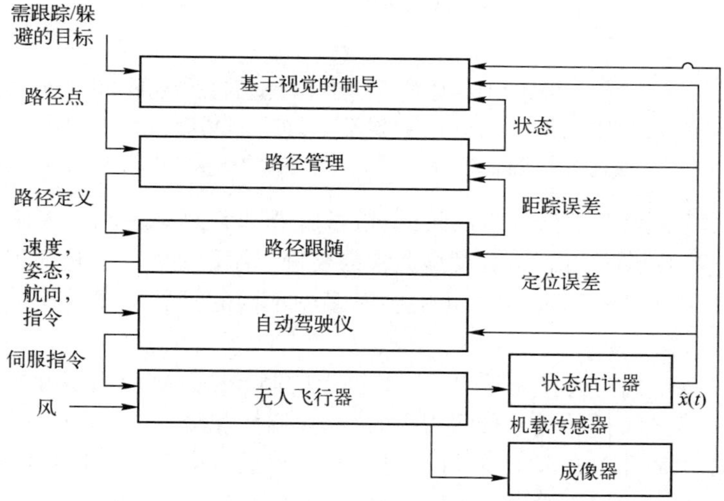

图 1.2　基于视觉的制导与控制的系统架构。加入了照相机作为额外的传感器,并且将路径规划模块替换为基于视觉的制导模块

1.2　设计模型

本书所遵循的设计思路如图 1.3 所示。在某一环境工作的无人机在图 1.3 中描述为“物理系统”,包括执行器(控制翼和推进器)和传感器(惯导测量单元(IMU)、GPS、照相机等)。设计过程的第一步是利用非线性差分方程对物理系

统进行建模。在这一步中,近似和简化是必不可少的,以期能够用数学的方法抓住物理模型的所有重要特性。在本书中,物理系统的模型包括刚体运动学和动力学(第 3 章),飞行动力和力矩(第 4 章),板载传感器(第 7 章)。得到模型称为图 1.3 中的"仿真模型",将要用来对物理系统进行高可信度的计算机仿真。但是,必须说明这个仿真模型只是物理系统的近似,我们用这个模型是因为用它来进行设计是有效的,但不能假定其会在物理系统中正常工作。

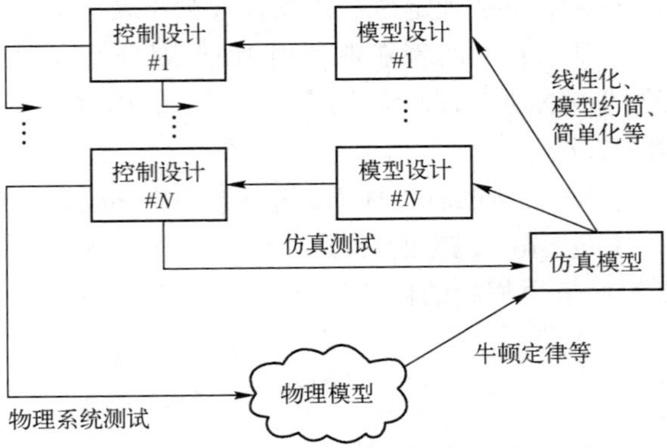

图 1.3　设计过程。利用物理学原理,对物理模型进行数学建模,得到仿真模型。对仿真模型进行简化得到用于控制器设计的设计模型。控制器的设计通过仿真进行测试和调试,并最终在物理系统上实现

仿真模型通常是非线性且高阶的,数学计算非常复杂不利于控制系统的设计。因此,为了方便设计,仿真模型通常需要进行简化和线性化进而得到低阶的设计模型。对于任一物理系统,可能会有多种不同的模型描述设计过程的不同特性。

对于 MAV,我们会在底层的控制和高层的制导中分别应用多种不同的设计模型。第 5 章把飞机的运动分解为纵向运动(俯仰和爬升)和侧向运动(滚转和转向),并对每种不同的运动采用不同的设计模型。第 5 章中推导的线性设计模型将在第 6 章中用来设计底层的自动驾驶回路以实现飞机空速、高度和航线角度的控制。第 8 章将介绍如何用小型无人机上常见的传感器来估计自动驾驶回路所需要的系统状态。

描述系统物理特性、自动驾驶控制和状态估计的数学方程在作为整体考虑的时候非常复杂,对于高层的制导规律设计并不适用。因此,第 9 章中,我们对系统的闭环特性提出了非线性设计模型,其输入为需要的速度、高度和航向角,其输出为飞机的惯性位置和方向。第 9 章提出的设计模型将在第 10 章 ~ 第 13 章中用来设计 MAV 的制导策略。

如图 1.3 所示,设计模型是用来设计制导和控制系统的。设计结果要通过高置信度的仿真模型进行测试,如果设计模型没有描述系统的某些关键特征,则

需要根据高置信度仿真模型对其进行修改和强化。将设计结果在仿真模型上进行彻底的测试之后，就可以在实际物理系统上实现、测试和调试该设计结果，有时需要修改仿真模型使其更加匹配物理系统。

1.3 设计项目

本书将传统的纸笔练习题的形式转换为一个完整并具有一定扩展性的设计项目。该设计项目是本书的一个重要组成部分，我们相信这个设计项目能够非常有效地帮助读者理解本书各个研究内容的内在联系。

设计项目包括从头开始建立一个 MAV 的飞行模拟器。该模拟器用 Matlab/Simulink 来建立，而且我们的设计任务并不需要安装额外的扩展包。本书的网页上，包括一系列不同的 Matlab 和 Simulink 文件，可以帮助读者完成飞行模拟器的设计。我们的策略是给读者提供一个基本的文件框架，其各个模块之间能够正确地传递信息，需要读者自己来实现每个模块的内部功能。这个项目的设计要逐步递进，即成功地完成前一章的设计内容才能开始下一章的设计工作。为了帮助读者了解每章内容的设计是否工作正常，本书的网站上提供了很多图形用以展示飞行模拟器在每个阶段的输出状态。

第 2 章的项目设计任务是设计一个飞机的动画，以确保您在屏幕上能够适当地旋转飞机的机体。附录 C 提供了在 Matlab 中设计动画的教程。第 3 章的设计任务是用刚体的运动方程来驱动动画。第 4 章，在模拟器中加入了作用在固定翼飞机上的力和力矩。第 5 章的任务是用 Matlab 的命令 trim 和 linmod 找到飞机的稳态参数，并导出系统的线性传递函数和状态空间模型。第 6 章的设计任务是加入利用真实状态对飞机进行控制的自动驾驶模块。第 7 章将传感器的模型加入到模拟器中。第 8 章加入了状态估计的方法，可以实现用现有的传感器估计出实现自动驾驶需要的状态。第 8 章的设计任务完成后，可以得到只利用现有传感器信息控制飞行速度、高度和航线角的闭环系统。第 9 章的设计任务是用简单的设计模型来近似闭环系统的特性，并调整设计模型的参数使其能够很好地匹配闭环高置信度仿真模型的特性。第 10 章的任务是为直线跟踪和有风条件下的环形循迹设计制导算法。第 11 章用直线跟踪和环形循迹来合成更加复杂的路径，其中特别强调 Dubins 路径的跟踪。第 12 章的设计任务是实现快速探测随机树（RRT）路径规划，设计出能够通过障碍物空间的 Dubins 路径。第 13 章的设计任务是在一个移动的目标上安装摄像机，并通过板载传感器和摄像机数据估计该目标的惯性位置（地理定位）。

第2章 坐 标 系

在研究无人机系统的过程中,理解不同物体间彼此如何确定方位是十分重要的。显然,我们需要了解如何确定飞机相对于地球的方位,也需要了解如何确定传感器(如相机)相对于飞机的方位,或者是天线相对于地面信号源的方位。本章将具体介绍用于描述飞机、传感器位置和方向的不同坐标系,以及这些坐标系之间的坐标变换。而使用不同的坐标系十分必要,具体有如下原因:

(1) 牛顿运动学方程是在固定的惯性系下推导出来的,但机体坐标系下描述运动会更容易。

(2) 空气动力和力矩施加于飞机本身,更容易在机体坐标系下表示。

(3) 加速度计、速率陀螺等板载传感器相对机体坐标系测量信息,而 GPS 相对惯性系测量位置、对地速度和航线角。

(4) 大多数任务需要的徘徊点(loiter points)、飞行轨迹等信息都在惯性系中规定。此外,地图信息也在惯性系中给出。

一个坐标系变换到另一个坐标系要通过两种基本操作,即旋转和平移。2.1 节描述旋转矩阵及其在不同坐标系变换中的应用。2.2 节描述微型飞机系统中所应用的特定坐标系。2.3 节定义空速、地速、风速和这些量之间的关系。2.4 节进行风速三角形的进一步讨论。2.5 节推导在旋转平移坐标系中矢量微分的表达式。

2.1 旋转矩阵

首先来考虑图 2.1 所示的两个坐标系。矢量 $\boldsymbol{p}$ 可分别在 $\mathcal{F}^0$ 系(以($\boldsymbol{i}^0$, $\boldsymbol{j}^0$, $\boldsymbol{k}^0$)为基底)和 $\mathcal{F}^1$ 系(以($\boldsymbol{i}^1$, $\boldsymbol{j}^1$, $\boldsymbol{k}^1$)为基底)。在 $\mathcal{F}^0$ 系中,有

$$\boldsymbol{p} = p_x^0\boldsymbol{i}^0 + p_y^0\boldsymbol{j}^0 + p_z^0\boldsymbol{k}^0$$

在 $\mathcal{F}^1$ 系中,有

$$\boldsymbol{p} = p_x^1\boldsymbol{i}^1 + p_y^1\boldsymbol{j}^1 + p_z^1\boldsymbol{k}^1$$

矢量集($\boldsymbol{i}^0$, $\boldsymbol{j}^0$, $\boldsymbol{k}^0$)和($\boldsymbol{i}^1$, $\boldsymbol{j}^1$, $\boldsymbol{k}^1$)的元素都是互相垂直的单位矢量。

由以上两式有

$$p_x^1\boldsymbol{i}^1 + p_y^1\boldsymbol{j}^1 + p_z^1\boldsymbol{k}^1 = p_x^0\boldsymbol{i}^0 + p_y^0\boldsymbol{j}^0 + p_z^0\boldsymbol{k}_0$$

将上式两侧同时与$\boldsymbol{i}^1$, $\boldsymbol{j}^1$, $\boldsymbol{k}^1$ 作点乘,并将结果表示为矢量形式:

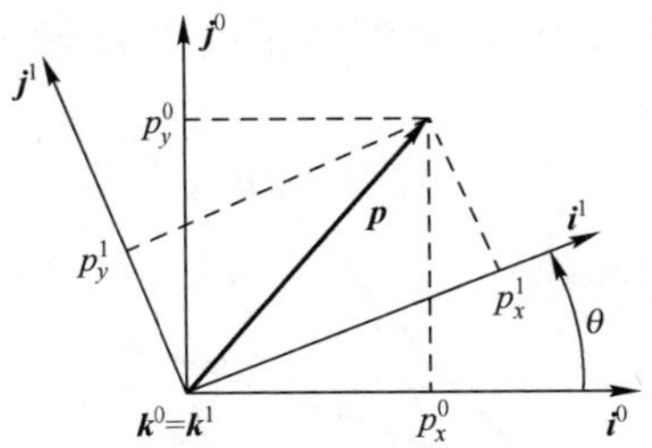

图 2.1　平面旋转示意图

$$\boldsymbol{p}^1 \triangleq = \begin{pmatrix} p_x^1 \\ p_y^1 \\ p_z^1 \end{pmatrix} = \begin{pmatrix} \boldsymbol{i}^1 \cdot \boldsymbol{i}^0 & \boldsymbol{i}^1 \cdot \boldsymbol{j}^0 & \boldsymbol{i}^1 \cdot \boldsymbol{k}^0 \\ \boldsymbol{j}^1 \cdot \boldsymbol{i}^0 & \boldsymbol{j}^1 \cdot \boldsymbol{j}^0 & \boldsymbol{j}^1 \cdot \boldsymbol{k}^0 \\ \boldsymbol{k}^1 \cdot \boldsymbol{i}^0 & \boldsymbol{k}^1 \cdot \boldsymbol{j}^0 & \boldsymbol{k}^1 \cdot \boldsymbol{k}^0 \end{pmatrix} \begin{pmatrix} p_x^0 \\ p_y^0 \\ p_z^0 \end{pmatrix}$$

由图 2.1 中的几何关系，得到

$$\boldsymbol{p}^1 = \mathcal{R}_0^1 \boldsymbol{p}^0 \tag{2.1}$$

式中

$$\mathcal{R}_0^1 \triangleq \begin{pmatrix} \cos\theta & \sin\theta & 0 \\ -\sin\theta & \cos\theta & 0 \\ 0 & 0 & 1 \end{pmatrix}$$

符号 $\mathcal{R}_0^1$ 用来表示从 $\mathcal{F}^0$ 系到 $\mathcal{F}^1$ 系的旋转。

相似地，坐标系关于 y 轴的一个右手旋转可记为

$$\mathcal{R}_0^1 \triangleq \begin{pmatrix} \cos\theta & 0 & -\sin\theta \\ 0 & 1 & 0 \\ \sin\theta & 0 & \cos\theta \end{pmatrix}$$

坐标系关于 x 轴的右手旋转可以记为

$$\mathcal{R}_0^1 \triangleq \begin{pmatrix} 1 & 0 & 0 \\ 0 & \cos\theta & \sin\theta \\ 0 & -\sin\theta & \cos\theta \end{pmatrix}$$

文献[7]中指出，正弦项的负号出现在只含有 0 和 1 的某行的上方。

以上方程中的矩阵 $\mathcal{R}_0^1$ 是众多规范化旋转矩阵中的一个例子。规范化旋转矩阵有以下特性：

(1) $(\mathcal{R}_a^b)^{-1} = (\mathcal{R}_a^b)^{\mathrm{T}} = \mathcal{R}_b^a$；

(2) $\mathcal{R}_b^c \mathcal{R}_a^b = \mathcal{R}_a^c$；

(3) $\det(\mathcal{R}_a^b) = 1$。

其中：det(·)表示矩阵的行列式。

在推导式(2.1)时，矢量 $\boldsymbol{p}$ 是常矢量，坐标系 $\mathcal{F}^1$ 由 $\mathcal{F}^0$ 右手旋转 θ 角获得。此外，旋转矩阵也可以用于表示在固定坐标系中，矢量旋转了规定的角度。例

如,矢量 $\boldsymbol{p}$ 在 $\mathcal{F}^0$ 系中绕$\boldsymbol{k}^0$ 轴旋转 θ 角,如图 2.2 所示。

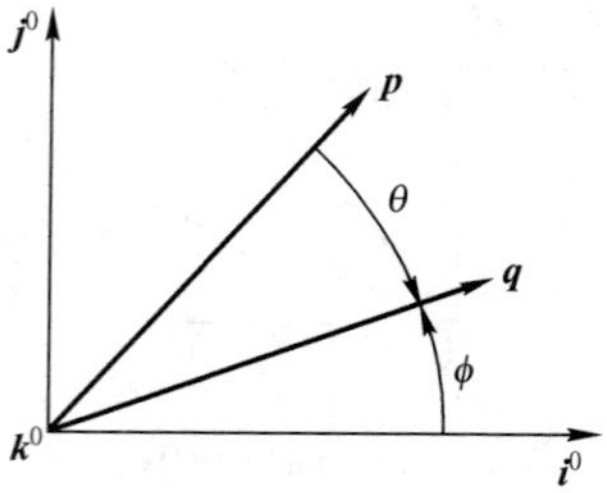

图 2.2　$\boldsymbol{p}$ 绕$\boldsymbol{k}^0$ 轴旋转

假设 $\boldsymbol{p}$ 和 $\boldsymbol{q}$ 都在$\boldsymbol{i}^0-\boldsymbol{j}^0$ 平面内,可以分别写出 $\boldsymbol{p}$ 和 $\boldsymbol{q}$ 的分量形式:

$$\boldsymbol{p}=\begin{pmatrix} p\cos(\theta+\phi) \\ p\sin(\theta+\phi) \\ 0 \end{pmatrix}=\begin{pmatrix} p\cos\theta\cos\phi-p\sin\theta\sin\phi \\ p\sin\theta\cos\phi+p\cos\theta\sin\phi \\ 0 \end{pmatrix} \tag{2.2}$$

及

$$\boldsymbol{q}=\begin{pmatrix} q\cos\phi \\ q\sin\phi \\ 0 \end{pmatrix} \tag{2.3}$$

其中,$p \triangleq |\boldsymbol{p}|=q \triangleq |\boldsymbol{q}|$。联立式(2.2)及式(2.3)得

$$\boldsymbol{p}=\begin{pmatrix} \cos\theta & \sin\theta & 0 \\ -\sin\theta & \cos\theta & 0 \\ 0 & 0 & 1 \end{pmatrix}\boldsymbol{q}=(\mathcal{R}_0^1)^{\mathrm{T}}\boldsymbol{q}$$

及

$$\boldsymbol{q}=\mathcal{R}_0^1\boldsymbol{p}$$

在这个例子中,旋转矩阵 $\mathcal{R}_0^1$ 可以表示为矢量 $\boldsymbol{p}$ 左手旋转 θ 角,成为同一个参考系下新矢量 $\boldsymbol{q}$ 的情况。而矢量的右手旋转(在这个例子中,为从 $\boldsymbol{q}$ 到 $\boldsymbol{p}$)可以用$(\mathcal{R}_0^1)^{\mathrm{T}}$ 表示。这种表示与我们最初使用旋转矩阵来表示将一个固定矢量 $\boldsymbol{p}$ 从 $\mathcal{F}^0$ 系变换到 $\mathcal{F}^1$ 系($\mathcal{F}^1$ 系由 $\mathcal{F}^0$ 系右手旋转而来)的解释是不同的。

2.2　MAV 坐标系

为了获取和理解微型无人机的动态行为,几种坐标系需要我们关注。本节将定义并描述以下坐标系:惯性坐标系、飞机坐标系、飞机-1 坐标系、飞机-2 坐标系、机体坐标系、稳定坐标系、风轴坐标系。惯性系和飞机坐标系是平移相关的,其他坐标系是旋转相关的。确定飞机坐标系、飞机-1 坐标系、飞机-2 坐标系、机体坐标系相对方向的是描述飞机姿态的滚动、俯仰和偏航角。这些角被更广泛地称为欧拉角。确定机体系、稳定系和风轴系相对方向的旋转角是攻角及侧滑角。本书始终忽略地球自转，并将地面视为平面，这对于 MAV 来说是合理有效的假设。

2.2.1 惯性坐标系 $\mathcal{F}^i$

惯性坐标系是与地球固连的坐标系，其原点在地面一点。如图 2.3 所示，单位矢量$\boldsymbol{i}^i$ 轴指向正北方向，$\boldsymbol{j}^i$ 轴指向正东方向，$\boldsymbol{k}^i$ 轴指向地心或竖直向下。该坐标系有时也称为北东地参考系(North-East-Down reference frame)。一般认为，北是惯性 x 轴的方向，东是惯性 y 轴的方向，地是惯性 z 轴的方向。

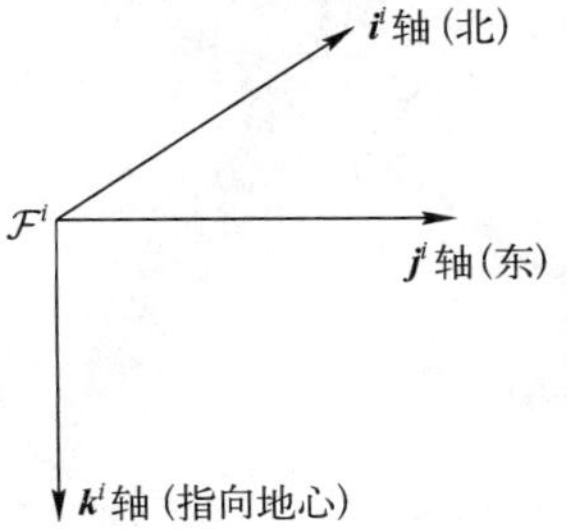

图 2.3　惯性坐标系。$\boldsymbol{i}^i$ 轴指向正北方向，$\boldsymbol{j}^i$ 轴指向正东方向，$\boldsymbol{k}^i$ 轴指向地心

2.2.2 飞机坐标系 $\mathcal{F}^v$

飞机坐标系的原点是 MAV 的质心。但是，$\mathcal{F}^v$ 的坐标轴矢量与惯性系的坐标轴矢量共线，即单位矢量$\boldsymbol{i}^v$ 轴指向正北，$\boldsymbol{j}^v$ 轴指向正东，$\boldsymbol{k}^v$ 轴指向地心，如图 2.4 所示。

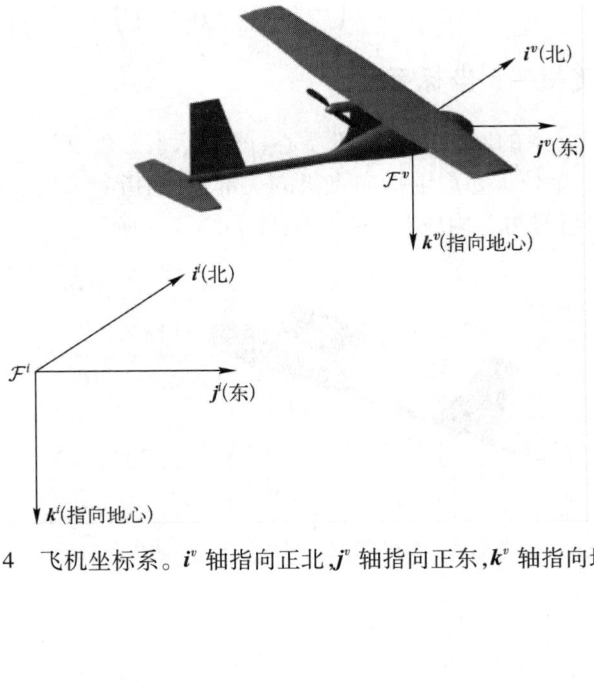

图 2.4　飞机坐标系。$\boldsymbol{i}^v$ 轴指向正北，$\boldsymbol{j}^v$ 轴指向正东，$\boldsymbol{k}^v$ 轴指向地心

2.2.3 飞机－1 坐标系 $\mathcal{F}^{v1}$

飞机－1 坐标系的原点与飞机坐标系相同，为飞机质心。$\mathcal{F}^{v1}$ 系是 $\mathcal{F}^{v}$ 系绕 $\boldsymbol{k}^{v}$ 轴右手旋转偏航角 ψ 得到的。在没有附加旋转时，$\boldsymbol{i}^{v1}$ 轴指向飞机的头部，$\boldsymbol{j}^{v1}$ 轴指向飞机右翼，$\boldsymbol{k}^{v1}$ 轴与 $\boldsymbol{k}^{v}$ 轴共线，指向地心。飞机－1 坐标系如图 2.5 所示。

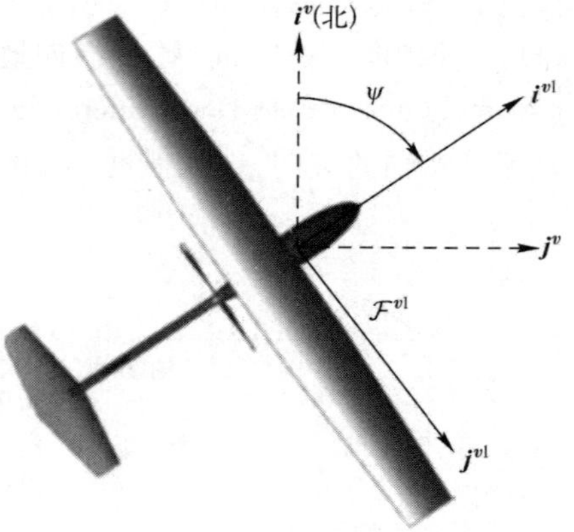

图 2.5　飞机－1 坐标系。$\boldsymbol{i}^{v1}$ 轴指向飞机的头部，$\boldsymbol{j}^{v1}$ 轴指向飞机右翼，$\boldsymbol{k}^{v1}$ 轴指向地心

从 $\mathcal{F}^{v}$ 系到 $\mathcal{F}^{v1}$ 系的变换矩阵如下：

$$\boldsymbol{p}^{v1} = \mathcal{R}_{v}^{v1}(\psi)\boldsymbol{p}^{v}$$

其中

$$\mathcal{R}_{v}^{v1}(\psi) = \begin{pmatrix} \cos\psi & \sin\psi & 0 \\ -\sin\psi & \cos\psi & 0 \\ 0 & 0 & 1 \end{pmatrix}$$

2.2.4 飞机－2 坐标系 $\mathcal{F}^{v2}$

飞机－2 坐标系的原点仍为飞机质心，该坐标系是由 $\mathcal{F}^{v1}$ 系绕$\boldsymbol{j}^{v1}$ 轴右手旋转俯仰角 θ 获得。单位矢量$\boldsymbol{i}^{v2}$ 轴指向飞机的头部，$\boldsymbol{j}^{v2}$ 轴指向飞机的右翼，$\boldsymbol{k}^{v2}$ 轴指向飞机的腹部，即与前两者构成右手系。具体如图 2.6 所示。

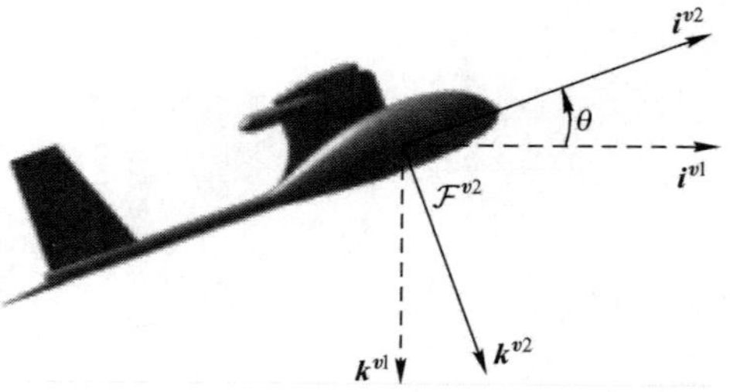

图 2.6　飞机－2 坐标系。$\boldsymbol{i}^{v2}$ 轴指向飞机的头部，$\boldsymbol{j}^{v2}$ 轴指向右翼，$\boldsymbol{k}^{v2}$ 轴指向腹部

从 $\mathcal{F}^{v1}$ 系到 $\mathcal{F}^{v2}$ 系的变换矩阵如下：

$$\boldsymbol{p}^{v2} = \boldsymbol{\mathcal{R}}_{v1}^{v2}(\theta)\boldsymbol{p}^{v1}$$

其中

$$\boldsymbol{\mathcal{R}}_{v1}^{v2}(\theta) = \begin{pmatrix} \cos\theta & 0 & -\sin\theta \\ 0 & 1 & 0 \\ \sin\theta & 0 & \cos\theta \end{pmatrix}$$

2.2.5 机体坐标系 $\mathcal{F}^b$

机体坐标系由 $\mathcal{F}^{v2}$ 系绕 $\boldsymbol{i}^{v2}$ 右手旋转滚转角 ϕ 得到，原点仍为飞机质心。$\boldsymbol{i}^b$ 轴指向飞机的头部，$\boldsymbol{j}^b$ 轴指向飞机的右翼，$\boldsymbol{k}^b$ 轴指向飞机的腹部。机体坐标系如图 2.7 所示。单位方向矢量 $\boldsymbol{i}^b$，$\boldsymbol{j}^b$，$\boldsymbol{k}^b$ 有时也相应地称为体轴 x(body x)、体轴 y(body y)、体轴 z(body z)。

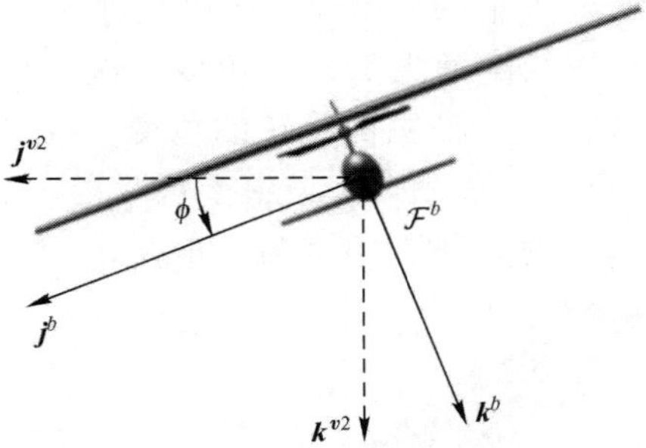

图 2.7　机体坐标系。$\boldsymbol{i}^b$ 轴指向飞机的头部，$\boldsymbol{j}^b$ 轴指向飞机的右翼，$\boldsymbol{k}^b$ 轴指向飞机的腹部

从 $\mathcal{F}^{v2}$ 系到 $\mathcal{F}^b$ 系的变换矩阵为

$$\boldsymbol{p}^b = \boldsymbol{\mathcal{R}}_{v2}^{b}(\phi)\boldsymbol{p}^{v2}$$

其中

$$\boldsymbol{\mathcal{R}}_{v2}^{b}(\phi) = \begin{pmatrix} 1 & 0 & 0 \\ 0 & \cos\phi & \sin\phi \\ 0 & -\sin\phi & \cos\phi \end{pmatrix}$$

从飞机坐标系变换到机体坐标系的变换矩阵为

$$\boldsymbol{\mathcal{R}}_{v}^{b}(\phi,\theta,\psi) = \boldsymbol{\mathcal{R}}_{v2}^{b}(\phi)\boldsymbol{\mathcal{R}}_{v1}^{v2}(\theta)\boldsymbol{\mathcal{R}}_{v}^{v1}(\psi) \tag{2.4}$$

$$= \begin{pmatrix} 1 & 0 & 0 \\ 0 & \cos\phi & \sin\phi \\ 0 & -\sin\phi & \cos\phi \end{pmatrix}\begin{pmatrix} \cos\theta & 0 & -\sin\theta \\ 0 & 1 & 0 \\ \sin\theta & 0 & \cos\theta \end{pmatrix}\begin{pmatrix} \cos\psi & \sin\psi & 0 \\ -\sin\psi & \cos\psi & 0 \\ 0 & 0 & 1 \end{pmatrix}$$

$$= \begin{pmatrix} c_\theta c_\psi & c_\theta s_\psi & -s_\theta \\ s_\phi s_\theta c_\psi - c_\phi s_\psi & s_\phi s_\theta s_\psi + c_\theta c_\psi & s_\phi c_\theta \\ c_\theta s_\theta c_\psi + s_\phi s_\psi & c_\phi s_\theta s_\psi - s_\phi c_\psi & c_\phi c_\theta \end{pmatrix} \tag{2.5}$$

式中：$c_\phi \triangleq \cos\phi, s_\phi \triangleq \sin\phi$。而 ϕ,θ,ψ 常称为欧拉角(Euler angle)。欧拉角应用广泛，因其提供了一种直观的方式来表示刚体的三维定向。$\psi-\theta-\phi$ 旋转序列广泛应用在飞机的讨论中，而这只是欧拉角的一个应用[8]。

欧拉角的物理意义清晰，这促进了其广泛的应用。然而，欧拉角存在数学奇点问题，可能导致计算不稳定的情况发生。对于 $\psi-\theta-\phi$ 旋转序列，在俯仰角 θ 为 $\pm 90°$时，偏航角 ψ 会产生不确定的情况。这种奇异问题常被称为闭锁(gimbal lock)。常用来代替欧拉角的方法是四元数法。尽管四元数表示姿态没有欧拉角那么直观，但它没有数学奇异点，计算起来也更有效。四元数法具体将在附录 B 中讨论。

2.2.6 稳定坐标系 $\mathcal{F}^s$

空气动力随机身在空气中移动而产生。我们将飞机相对周围空气的速度称为空速矢量，记为$\boldsymbol{V}_a$。空速矢量的大小通常简单地称为空速 V_a。为了使飞机上升，飞机飞行时必须使机翼与空速矢量成正角度。这个角度称为攻角，记为 α。如图 2.8 所示，攻角是飞机绕$\boldsymbol{j}^b$ 轴左手旋转的角度，且$\boldsymbol{i}^s$ 与$\boldsymbol{V}_a$ 在$\boldsymbol{i}^b$ 与$\boldsymbol{k}^b$ 形成的平面上的投影方向是一致的。左手旋转是由于正攻角定义的需要，从稳定坐标系$\boldsymbol{i}^s$ 轴右手旋转到机体坐标系$\boldsymbol{i}^b$ 轴的角度为正角度。

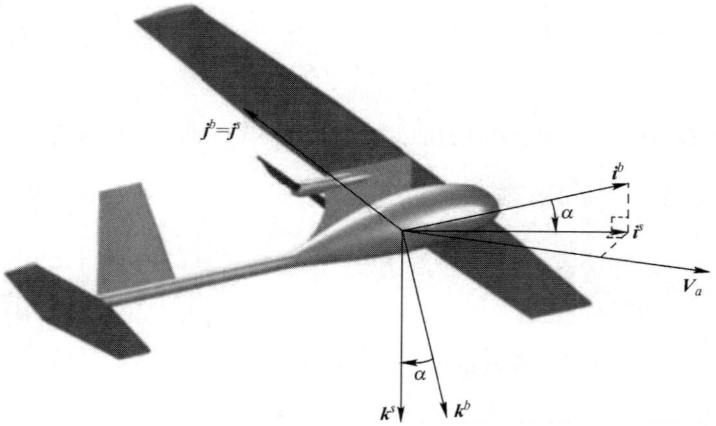

图 2.8 稳定系。$\boldsymbol{i}^s$ 轴沿着$\boldsymbol{V}_a$ 在$\boldsymbol{i}^b-\boldsymbol{k}^b$ 平面的投影，$\boldsymbol{j}^s$ 与机体坐标系$\boldsymbol{j}^b$ 轴相同，$\boldsymbol{k}^s$ 与两者组成右手系。需注意的是，攻角的定义是绕$\boldsymbol{j}^b$ 轴的左手旋转

由于 α 是由左手旋转给出，从 $\mathcal{F}^b$ 系到 $\mathcal{F}^s$ 系的变换如下：

$$\boldsymbol{p}^s = \mathcal{R}_b^s(\alpha)\boldsymbol{p}^b$$

其中

$$\mathcal{R}_b^s(\alpha) = \begin{pmatrix} \cos\alpha & 0 & \sin\alpha \\ 0 & 1 & 0 \\ -\sin\alpha & 0 & \cos\alpha \end{pmatrix}$$

2.2.7 风轴坐标系 $\mathcal{F}^w$

速度矢量与$\boldsymbol{i}^b-\boldsymbol{k}^b$ 平面的夹角称为侧滑角,记为 β。如图 2.9 所示,风轴坐标系 $\mathcal{F}^w$ 由稳定坐标系 $\mathcal{F}^s$ 绕$\boldsymbol{k}^s$ 右手旋转 β 获得。单位矢量$\boldsymbol{i}^w$ 与风速矢量$\boldsymbol{V}_a$ 共线。

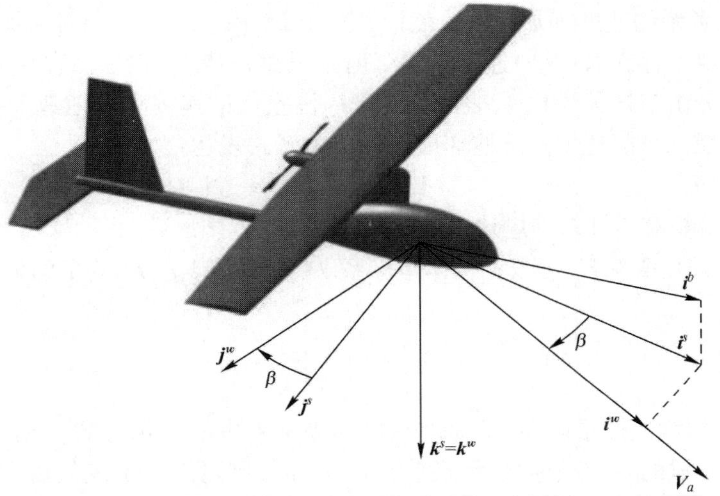

图 2.9 风轴坐标系。$\boldsymbol{i}^w$ 轴沿$\boldsymbol{V}_a$ 方向

从 $\mathcal{F}^s$ 系到 $\mathcal{F}^w$ 系的旋转变换为

$$\boldsymbol{p}^w=\boldsymbol{\mathcal{R}}_s^w(\beta)\boldsymbol{p}^s$$

$$\boldsymbol{\mathcal{R}}_s^w(\beta)=\begin{pmatrix}\cos\beta & \sin\beta & 0\\ -\sin\beta & \cos\beta & 0\\ 0 & 0 & 1\end{pmatrix}$$

从机体坐标系到风轴坐标系的总旋转变换矩阵为

$$\begin{aligned}\boldsymbol{\mathcal{R}}_b^w(\alpha,\beta)&=\boldsymbol{\mathcal{R}}_s^w(\beta)\boldsymbol{\mathcal{R}}_b^s(\alpha)\\ &=\begin{pmatrix}\cos\beta & \sin\beta & 0\\ -\sin\beta & \cos\beta & 0\\ 0 & 0 & 1\end{pmatrix}\begin{pmatrix}\cos\alpha & 0 & \sin\alpha\\ 0 & 1 & 0\\ -\sin\alpha & 0 & \cos\alpha\end{pmatrix}\\ &=\begin{pmatrix}\cos\beta\cos\alpha & \sin\beta & \cos\beta\sin\alpha\\ -\sin\beta\cos\alpha & \cos\beta & -\sin\beta\sin\alpha\\ -\sin\alpha & 0 & \cos\alpha\end{pmatrix}\end{aligned}$$

相应地,从风轴坐标系变换到机体坐标系的旋转变换矩阵为

$$\begin{aligned}\boldsymbol{\mathcal{R}}_w^b(\alpha,\beta)&=(\boldsymbol{\mathcal{R}}_b^w)^{\mathrm{T}}(\alpha,\beta)\\ &=\begin{pmatrix}\cos\beta\cos\alpha & -\sin\beta\cos\alpha & -\sin\alpha\\ \sin\beta & \cos\beta & -\sin\beta\sin\alpha\\ \cos\beta\sin\alpha & 0 & \cos\alpha\end{pmatrix}\end{aligned}$$

2.3 空速、风速和地速

推导 MAV 的动态方程时,需要知道 MAV 所受的惯性力依赖于相对于固定(惯性)参考系的速度和加速度。然而,空气动力依赖于飞机相对于周围空气的速度。当风不存在时,这些速度相同。但是风总是伴随 MAV 而存在着,我们必须仔细区分由空速矢量$\boldsymbol{V}_a$代表的相对于周围空气的速度和由地速矢量$\boldsymbol{V}_g$代表的相对于惯性系的速度。这些速度由以下关系式表达:

$$\boldsymbol{V}_a = \boldsymbol{V}_g - \boldsymbol{V}_w \tag{2.6}$$

式中:$\boldsymbol{V}_w$是相对惯性系的风速。

MAV 速度矢量$\boldsymbol{V}_g$可以在机体坐标系$\mathcal{F}^b$中以沿$\boldsymbol{i}^b$,$\boldsymbol{j}^b$,$\boldsymbol{k}^b$分量的形式表示:

$$\boldsymbol{V}_g^b = \begin{pmatrix} u \\ v \\ w \end{pmatrix}$$

$\boldsymbol{V}_g^b$是相对惯性系的 MAV 速度在机体坐标系中的表示形式。相似地,如果相应地定义风的北、东、地分量分别为w_n,w_e,w_d,则可以得出风矢量在机体坐标系中的表达形式:

$$\boldsymbol{V}_w^b = \begin{pmatrix} u_w \\ v_w \\ w_w \end{pmatrix} = \boldsymbol{\mathcal{R}}_v^b(\phi,\theta,\psi)\begin{pmatrix} w_n \\ w_e \\ w_d \end{pmatrix}$$

空速矢量$\boldsymbol{V}_a$是 MAV 相对风的速度,它在风轴系中的表现形式为

$$\boldsymbol{V}_a^w = \begin{pmatrix} V_a \\ 0 \\ 0 \end{pmatrix}$$

定义u_r,v_r,w_r为空速矢量在机体坐标系的分量①,具体可写成

$$\boldsymbol{V}_a^b = \begin{pmatrix} u_r \\ v_r \\ w_r \end{pmatrix} = \begin{pmatrix} u - u_w \\ v - v_w \\ w - w_w \end{pmatrix}$$

当进行 MAV 仿真时,u_r,v_r,w_r用来计算施加在 MAV 上的力和力矩。机体坐标系矢量分量u,v,w表示 MAV 系统的状态,也更容易从运动方程的解得到。风矢量分量u_w,v_w,w_w一般从作为运动学方程输入的风模型获得。结合这些表达式,可以用空速幅值、攻角、侧滑角几个量来表示空速矢量在机体坐标系中的分量:

---

① 一些飞机教材定义u,v,w是空速矢量在机体坐标系的分量。我们定义u,v,w是地速矢量的机体坐标系分量,而用u_r,v_r,w_r表示空速矢量的机体坐标系分量,来清楚地区分两者。

$$\boldsymbol{V}_a^b = \begin{pmatrix} u_r \\ v_r \\ w_r \end{pmatrix} = \boldsymbol{\mathcal{R}}_w^b \begin{pmatrix} V_a \\ 0 \\ 0 \end{pmatrix}$$

$$= \begin{pmatrix} \cos\beta\cos\alpha & -\sin\beta\cos\alpha & -\sin\alpha \\ \sin\beta & \cos\beta & -\sin\beta\sin\alpha \\ \cos\beta\sin\alpha & 0 & \cos\alpha \end{pmatrix} \begin{pmatrix} V_a \\ 0 \\ 0 \end{pmatrix}$$

则

$$\boldsymbol{V}_a^b = \begin{pmatrix} u_r \\ v_r \\ w_r \end{pmatrix} = V_a \begin{pmatrix} \cos\alpha\cos\beta \\ \sin\beta \\ \sin\alpha\cos\beta \end{pmatrix} \tag{2.7}$$

由反向关系可以得出

$$V_a = \sqrt{u_r^2 + v_r^2 + w_r^2}$$

$$\alpha = \arctan\left(\frac{w_r}{u_r}\right) \tag{2.8}$$

$$\beta = \arcsin\left(\frac{v_r}{\sqrt{u_r^2 + v_r^2 + w_r^2}}\right)$$

考虑到气动力和力矩以更普遍的 V_a, α, β 的形式表示，这些表达式在形成 MAV 的运动方程时尤为重要。

2.4 风速三角

对于 MAV 来说，风速通常是空速的 20% ~50% 。风对 MAV 的影响要比传统大型飞机大得多，大型飞机的空速普遍远大于风速。因此，风对于 MAV 的重要意义不言而喻。在介绍了参考系、飞机速度、风速、空速矢量的概念之后，我们便可以讨论关于小型无人机导航的重要定义了。

地速矢量的方向相对惯性坐标系用两个角标定。它们分别为航线角 χ 和航迹角 γ。图 2.10 表现了两个角的定义方式。航迹角 γ 定义为水平面与地速矢量 $\boldsymbol{V}_g$ 的夹角；航线角 χ 定义为地速矢量在水平面投影与正北方向夹角。

式(2.6)给出的地速矢量、空速矢量及风矢量的关系称为风速三角。关于风速三角将有更为具体的描述，图 2.11 给出了水平面的描述，图 2.12 给出了竖直面的描述。图 2.11 中，飞机在跟踪地面的虚线轨迹，北向由 $\boldsymbol{i}^i$ 矢量给出，飞机的指向由与机体坐标系 x 轴方向一致的 $\boldsymbol{i}^b$ 矢量给出。对于水平面，偏航角 ψ 是 $\boldsymbol{i}^i$ 与 $\boldsymbol{i}^b$ 夹角，也确定了飞机的指向。飞机相对周围空气飞行的方向由空速矢量 $\boldsymbol{V}_a$ 给出。在稳定水平飞行时，$\boldsymbol{V}_a$ 一般与 $\boldsymbol{i}^b$ 共线，即侧滑角 β 为零。

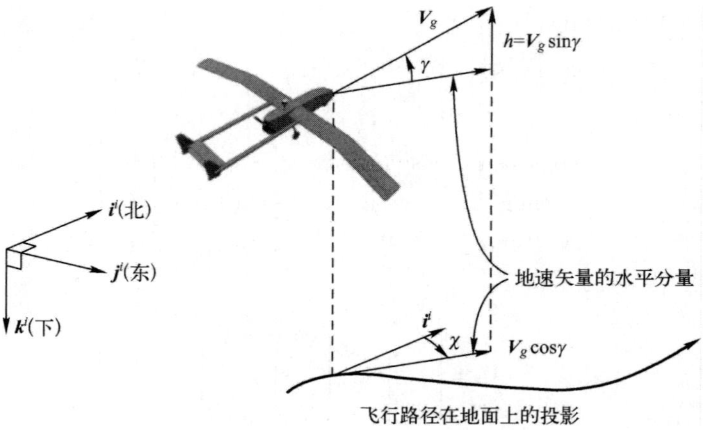

图 2.10　航线角 χ 和航迹角 γ

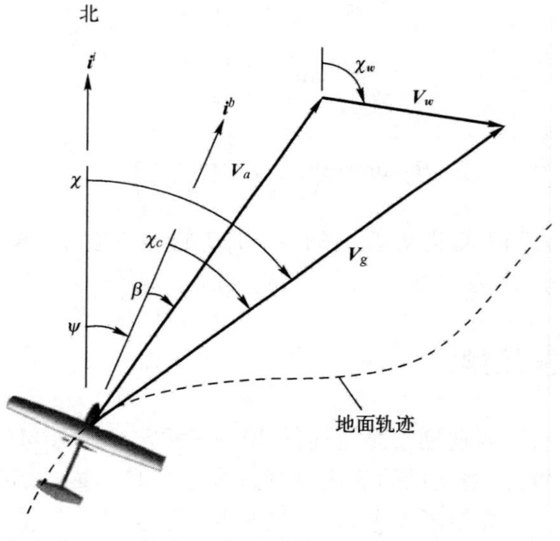

图 2.11　航向是 MAV 的指向，航线是前进方向在地面上的投影。偏航角是航向与航线之间的偏差。没有风的情况下偏航角为零

飞机对地飞行的方向由矢量 V_g 表示。惯性速度矢量在当地北－东平面投影与正北方向夹角称为航线角 χ。如果外界有恒定的风，飞机需要偏航一定角度来跟踪地面与风矢量不共线的轨迹。偏航角 χ_c 定义为航线角和偏航角之差：

$$\chi_c \triangleq \chi - \psi$$

图 2.12 描述了风速三角的竖直部分。当风存在向下的分量时，我们定义从惯性北－东平面到 V_a 的角为对空航迹角（air-mass-referenced flight-path angle），记为 γ_a。对空航迹角、攻角及俯仰角的关系为

$$\gamma_a = \theta - \alpha$$

在无风的条件下，$\gamma_a=\gamma$。

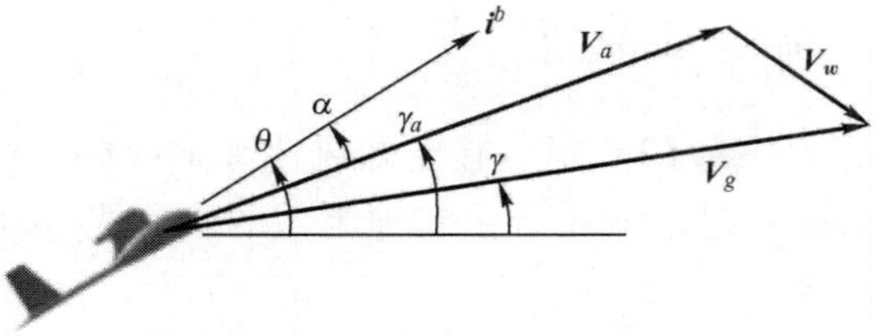

图 2.12　从竖直方向看风速三角

在惯性坐标系中，地速矢量可以表示为

$$\boldsymbol{V}_g^i=\begin{pmatrix}\cos\chi & -\sin\chi & 0\\ \sin\chi & \cos\chi & 0\\ 0 & 0 & 1\end{pmatrix}\begin{pmatrix}\cos\gamma & 0 & \sin\gamma\\ 0 & 1 & 0\\ -\sin\gamma & 0 & \cos\gamma\end{pmatrix}\begin{pmatrix}V_g\\ 0\\ 0\end{pmatrix}=V_g\begin{pmatrix}\cos\chi\cos\gamma\\ \sin\chi\cos\gamma\\ -\sin\gamma\end{pmatrix}$$

式中：$V_g=\|\boldsymbol{V}_g\|$。类似地，空速矢量在惯性坐标系中可表示为

$$\boldsymbol{V}_a^i=V_a\begin{pmatrix}\cos\psi\cos\gamma_a\\ \sin\psi\cos\gamma_a\\ -\sin\gamma_a\end{pmatrix}$$

式中：$V_a=\|\boldsymbol{V}_a\|$。因此，风速三角在惯性坐标系中可表示为

$$V_g\begin{pmatrix}\cos\chi\cos\gamma\\ \sin\chi\cos\gamma\\ -\sin\gamma\end{pmatrix}-\begin{pmatrix}w_n\\ w_e\\ w_d\end{pmatrix}=V_a\begin{pmatrix}\cos\psi\cos\gamma_a\\ \sin\psi\cos\gamma_a\\ -\sin\gamma_a\end{pmatrix}\tag{2.9}$$

式(2.9)使我们获得了 V_g,V_a,χ,ψ,γ 和 γ_a 的关系。特别地，我们将考虑当 χ,γ，风速成分(w_n,w_e,w_d)以及 V_g 或 V_a 之一已知的情况。使式(2.9)两边同时平方，可以得到

$$V_g^2-2V_a\begin{pmatrix}\cos\psi\cos\gamma_a\\ \sin\psi\cos\gamma_a\\ -\sin\gamma_a\end{pmatrix}^{\mathrm{T}}\begin{pmatrix}w_n\\ w_e\\ w_d\end{pmatrix}+V_w^2-V_a^2=0\tag{2.10}$$

式中：$V_w=\|\boldsymbol{V}_w\|=\sqrt{w_n^2+w_e^2+w_d^2}$为风速。给定$\chi,\gamma$，风速成分公式(2.10)可以在给定 V_g 时求解 V_a，也可以在给定 V_a 时求解 V_g，这可以根据需要应用。在求解 V_g 的二次方程时，由于 V_g 一定是正的，可以直接取正的解。

当 V_a 和 V_g 都已知的时候，可以用式(2.9)的第 3 行来求解 γ_a：

$$\gamma_a\approx\arcsin\left(\frac{V_g\sin\gamma+\omega_d}{V_a}\right)\tag{2.11}$$

为了获得 ψ 的表达式，将式(2.9)两端同乘$(-\sin\chi,\cos\chi,0)$，得到了表达式

$$0=V_a\cos\gamma_a(-\sin\chi\cos\psi+\cos\chi\sin\psi)+\begin{pmatrix}w_n\\ w_e\end{pmatrix}^{\mathrm{T}}\begin{pmatrix}-\sin\chi\\ \cos\chi\end{pmatrix}$$

求解 ψ,得

$$\psi = \chi - \arcsin\left(\frac{1}{V_a \cos\gamma_a}\begin{pmatrix} w_n \\ w_e \end{pmatrix}^{\mathrm{T}}\begin{pmatrix} -\sin\chi \\ \cos\chi \end{pmatrix}\right) \tag{2.12}$$

应用式(2.10)~式(2.12),可以在已知风速和 V_g 或 V_a 之一的条件下计算出 ψ 和 γ。也可以通过式(2.9)推导出其他类似的表达式,可以通过 ψ 和 γ_a 来求解 χ 和 γ。

由于风一般对小型无人机的飞行产生重要的影响,我们在书中对其进行了认真的处理。如果风速可忽略,则可以做一些重要的简化。如,当 $V_w = 0$ 时,有 $V_a = V_g, u = u_r, v = v_r, w = w_r, \psi = \chi$(也假设 $\beta = 0$),$\gamma = \gamma_a$。

2.5 矢量的微分

在推导 MAV 运动方程的过程中,若某参考坐标系相对另一参考坐标系运动,计算其中的某矢量的微分是十分必要的。假设我们给出两个坐标系 $\mathcal{F}^i$ 和 $\mathcal{F}^b$,如图 2.13 所示。

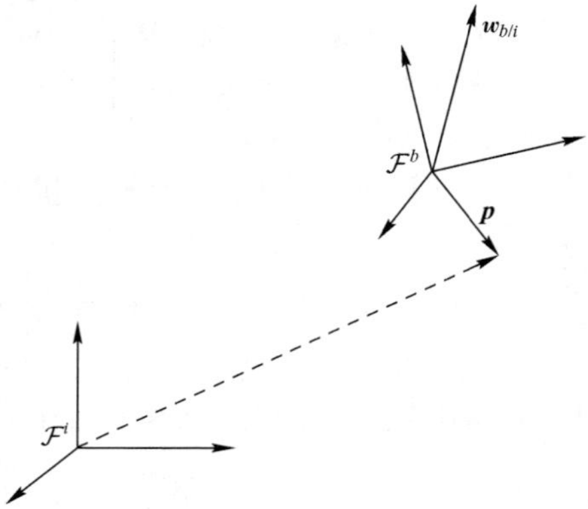

图 2.13 在旋转参考坐标系中的矢量

例如,$\mathcal{F}^i$ 代表着惯性坐标系,$\mathcal{F}^b$ 代表着 MAV 的机体坐标系。假设矢量 $\boldsymbol{p}$ 在 $\mathcal{F}^b$ 系中移动,且 $\mathcal{F}^b$ 系相对 $\mathcal{F}^i$ 系做旋转。我们的目标是得到 $\boldsymbol{p}$ 在 $\mathcal{F}^i$ 系中的对于时间的导数。设 $\mathcal{F}^b$ 系相对 $\mathcal{F}^i$ 系以角速度 $w_{b/i}$ 旋转,且矢量 $\boldsymbol{p}$ 以分量的形式记为

$$\boldsymbol{p} = p_x \boldsymbol{i}^b + p_y \boldsymbol{j}^b + p_z \boldsymbol{k}^b \tag{2.13}$$

$\boldsymbol{p}$ 相对 $\mathcal{F}^i$ 系相对时间的导数可以由微分方程(2.13)获得:

$$\frac{\mathrm{d}}{\mathrm{d}t_i}\boldsymbol{p} = \dot{p}_x \boldsymbol{i}^b + \dot{p}_y \boldsymbol{j}^b + \dot{p}_z \boldsymbol{k}^b + p_x \frac{\mathrm{d}}{\mathrm{d}t_i}\boldsymbol{i}^b + p_y \frac{\mathrm{d}}{\mathrm{d}t_i}\boldsymbol{j}^b + p_z \frac{\mathrm{d}}{\mathrm{d}t_i}\boldsymbol{k}^b \tag{2.14}$$

式中:$\frac{\mathrm{d}}{\mathrm{d}t_i}$代表相对惯性系对时间的微分。式(2.14)右侧前三项代表在转动的 $\mathcal{F}^b$ 系中的观察者所看到的 $\boldsymbol{p}$ 的变化。因此,微分过程是在动系中获得的。我们记这个局部微分项为

$$\frac{\mathrm{d}}{\mathrm{d}t_b}\boldsymbol{p} = \dot{p}_x \boldsymbol{i}^b + \dot{p}_y \boldsymbol{j}^b + \dot{p}_z \boldsymbol{k}^b \tag{2.15}$$

式(2.14)右侧后三项代表 $\boldsymbol{p}$ 由于 $\mathcal{F}^b$ 系相对 $\mathcal{F}^i$ 系旋转而产生的变化。考虑到$\boldsymbol{i}^b, \boldsymbol{j}^b, \boldsymbol{k}^b$ 在 $\mathcal{F}^b$ 系中是固定的,文献[9]中显示它们的微分可以计算为

$$\dot{\boldsymbol{i}}^b = w_{b/i} \times \boldsymbol{i}^b$$

$$\dot{\boldsymbol{j}}^b = w_{b/i} \times \boldsymbol{j}^b$$
$$\dot{\boldsymbol{k}}^b = w_{b/i} \times \boldsymbol{k}^b$$

可以将式(2.14)中的后三项重新写为

$$\begin{aligned} & p_x \dot{\boldsymbol{i}}^b + p_y \dot{\boldsymbol{j}}^b + p_z \dot{\boldsymbol{k}}^b \\ & = p_x(w_{b/i} \times \boldsymbol{i}^b) + p_y(w_{b/i} \times \boldsymbol{j}^b) + p_z(w_{b/i} \times \boldsymbol{k}^b) \\ & = w_{b/i} \times \boldsymbol{p} \end{aligned} \tag{2.16}$$

结合式(2.14)~式(2.16),得到期望的关系:

$$\frac{\mathrm{d}}{\mathrm{d}t_i}\boldsymbol{p} = \frac{\mathrm{d}}{\mathrm{d}t_b}\boldsymbol{p} + w_{b/i} \times \boldsymbol{p} \tag{2.17}$$

式(2.17)表示了矢量 $\boldsymbol{p}$ 在 $\mathcal{F}^i$ 系中的导数,且是以在 $\mathcal{F}^b$ 系中观察它的变化和两坐标系相对旋转两项的形式描述的。第3章推导 MAV 的运动方程时,将会用到这个关系。

2.6 本章小结

本章介绍了对于描述 MAV 方向很重要的几个坐标系,介绍了如何应用旋转矩阵将一个参考坐标系中的坐标转换到另一个参考坐标系中。本章也说明了如何用3-2-1欧拉角(ψ,θ,ϕ)从惯性坐标系旋转到机体坐标系,并介绍了用来描述机体坐标系、稳定坐标系、风轴坐标系相对方向的攻角 α 和侧滑角 β。理解这些方向对于推导 MAV 飞行过程中关于空气动力的运动学方程和建模是十分必要的。我们介绍了风速三角,并建立了空速、地速、风速、偏航、航线、航迹角、对空航迹角之间的明确关系。我们也推导了在转动的参考坐标系内进行矢量微分的表达式。

注释和参考文献

有许多关于坐标系和旋转矩阵的参考文献。文献[10]对旋转矩阵做了十分好的综述。姿态表示的综述在文献[8, 11]中。不同飞机坐标系的定义可在文献[1, 4, 7, 12]中查阅,文献[13]中给出了很好的解释。矢量的微分在大多数机械教材中有所讨论,包括文献[9, 14-16]。

2.7 设计项目

这个任务的目的是完成一个 MAV 的 3D 图形,在 Simulink 中创作动画在附录 C 中有所描述,课程网站上也有相关示例文件。

2.1 阅读附录 C,并应用课程网站上给出的顶点和面,认真学飞机动画的制作。

2.2　创建如图 2.14 所示的飞机动画。

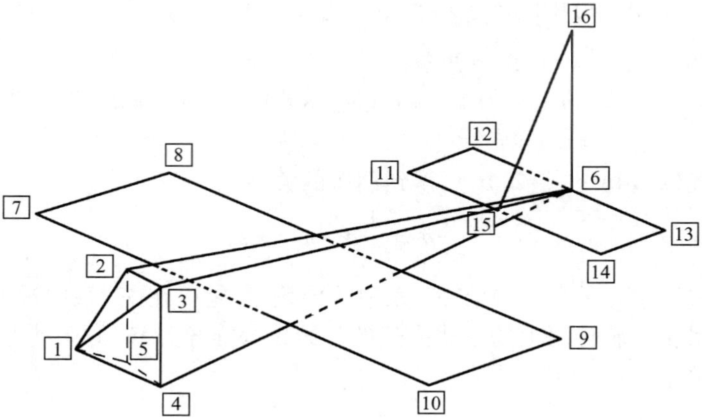

(a) 机体

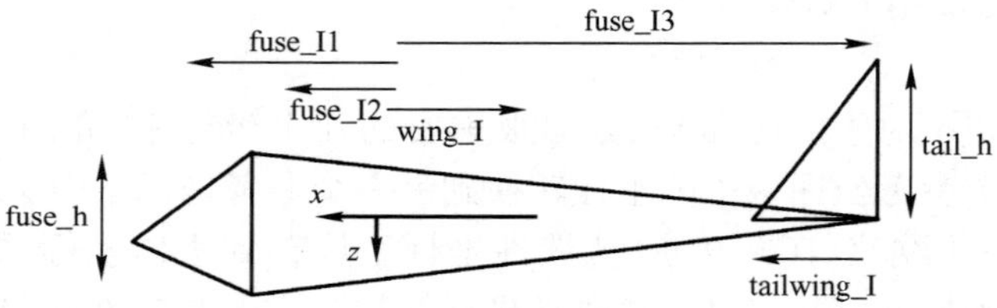

(b) 侧视图

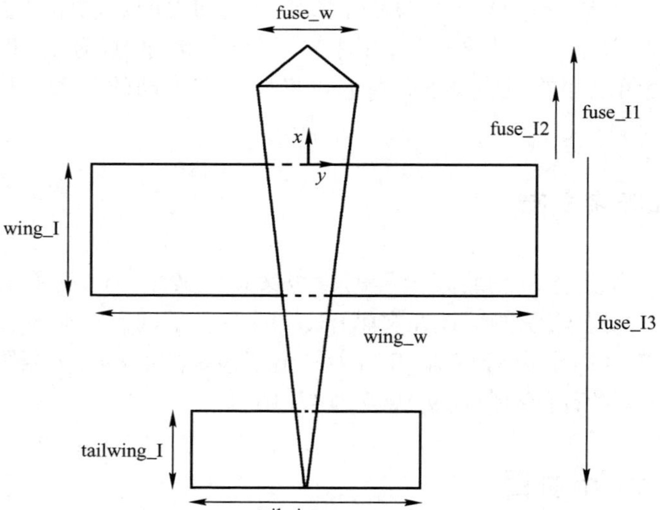

(c) 顶视图

图 2.14　项目中飞机动画的规格

2.3 应用一个像课程网站上给出的 Simulink 模型,确定飞机能在动画中正确地旋转、平移。

2.4 在动画文件中,改变旋转和平移的顺序,使飞机先平移再旋转,观察效果。

第3章 运动学与动力学

在MAV的导航、制导与控制策略设计中，第一步是设计合适的动力学模型。第3章、第4章的核心是为MAV推导非线性运动方程。在第5章中，我们将运动方程线性化，建立控制系统设计需要的传递函数和状态空间模型。

本章推导刚体的运动学和动力学的表达式。我们将应用牛顿定律，如：对于线性运动，$f = m\dot{v}$。本章集中定义位置与速度之间的关系（运动学）以及力、力矩与动量之间的关系（动力学）。第4章将重点讨论涉及的力和力矩，特别是空气动力学和力矩。第5章将这些关系组合起来形成完整的非线性运动方程。不过，本章中推导出来的表达式适用于任何刚体，我们将采用空气动力学领域典型的术语和坐标系。特别地，3.1节会给出MAV状态变量的定义。3.2节将定义运动学特性，3.3节将定义动力学特性。

3.1 状态变量

在推导MAV的运动方程时，将引入12个状态变量。与MAV平移运动相关的有三个位置状态和三个速度状态。类似地，与旋转运动相关的有三个角位置和三个角速度状态。表3.1列出了这些状态变量。

表3.1 MAV运动方程中的状态变量

名　称	描　述
p_n	MAV在$\mathcal{F}^i$系内沿$\boldsymbol{i}^i$轴的惯性北向位置
p_e	MAV在$\mathcal{F}^i$系内沿$\boldsymbol{j}^i$轴的惯性东向位置
p_d	MAV在$\mathcal{F}^i$系内沿$\boldsymbol{k}^i$轴的惯性地向位置（与高度相反）
u	在$\mathcal{F}^b$系内沿$\boldsymbol{i}^b$轴的机体速度
v	在$\mathcal{F}^b$系内沿$\boldsymbol{j}^b$轴的机体速度
w	在$\mathcal{F}^b$系内沿$\boldsymbol{k}^b$轴的机体速度
ϕ	相对于$\mathcal{F}^{v2}$系定义的滚转角度
θ	相对于$\mathcal{F}^{v1}$系定义的俯仰角度
ψ	相对于$\mathcal{F}^v$系定义的偏航角度
p	在$\mathcal{F}^b$系内沿$\boldsymbol{i}^b$轴的滚转速度

（续）

名　称	描　述
q	在 $\mathcal{F}^b$ 系内沿 $\boldsymbol{j}^b$ 轴的俯仰速度
r	在 $\mathcal{F}^b$ 系内沿 $\boldsymbol{k}^b$ 轴的偏航速度

图 3.1 显示了这些状态变量的关系。MAV 的北 - 东 - 地（North-East-Down）位置（p_n, p_e, p_d）是相对于惯性坐标系定义的。我们有时候会用 $h = -p_d$ 来表示高度。MAV 的线速度（u,v,w）和角速度（p,q,r）是相对于体坐标系定义的。欧拉角（滚转角 ϕ、俯仰角 θ、偏航角 ψ）是分别相对于机体 2 坐标系、机体 1 坐标系和机体坐标系定义的。由于欧拉角是根据参考坐标系的中间状态定义的，我们不能简单地说角速度（p,q,r）是角度（ϕ,θ,ψ）的时间微分。下面说明仅当 $\phi=\theta=0$ 的时刻，$p=\dot{\phi}$，$q=\dot{\theta}$ 和 $r=\dot{\psi}$。通常，角速度 p,q,r 是姿态角导数 $\dot{\phi}$，$\dot{\theta}$，$\dot{\psi}$ 以及角度 ϕ,θ 的函数。本章剩余的部分主要讲述与表 3.1 中的状态对应的运动方程。

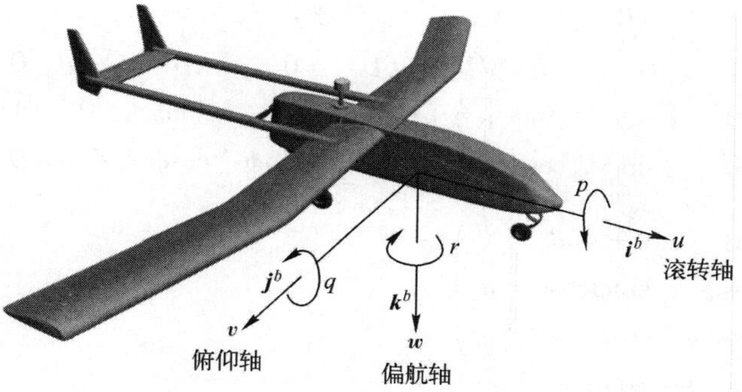

图 3.1　运动轴的定义

3.2　运动学

MAV 的平移速度通常用沿机体固定坐标系的速度分量来表达。速度分量 u,v,w 分别对应于飞机惯性空间的速度在 $\boldsymbol{i}^b$，$\boldsymbol{j}^b$ 和 $\boldsymbol{k}^b$ 轴上的投影。另一方面，MAV 的平移位置通常在惯性参考坐标系内测量和表示。把平移速度和位置联系起来需要求导和旋转变换。

$$\frac{\mathrm{d}}{\mathrm{d}t}\begin{pmatrix} p_n \\ p_e \\ p_d \end{pmatrix} = \mathcal{R}_b^v \begin{pmatrix} u \\ v \\ w \end{pmatrix} = (\mathcal{R}_v^b)^{\mathrm{T}} \begin{pmatrix} u \\ v \\ w \end{pmatrix}$$

应用式（2.5）可以得到

$$\begin{pmatrix}\dot{p}_n\\ \dot{p}_e\\ \dot{p}_d\end{pmatrix}=\begin{pmatrix}c_\theta c_\psi & s_\phi s_\theta c_\psi - c_\theta s_\psi & c_\phi s_\theta c_\psi + s_\theta s_\psi\\ c_\theta s_\psi & s_\phi s_\theta c_\psi + c_\theta c_\psi & c_\phi s_\theta s_\psi - s_\theta c_\psi\\ -s_\theta & s_\phi c_\theta & c_\phi c_\theta\end{pmatrix}\begin{pmatrix}u\\ v\\ w\end{pmatrix} \tag{3.1}$$

其中,我们采用了简写形式 $c_x \triangleq \cos x$ 和 $s_x = \sin x$。这是一个运动学关系,它将位置的导数与速度联系起来:力和加速度在这里没有考虑。

角位置 ϕ,θ,ψ 和角速度 p,q,r 之间的关系也是复杂的,因为这些物理量也是在不同的坐标系内定义的。角速度是在机体坐标系 $\mathcal{F}^b$ 下定义的。角位置(欧拉角)是在三个不同的坐标系下定义的:滚转角 ϕ 是关于坐标轴 $\boldsymbol{i}^{v2}=\boldsymbol{i}^b$ 时,从坐标系 $\mathcal{F}^{v2}$ 转到 $\mathcal{F}^b$ 的角度;俯仰角 θ 是关于坐标轴 $\boldsymbol{j}^{v1}=\boldsymbol{j}^{v2}$ 时,从坐标系 $\mathcal{F}^{v1}$ 转到 $\mathcal{F}^{v2}$ 的角度;偏航角 ψ 是关于坐标轴 $\boldsymbol{k}^v=\boldsymbol{k}^{v1}$ 时,从 $\mathcal{F}^v$ 转到 $\mathcal{F}^{v1}$ 的角度。

机体坐标系的角速度,在使用如下的旋转变换时,可以通过欧拉角的微分来表示:

$$\begin{aligned}\begin{pmatrix}p\\ q\\ r\end{pmatrix}&=\begin{pmatrix}\dot\phi\\ 0\\ 0\end{pmatrix}+\mathcal{R}_{v2}^{b}(\phi)\begin{pmatrix}0\\ \dot\theta\\ 0\end{pmatrix}+\mathcal{R}_{v2}^{b}(\phi)\mathcal{R}_{v1}^{v2}(\theta)\begin{pmatrix}0\\ 0\\ \dot\psi\end{pmatrix}\\ &=\begin{pmatrix}\dot\phi\\ 0\\ 0\end{pmatrix}+\begin{pmatrix}1&0&0\\ 0&\cos\phi&\sin\phi\\ 0&-\sin\phi&\cos\phi\end{pmatrix}\begin{pmatrix}0\\ \dot\theta\\ 0\end{pmatrix}+\begin{pmatrix}1&0&0\\ 0&\cos\phi&\sin\phi\\ 0&-\sin\phi&\cos\phi\end{pmatrix}\begin{pmatrix}\cos\theta&0&-\sin\theta\\ 0&1&0\\ \sin\theta&0&\cos\theta\end{pmatrix}\begin{pmatrix}0\\ 0\\ \dot\psi\end{pmatrix}\\ &=\begin{pmatrix}1&0&-\sin\theta\\ 0&\cos\phi&\sin\phi\cos\theta\\ 0&-\sin\phi&\cos\phi\cos\theta\end{pmatrix}\begin{pmatrix}\dot\phi\\ \dot\theta\\ \dot\psi\end{pmatrix}\end{aligned} \tag{3.2}$$

将上式进行逆变换,则得到

$$\begin{pmatrix}\dot\phi\\ \dot\theta\\ \dot\psi\end{pmatrix}=\begin{pmatrix}1&\sin\phi\tan\theta&\cos\phi\tan\theta\\ 0&\cos\phi&-\sin\phi\\ 0&\sin\phi\sec\theta&\cos\phi\sec\theta\end{pmatrix}\begin{pmatrix}p\\ q\\ r\end{pmatrix} \tag{3.3}$$

该式用角位置 ϕ,θ 和体速率 p,q,r 来表达三个角位置的导数。

3.3 刚体动力学

为了推导 MAV 运动的动力学方程,我们将使用牛顿第二定律先转换到平移自由度,然后转换到转动自由度。牛顿定律在惯性参考坐标系下是成立的,说明目标的运动必须以固定坐标系(如惯性坐标系)为参考,在我们的例子中是以大地为参考。我们假设扁平的地球模型,这对小型和微型飞机来讲是适合的。虽然运动是以某个固定的坐标系为参考的,但也可以用相对于其他坐标系(如机体坐标系)的矢量来表示。以这种方式来处理 MAV 的速度矢量 $\boldsymbol{V}_g$,为了方便,通常在机体坐标系下将其表示为 $\boldsymbol{V}_g^b=(u,v,w)^{\mathrm{T}}$,$\boldsymbol{V}_g^b$是 MAV 在机体坐标系下表达的相对于大地的速度。

3.3.1 平移运动

对进行平移运动的物体应用牛顿第二定律,可得

$$\mathrm{m}\frac{\mathrm{d}\boldsymbol{V}_g}{\mathrm{d}t_i}=\boldsymbol{f} \tag{3.4}$$

式中:m 为 MAV 的质量①;$\frac{\mathrm{d}}{\mathrm{d}t_i}$为惯性坐标系下的时间导数;$\boldsymbol{f}$ 为所有作用在 MAV 上的外力的总和。外力包括重力、空气动力以及推力。

根据式(2.17),在惯性坐标系下速度的导数可以用在机体坐标系下速度的导数和角速度来表示:

$$\frac{\mathrm{d}\boldsymbol{V}_g}{\mathrm{d}t_i}=\frac{\mathrm{d}\boldsymbol{V}_g}{\mathrm{d}t_b}+\boldsymbol{\omega}_{b/i}\times\boldsymbol{V}_g \tag{3.5}$$

式中:$\boldsymbol{\omega}_{b/i}$为 MAV 在惯性坐标系下的角速度。将式(3.4)与式(3.5)组合,可以得到在机体坐标系下的牛顿第二定律表达方式:

$$\mathrm{m}\left(\frac{\mathrm{d}\boldsymbol{V}_g}{\mathrm{d}t_b}+\boldsymbol{\omega}_{b/i}\times\boldsymbol{V}_g\right)=\boldsymbol{f}$$

在 MAV 做机动飞行的时候,可以更简单地用牛顿第二定律将机体坐标系下的力和速度表达为

$$\mathrm{m}\left(\frac{\mathrm{d}\boldsymbol{V}_g^b}{\mathrm{d}t_b}+\boldsymbol{\omega}_{b/i}^b\times\boldsymbol{V}_g^b\right)=\boldsymbol{f}^b \tag{3.6}$$

式中:$\boldsymbol{V}_g^b=(u,v,w)^{\mathrm{T}}$,$\boldsymbol{\omega}_{b/i}^b=(p,q,r)^{\mathrm{T}}$;矢量$\boldsymbol{f}^b$代表所有外力的总和,用机体坐标系成分可以表示为$\boldsymbol{f}^b\triangleq(f_x,f_y,f_z)^{\mathrm{T}}$;$\frac{\mathrm{d}\boldsymbol{V}_g^b}{\mathrm{d}t_b}$表示在机体坐标系下速度的变化率,等效于在移动的物体上进行观察。由于 u,v 和 w 是 $\boldsymbol{V}_g^b$在 i^b,j^b和 k^b轴上的投影,因此满足

$$\frac{\mathrm{d}\boldsymbol{V}_g^b}{\mathrm{d}t_b}=\begin{pmatrix}\dot{u}\\\dot{v}\\\dot{w}\end{pmatrix}$$

将式(3.6)中的叉乘展开并进行重新排列,得到

---

① 这里质量用正体 m 来表示,以区别于 m,它表示所有关于与机体固定的$\boldsymbol{j}^b$轴的力矩的总和。

$$\begin{pmatrix}\dot{u}\\ \dot{v}\\ \dot{w}\end{pmatrix}=\begin{pmatrix}rv-qw\\ pw-ru\\ qu-pv\end{pmatrix}+\frac{1}{\mathrm{m}}\begin{pmatrix}f_x\\ f_y\\ f_z\end{pmatrix} \tag{3.7}$$

3.3.2 旋转运动

对于旋转运动,牛顿第二定律表示为

$$\frac{\mathrm{d}\boldsymbol{h}}{\mathrm{d}t_i}=\mathbf{m}$$

式中:$\boldsymbol{h}$ 为角动量的矢量形式;$\mathbf{m}$ 为所有外部作用的力矩。该表达式成立的条件是所有外部作用的力矩都施加在 MAV 的质量中心。在惯性坐标系下的角动量的导数可以通过式(2.17)扩展为

$$\frac{\mathrm{d}\boldsymbol{h}}{\mathrm{d}t_i}=\frac{\mathrm{d}\boldsymbol{h}}{\mathrm{d}t_b}+\boldsymbol{\omega}_{b/i}\times\boldsymbol{h}=\mathbf{m}$$

与平移运动的模式类似,用机体坐标系表达上式会更方便:

$$\frac{\mathrm{d}\boldsymbol{h}^b}{\mathrm{d}t_b}+\boldsymbol{\omega}_{b/i}^b\times\boldsymbol{h}^b=\mathbf{m}^b \tag{3.8}$$

对于刚体来讲,角动量定义为转动惯量矩阵 $\boldsymbol{J}$ 与角速度矢量的乘积:$\boldsymbol{h}^b=\boldsymbol{J}\boldsymbol{\omega}_{b/i}^b$。其中

$$\boldsymbol{J}=\begin{pmatrix}\int(y^2+z^2)\mathrm{d}\mathbf{m} & -\int xy\mathrm{d}\mathbf{m} & -\int xz\mathrm{d}\mathbf{m}\\ -\int xy\mathrm{d}\mathbf{m} & \int(x^2+z^2)\mathrm{d}\mathbf{m} & -\int yz\mathrm{d}\mathbf{m}\\ -\int xz\mathrm{d}\mathbf{m} & -\int yz\mathrm{d}\mathbf{m} & \int(x^2+y^2)\mathrm{d}\mathbf{m}\end{pmatrix}$$

$$\triangleq\begin{pmatrix}J_x & -J_{xy} & -J_{xz}\\ -J_{xy} & J_y & -J_{yz}\\ -J_{xz} & -J_{yz} & J_z\end{pmatrix} \tag{3.9}$$

$\boldsymbol{J}$ 的对角线元素称为惯性动量(惯量),非对角线元素称为惯性乘积(惯积)。惯量是飞机对抗转动加速度的能力的度量。例如,J_x可以认为是组成飞机的每个单元的质量($\mathrm{d}\mathbf{m}$)与该质量单元到 x 轴距离的平方(y^2+z^2)的乘积,并把它们累加起来。J_x的值越大,飞机对抗 x 轴的转动加速度越强烈。同样的结论也适用于惯量 J_y和 J_z。在实际中,惯性矩阵不是用式(3.9)计算的。通常是通过计算机辅助设计(CAD)模型及质量属性计算得到,或者通过双线摆等设备试验测量得到。

由于式(3.9)中的积分是相对于固定的 i^b, j^b, k^b轴计算的,从机体坐标系来看 $\boldsymbol{J}$ 是常值,因此$\frac{\mathrm{d}\boldsymbol{J}}{\mathrm{d}t_b}=\mathbf{0}$。对其求导并代入式(3.8)中,得到

$$\boldsymbol{J}\frac{\mathrm{d}\boldsymbol{\omega}_{b/i}^{b}}{\mathrm{d}t_{b}}+\boldsymbol{\omega}_{b/i}^{b}\times(\boldsymbol{J}\boldsymbol{\omega}_{b/i}^{b})=\mathbf{m}^{b} \tag{3.10}$$

表达式$\frac{\mathrm{d}\boldsymbol{\omega}_{b/i}^{b}}{\mathrm{d}t_{b}}$是在机体坐标系下角速度的变化率，等效于在移动的物体上进行观察。由于p,q,r是$\boldsymbol{\omega}_{b/i}^{b}$同时在$\boldsymbol{i}^b,\boldsymbol{j}^b,\boldsymbol{k}^b$轴上的投影，它满足

$$\dot{\boldsymbol{\omega}}_{b/i}^{b}=\frac{\mathrm{d}\boldsymbol{\omega}_{b/i}^{b}}{\mathrm{d}t_{b}}=\begin{pmatrix}\dot{p}\\\dot{q}\\\dot{r}\end{pmatrix}$$

因此可将式(3.10)重新写为

$$\dot{\boldsymbol{\omega}}_{b/i}^{b}=\boldsymbol{J}^{-1}[-\boldsymbol{\omega}_{b/i}^{b}\times(\boldsymbol{J}\boldsymbol{\omega}_{b/i}^{b})+\mathbf{m}^{b}] \tag{3.11}$$

飞机通常是关于$\boldsymbol{i}^b$和$\boldsymbol{k}^b$轴对称的。在这种情况下$J_{xy}=J_{yz}=0$，这说明

$$\boldsymbol{J}=\begin{pmatrix}J_x & 0 & -J_{xz}\\0 & J_y & 0\\-J_{xz} & 0 & J_z\end{pmatrix}$$

在此对称性的假设下，$\boldsymbol{J}$可以表示为

$$\boldsymbol{J}^{-1}=\frac{\mathrm{adj}(\boldsymbol{J})}{\det(\boldsymbol{J})}=\frac{\begin{pmatrix}J_yJ_z & 0 & J_yJ_{xz}\\0 & J_xJ_z-J_{xz}^2 & 0\\J_{xz}J_y & 0 & J_xJ_y\end{pmatrix}}{J_xJ_yJ_z-J_{xz}^2J_y}=\begin{pmatrix}\frac{J_z}{\Gamma} & 0 & \frac{J_{xz}}{\Gamma}\\0 & \frac{1}{J_y} & 0\\\frac{J_{xz}}{\Gamma} & 0 & \frac{J_x}{\Gamma}\end{pmatrix}$$

式中：$\Gamma\triangleq J_xJ_z-J_{xz}^2$。

定义在$\boldsymbol{i}^b,\boldsymbol{j}^b,\boldsymbol{k}^b$轴上的外力分量为$\mathbf{m}^b\triangleq(l,m,n)^{\mathrm{T}}$，可以将式(3.11)写成分量形式

$$\begin{pmatrix}\dot{p}\\\dot{q}\\\dot{r}\end{pmatrix}=\begin{pmatrix}\frac{J_z}{\Gamma} & 0 & \frac{J_{xz}}{\Gamma}\\0 & \frac{1}{J_y} & 0\\\frac{J_{xz}}{\Gamma} & 0 & \frac{J_x}{\Gamma}\end{pmatrix}\left[\begin{pmatrix}0 & r & -q\\-r & 0 & p\\q & -p & 0\end{pmatrix}\begin{pmatrix}J_x & 0 & -J_{xz}\\0 & J_y & 0\\-J_{xz} & 0 & J_z\end{pmatrix}\begin{pmatrix}p\\q\\r\end{pmatrix}+\begin{pmatrix}l\\m\\n\end{pmatrix}\right]$$

$$=\begin{pmatrix}\frac{J_z}{\Gamma} & 0 & \frac{J_{xz}}{\Gamma}\\0 & \frac{1}{J_y} & 0\\\frac{J_{xz}}{\Gamma} & 0 & \frac{J_x}{\Gamma}\end{pmatrix}\left[\begin{pmatrix}J_{xz}pq+(J_y-J_z)qr\\J_{xz}(r^2-p^2)+(J_z-J_x)pr\\(J_x-J_y)pq-J_{xz}qr\end{pmatrix}+\begin{pmatrix}l\\m\\n\end{pmatrix}\right]$$

$$
= \begin{pmatrix} \Gamma_1 pq - \Gamma_2 qr + \Gamma_3 l + \Gamma_4 n \\ \Gamma_5 pr - \Gamma_6 (p^2 - r^2) + \dfrac{1}{J_y} m \\ \Gamma_7 pq - \Gamma_1 qr + \Gamma_4 l + \Gamma_8 n \end{pmatrix} \tag{3.12}
$$

式中

$$
\begin{cases} \Gamma_1 = \dfrac{J_{xz}(J_x - J_y + J_z)}{\Gamma} \\ \Gamma_2 = \dfrac{J_z(J_z - J_y) + J_{xz}^2}{\Gamma} \\ \Gamma_3 = \dfrac{J_z}{\Gamma} \\ \Gamma_4 = \dfrac{J_{xz}}{\Gamma} \\ \Gamma_5 = \dfrac{J_z - J_x}{J_y} \\ \Gamma_6 = \dfrac{J_{xz}}{J_y} \\ \Gamma_7 = \dfrac{(J_x - J_y) J_x + J_{xz}^2}{\Gamma} \\ \Gamma_8 = \dfrac{J_x}{\Gamma} \end{cases} \tag{3.13}
$$

MAV 的 6 自由度 12 状态运动学和动力学模型可以通过式(3.1)、式(3.3)、式(3.7)和式(3.12)给出，并总结如下：

$$
\begin{pmatrix} \dot{p}_n \\ \dot{p}_e \\ \dot{p}_d \end{pmatrix} = \begin{pmatrix} c_\theta c_\psi & s_\phi s_\theta c_\psi - c_\phi s_\psi & c_\phi s_\theta c_\psi + s_\phi s_\psi \\ c_\theta s_\psi & s_\phi s_\theta c_\psi + c_\phi c_\psi & c_\phi s_\theta s_\psi - s_\phi c_\psi \\ - s_\theta & s_\phi c_\theta & c_\phi c_\theta \end{pmatrix} \begin{pmatrix} u \\ v \\ w \end{pmatrix} \tag{3.14}
$$

$$
\begin{pmatrix} \dot{u} \\ \dot{v} \\ \dot{w} \end{pmatrix} = \begin{pmatrix} rv - qw \\ pw - ru \\ qu - pv \end{pmatrix} + \frac{1}{\mathbf{m}} \begin{pmatrix} f_x \\ f_y \\ f_z \end{pmatrix} \tag{3.15}
$$

$$
\begin{pmatrix} \dot{\phi} \\ \dot{\theta} \\ \dot{\psi} \end{pmatrix} = \begin{pmatrix} 1 & \sin\phi \tan\theta & \cos\phi \tan\theta \\ 0 & \cos\phi & -\sin\phi \\ 0 & \sin\phi \sec\theta & \cos\phi \sec\theta \end{pmatrix} \begin{pmatrix} p \\ q \\ r \end{pmatrix} \tag{3.16}
$$

$$\begin{pmatrix} \dot{p} \\ \dot{q} \\ \dot{r} \end{pmatrix} = \begin{pmatrix} \Gamma_1 pq - \Gamma_2 qr \\ \Gamma_5 pr - \Gamma_6 (p^2 - r^2) \\ \Gamma_7 pq - \Gamma_1 qr \end{pmatrix} + \begin{pmatrix} \Gamma_3 l + \Gamma_4 n \\ \frac{1}{J_y} m \\ \Gamma_4 l + \Gamma_8 n \end{pmatrix} \tag{3.17}$$

式(3.14)~式(3.17)代表了 MAV 的动态性能。这些公式还不完整,因为外部作用的力和力矩还没有给出定义。第 4 章将推导来自于重力、空气动力、推力的力和力矩模型。附录 B 给出了一种用四元数来推导这些公式的方法。

3.4 本章小结

本章推导出了 MAV 的 6 自由度 12 状态的动态模型。这个模型是后续章节讨论的分析、仿真和控制设计的基础。

注释和参考文献

本章中的资料是标准的,相同的讨论可以在一些其他方向的教材中找到,如机械学[14,15,19]、空间动力学[20,21]、飞行动力学[1,2,5,7,12,22]、机器人学[10,23]。

式(3.14)和式(3.15)通过惯性参考速度 u,v 和 w 来表示,也可以通过相对于飞机周围空气的速度,即 u_r,v_r和 w_r来表示。

$$\begin{pmatrix} \dot{p}_n \\ \dot{p}_e \\ \dot{p}_d \end{pmatrix} = \mathcal{R}_b^v(\phi,\theta,\psi) \begin{pmatrix} u_r \\ v_r \\ w_r \end{pmatrix} + \begin{pmatrix} w_n \\ w_e \\ w_d \end{pmatrix} \tag{3.18}$$

$$\begin{pmatrix} \dot{u}_r \\ \dot{v}_r \\ \dot{w}_r \end{pmatrix} = \begin{pmatrix} rv_r - qw_r \\ pw_r - ru_r \\ qu_r - pv_r \end{pmatrix} + \frac{1}{\mathbf{m}} \begin{pmatrix} f_x \\ f_y \\ f_z \end{pmatrix} - \mathcal{R}_v^b(\phi,\theta,\psi) \begin{pmatrix} \dot{w}_n \\ \dot{w}_e \\ \dot{w}_d \end{pmatrix} \tag{3.19}$$

式中

$$\mathcal{R}_b^v(\phi,\theta,\psi) = (\mathcal{R}_v^b)^{\mathrm{T}}(\phi,\theta,\psi) = \begin{pmatrix} c_\theta c_\psi & s_\phi s_\theta c_\psi - c_\phi s_\psi & c_\phi s_\theta c_\psi + s_\phi s_\psi \\ c_\theta s_\psi & s_\phi s_\theta c_\psi + c_\phi c_\psi & c_\phi s_\theta s_\psi - s_\phi c_\psi \\ -s_\theta & s_\phi c_\theta & c_\phi c_\theta \end{pmatrix}$$

选择哪个方程来表示飞机的动力学是个人的偏好。在式(3.14)和式(3.15)中,速度状态 u,v 和 w 表示飞机相对于地面(惯性坐标系)的运动。在式(3.18)和式(3.19)中,u_r,v_r和 w_r表示飞机相对于周围空气的速度。为了正确地用 u_r,v_r和 w_r表示飞机在惯性系中的运动,必须考虑到风的速度和加速度的影响。

3.5 设计项目

3.1 阅读附录 D 关于在 Simulink 中建立 S－函数部分，以及 Matlab 中关于 S－函数的文档。

3.2 用 Simulink S－函数实现式(3.14)～式(3.17)给出的 MAV 运动方程。设定模块的输入为施加在 MAV 机体坐标系下的力和力矩。模块的参数应该包括质量、惯量和惯积，以及每个状态的初始值。使用附录 E 中的参数。Simulink 的模板在网络上提供。

3.3 将运动方程与第 2 章设计的动画模块连接。通过单独设置每个力和力矩为非零值来验证运动方程的正确性，并使自己确认这些运动是合理的。

3.4 由于 J_{xz} 非零，在滚转和偏航之间会有陀螺耦合。为了验证你的仿真，设置 J_{xz} 为零并将非零力矩置于 l 和 n 以此验证滚转和偏航之间没有耦合。验证当 J_{xz} 非零时，在滚转和偏航轴间有耦合。

第 4 章　力与力矩

本章的目标是描述作用在 MAV 上的力和力矩。根据文献[5]，设定这些力和力矩主要来源于三个方面，即重力、空气动力和推力。用$\boldsymbol{f}_g$来表示重力，$(\boldsymbol{f}_a, \mathbf{m}_a)$表示由于空气动力产生的力和力矩，$(\boldsymbol{f}_p, \mathbf{m}_p)$为由于推力产生的力和力矩，这样有

$$\boldsymbol{f} = \boldsymbol{f}_g + \boldsymbol{f}_a + \boldsymbol{f}_p$$

$$\mathbf{m} = \mathbf{m}_a + \mathbf{m}_p$$

式中：$\boldsymbol{f}$为作用在机体上的合力；$\mathbf{m}$为作用在机体上的合力矩。

本章将推导出每个力和力矩的表达式。4.1 节讨论重力；空气动力和扭矩在 4.2 节讨论；推力产生的力和扭力在 4.3 节讨论；4.4 节讨论的空气扰动将用空气速度的变化来建模，并通过空气动力和扭矩给出运动方程。

4.1　重力

地球的重力场对 MAV 的作用可以建模为作用在质心并正比于质量的力。重力的作用方向为$\boldsymbol{k}^i$，并以重力常数g正比于 MAV 的质量。在飞机坐标系$\mathcal{F}^v$中，作用在质心的重力可以通过下式给出：

$$\boldsymbol{f}_g^v = \begin{pmatrix} 0 \\ 0 \\ mg \end{pmatrix}$$

应用第 3 章中的牛顿第二定律，沿机体坐标系的轴对各个力进行合成。因此，必须把重力转换到机体坐标系的分量，即

$$\boldsymbol{f}_g^b = \mathcal{R}_v^b \begin{pmatrix} 0 \\ 0 \\ mg \end{pmatrix} = \begin{pmatrix} -mg\sin\theta \\ mg\cos\theta\sin\phi \\ mg\cos\theta\cos\phi \end{pmatrix}$$

由于重力作用于 MAV 的质心，所以并不产生任何力矩。

4.2 空气动力与力矩

当 MAV 在空气中穿过的时候，会在 MAV 的周围产生如图 4.1 所示的压力分布。作用在 MAV 上的压力强度及其分布是空气速度、空气密度、MAV 的形状和姿态的函数。因此，动态的压力可以根据 $\frac{1}{2}\rho V_a^2$ 来计算，其中 ρ 为空气密度，V_a 是 MAV 通过周围的空气时的速度。

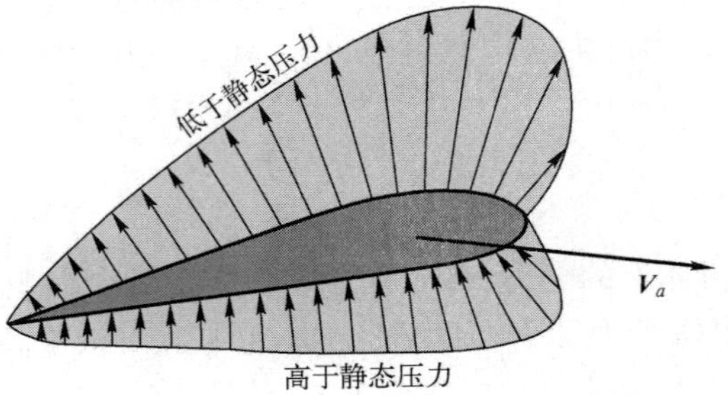

图 4.1 机翼周围的压力分布

这里不考虑如何描述机翼周围的压力分布，而是用受力和力矩来等效压力的作用。例如，如果考虑飞机的纵向面（$\boldsymbol{i}^b - \boldsymbol{k}^b$），则作用在 MAV 机体上的压力可以用一个升力、一个阻力和一个力矩来建模。如图 4.2 所示，升力和阻力作用在 1/4 旋翼点（这个点通常视为空气动力学中心）。

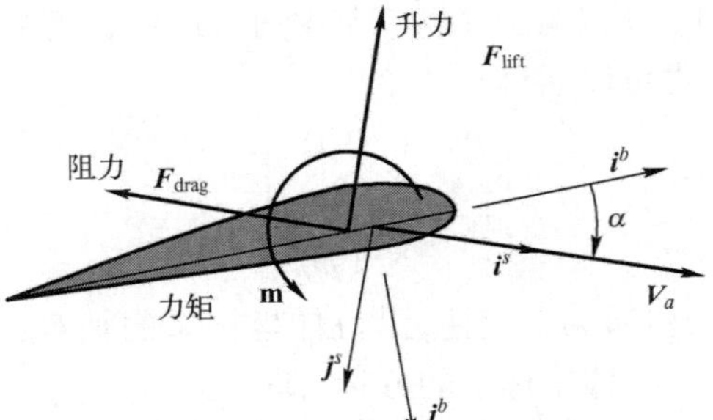

图 4.2 压力可以用一个升力、一个阻力和一个力矩来建模

升力、压力和力矩通常可以表示为

$$\begin{cases} F_{\text{lift}} = \frac{1}{2}\rho V_a^2 S C_L \\ F_{\text{drag}} = \frac{1}{2}\rho V_a^2 S C_D \\ m = \frac{1}{2}\rho V_a^2 S c C_m \end{cases} \tag{4.1}$$

式中：C_L，C_D 和 C_m 是无量纲的空气动力学系数；S 为 MAV 机翼的俯视面积；c 为 MAV 机翼的平均翼弦。通常对于机翼来讲，影响升力、阻力和俯仰力矩系数最大的是机翼的形状、雷诺数、马赫数和攻角。在小型飞机飞行的速度范围内，雷诺数和马赫数的影响几乎是定常的。考虑下面参数的影响：角度 α 和 β；角速度 p，q 和 r；影响空气动力学系数的控制面的偏角。

一般可以将空气动力和力矩分为两类：纵向的和横向的。纵向的力和力矩作用在 $\boldsymbol{i}^b-\boldsymbol{k}^b$ 平面，也可以称作俯仰面。包括在 $\boldsymbol{i}^b$ 和 $\boldsymbol{k}^b$ 方向的力（由升力和阻力导致的）以及关于 $\boldsymbol{j}^b$ 轴的力矩。横向力和力矩包括 $\boldsymbol{j}^b$ 方向的力以及关于 $\boldsymbol{i}^b$ 和 $\boldsymbol{k}^b$ 轴的力矩。

4.2.1 控制面

在给出由升力表面产生的空气动力和力矩的详细表达式之前，先要定义用来操控飞机的控制面。控制面是用来调整空气动力和力矩的。对于标准的飞机配置而言，控制面包括升降翼（elevator）、副翼（aileron）和方向翼（rudder）。其他的面，如尾翼（spoilers）、襟翼（flaps）和鸭翼（canards），本书中不会讨论，但是这些面仍可以用类似的方法进行建模。

图 4.3 所示为标准的配置，其中副翼的变化用 δ_a 来表示，升降翼的变化用 δ_e 来表示，方向翼的变化用 δ_r 来表示。控制面变化的正方向可以通过对控制面的转轴应用右手定则来判定。例如，升降翼的轴线与 $\boldsymbol{j}^b$ 轴一致。对 $\boldsymbol{j}^b$ 轴应用右手定则意味着升降翼的正向变化是将升降翼边缘向下拖曳。类似地，方向翼的正向变化为将其边缘向左拖曳。最后，副翼变化的正方向为将每个副翼的边缘向下拖曳。副翼的变化 δ_a 可以认为是一个由下式定义的复合变化：

$$\delta_a=\frac{1}{2}(\delta_{a-\mathrm{left}}-\delta_{a-\mathrm{right}})$$

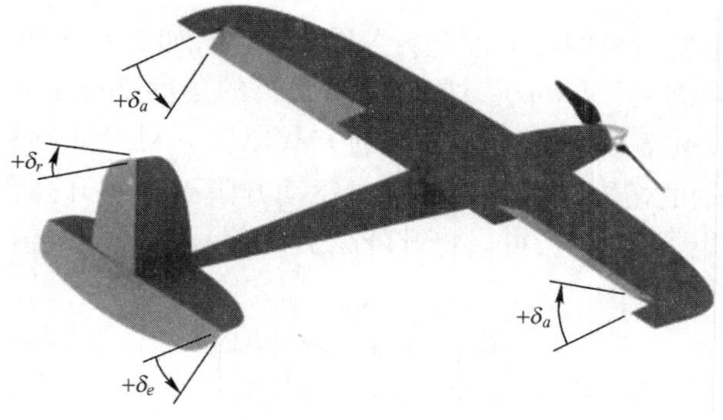

图 4.3　标准飞机配置的控制面。副翼用来控制滚转角 φ，升降翼用来控制俯仰角 θ，方向翼用来控制偏航角 ψ

因此，当左边的副翼边缘向下拖曳而右边的副翼边缘向上拖曳时就产生了一个正的 δ_a。

对于小型飞机，还有另外两种标准配置。第一种是"V－尾"配置方案，如图 4.4 所示。"V－尾"配置的控制面称为方向升降翼。右侧方向升降翼的角度变化记为 δ_{rr}，左侧方向升降翼的角度变化记为 δ_{rl}。对一对方向升降翼做差分的驱动可以起到与方向翼相同的效果，会产生一个关于 $\boldsymbol{k}^b$ 轴的扭矩。对一对方向升降翼做同样的控制可以起到与升降翼相同的效果，并产生一个关于 $\boldsymbol{j}^b$ 轴的扭矩。数学上，可以将方向升降翼的信号与方向翼信号和升降翼信号进行转换：

$$\begin{pmatrix}\delta_e\\ \delta_r\end{pmatrix}=\begin{pmatrix}1 & 1\\ -1 & 1\end{pmatrix}\begin{pmatrix}\delta_{rr}\\ \delta_{rl}\end{pmatrix}$$

应用这个关系式，"V－尾"型飞机的力和力矩模型可以在数学上表示为标准的方向翼和升降翼模式。

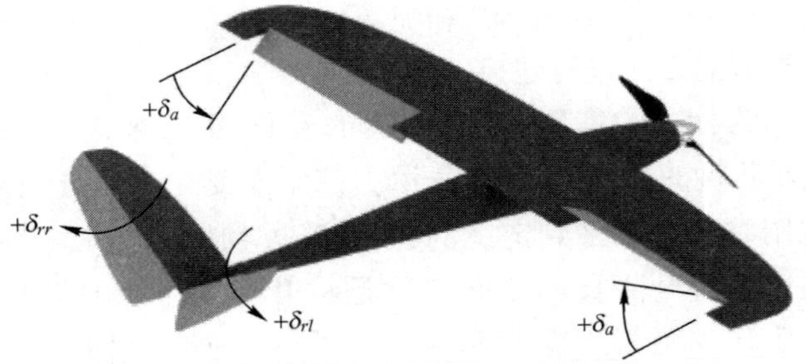

图 4.4　用方向升降翼控制"V－尾"型飞机。方向升降翼取代了方向翼和升降翼。以相同的方式驱动方向升降翼等效于升降翼的作用，以差分的方式驱动方向升降翼等效于方向翼的作用

另外一种小型飞机的标准配置为"飞翼"方案，如图 4.5 所示。"飞翼"的控制面称为升降副翼(elevon)。右侧升降副翼的角度变化表示为 δ_{er}，左侧升降副翼的角度变化表示为 δ_{el}。以差分的方式驱动一对升降副翼与副翼等效，会产生关于 $\boldsymbol{i}^b$ 轴的扭矩。以相同的方式驱动升降副翼与升降翼等效，会产生关于 $\boldsymbol{j}^b$ 轴的扭矩。数学上，可以将升降副翼的信号与升降翼信号和副翼信号进行转换：

$$\begin{pmatrix}\delta_e\\ \delta_a\end{pmatrix}=\begin{pmatrix}1 & 1\\ -1 & 1\end{pmatrix}\begin{pmatrix}\delta_{er}\\ \delta_{el}\end{pmatrix}$$

因此，"飞翼"型飞机的力和力矩模型可以在数学上表示为标准的副翼和升降翼模式。

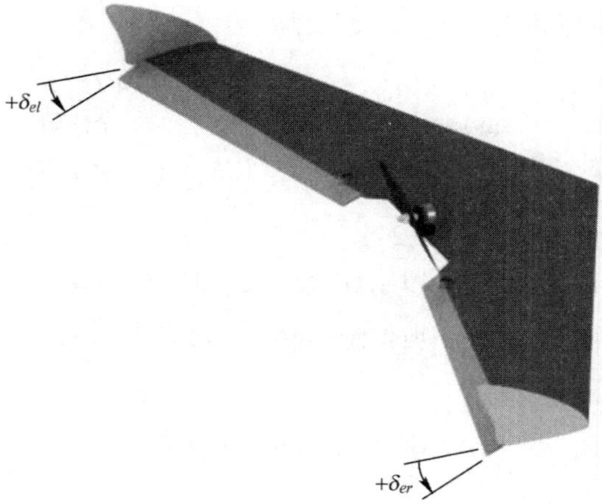

图 4.5　升降副翼用于控制“飞翼”型飞机。升降副翼代替了副翼和升降翼。以相同的方式驱动升降副翼等效于升降翼的作用，以差分的方式驱动升降副翼等效于副翼的作用

4.2.2　纵轴空气动力学

纵轴空气动力和力矩引起沿着体轴 $\boldsymbol{i}^b-\boldsymbol{k}^b$ 平面的运动，也称作俯仰面。这些是我们非常熟悉的空气动力和力矩：升力、阻力和俯仰力矩。从定义可以看出，升力和阻力与稳定坐标系的轴一致，如图 4.2 所示。当用矢量的形式表示的时候，俯仰力矩也与稳定坐标系的 $\boldsymbol{j}^s$ 轴一致。升力、阻力和俯仰力矩受攻角的影响很大。俯仰速率 q 和升降翼的变化 δ_e 也会影响纵向力和力矩。因此，可以重写升力、阻力和俯仰力矩的公式，以体现其与 α,q 和 δ_e 之间的依赖关系。

$$F_{\text{lift}}\approx\frac{1}{2}\rho V_a^2 SC_L(\alpha,q,\delta_e)$$

$$F_{\text{drag}}\approx\frac{1}{2}\rho V_a^2 SC_D(\alpha,q,\delta_e)$$

$$m\approx\frac{1}{2}\rho V_a^2 ScC_m(\alpha,q,\delta_e)$$

通常，这些力和力矩的方程都是非线性的。然而，当攻角较小时机翼周围的气流是薄片状的。在这种情况下，升力、阻力和俯仰力矩可以较好的精度用线性模型来表示。以升力的表达式为例，升力方程的一阶泰勒级数近似可以写为

$$F_{\text{lift}}=\frac{1}{2}\rho V_a^2 S\left(C_{L_0}+\frac{\partial C_L}{\partial\alpha}\alpha+\frac{\partial C_L}{\partial q}q+\frac{\partial C_L}{\partial\delta_e}\delta_e\right)\tag{4.2}$$

系数 C_{L_0} 是 C_L 在 $\alpha=q=\delta_e=0$ 时的值。通常在这种线性近似中的偏导数都要进行无量纲化。由于 C_L 和角 α,δ_e(用弧度表示)都是无量纲的，所以唯一需要无量纲化的偏导数为 $\partial C_L/\partial q$。因为 q 的单位为 rad/s，所以可以用一个标准系

数 $c/(2V_a)$，这样可以将式(4.2)重新写为

$$F_{\text{lift}} = \frac{1}{2}\rho V_a^2 S\left(C_{L_0} + C_{L_\alpha}\alpha + C_{L_q}\frac{c}{2V_a}q + C_{L_{\delta_e}}\delta_e \right) \tag{4.3}$$

式中：系数 C_{L_0}，$C_{L_\alpha} \triangleq \dfrac{\partial C_L}{\partial \alpha}$，$C_{L_q} \triangleq \dfrac{\partial C_L}{\partial \dfrac{qc}{2V_a}}$，$C_{L_{\delta_e}} \triangleq \dfrac{\partial C_L}{\partial \delta_e}$是无量纲的值。$C_{L_\alpha}$和 C_{L_q}通常作为“稳定导数”，而 $C_{L_{\delta_e}}$则代表“控制导数”。这里“导数”表示这些系数来源于泰勒级数近似过程中的偏导数。类似地，将空气动力中的阻力和俯仰力矩的近似线性化表示为

$$F_{\text{drag}} = \frac{1}{2}\rho V_a^2 S\left(C_{D_0} + C_{D_\alpha}\alpha + C_{D_q}\frac{c}{2V_a}q + C_{D_{\delta_e}}\delta_e \right) \tag{4.4}$$

$$m = \frac{1}{2}\rho V_a^2 Sc\left(C_{m_0} + C_{m_\alpha}\alpha + C_{m_q}\frac{c}{2V_a}q + C_{m_{\delta_e}}\delta_e \right) \tag{4.5}$$

式(4.3)～式(4.5)通常作为纵向空气动力模型的基础。在典型的低攻角飞行条件下，这些公式能足够精确地表达力和力矩。在飞机机体周围的气流是薄片状的，这样的气场称为准稳定的，说明它只随着时间缓慢地变化。该气场的形状是可以预测的，并且随着攻角、俯仰速率和升降翼的变化而变化。气场的准稳态特性产生了可以根据上述模型进行预测的纵向空气动力和力矩。

相比于飞机通常所处的准稳态空气动力状态，非稳态空气动力很难建模和预测。非稳态空气动力主要表现为非线性、三维、时变、分散的气流，并且严重影响飞机所受到的力和力矩。对小型飞机设计者来讲有两种非稳定气流的情况，即高攻角和高角速率飞行，如战斗机的飞行和扑翼飞行的情况。事实上，昆虫和鸟类飞行的有效性和高机动性部分是来自于它们能够充分利用非稳定气流的空气动力作用。

也许小型飞机的设计者和用户最需要理解非稳定气流现象是“失速”(stall)，这种现象发生在当攻角大到一定程度后，机翼周围的气流分散进而导致升力的迅速丢失。在失速条件下，式(4.3)～式(4.5)估计的飞机受力和力矩与实际情况差异很大。这种失速现象如图4.6所示。在低攻角和中攻角条件下，机翼上的气流是薄片状的并且在流过机翼的时候紧贴着机翼。正是这种紧贴着机翼的气流产生了所需的升力。当攻角超过某个严重的失速角时，气流开始从机翼的上表面分散产生紊流，导致机翼上的升力迅速下降，这将会对飞机产生致命的后果。式(4.3)～式(4.5)所描述的线性空气动力模型的主要缺陷在于当攻角增加时不能预测升力的突然下降。相反，它错误地预测会随着攻角的增加而继续增加，以至于到了物理上不可实现的飞行条件。假定这里给出的MAV动态模型可以用来为真实的飞机设计控制规律并对性能进行仿真，那么在纵向空气动力模型中集成机翼失速的影响是非常重要的。

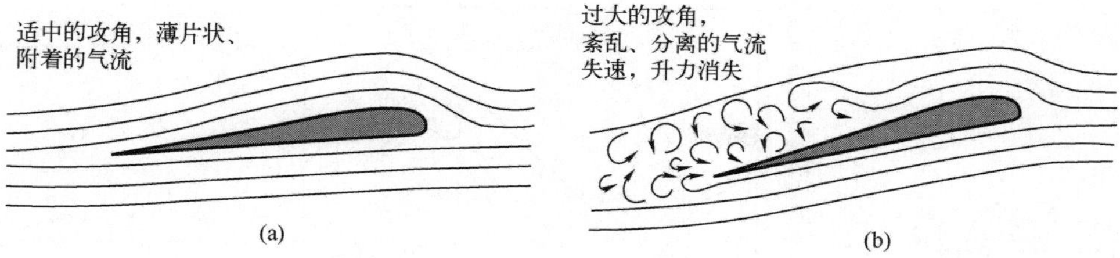

图 4.6　图(a)表示机翼处于正常飞行状态，气流在机翼上以层流的形式存在。
图(b)表示机翼因过大的攻角而产生的失速状态，此时，
气流自机翼上表面分散，产生紊流现象并大大降低升力

为了使我们的纵向空气动力模型能够兼容失速状态，对式(4.3)和式(4.4)进行改进，使升力和阻力与攻角之间为非线性关系。因此，我们将能够在很大的范围内更准确地建立升力和阻力与攻角之间的关系。这个关系可以表示为

$$F_{\text{lift}}=\frac{1}{2}\rho V_a^2 S\left(C_L(\alpha)+C_{L_q}\frac{c}{2V_a}q+C_{L_{\delta_e}}\delta_e\right) \tag{4.6}$$

$$F_{\text{drag}}=\frac{1}{2}\rho V_a^2 S\left(C_D(\alpha)+C_{D_q}\frac{c}{2V_a}q+C_{D_{\delta_e}}\delta_e\right) \tag{4.7}$$

在此，C_L 与 C_D 均为 α 的函数。当攻角超出失速状态起始值时，机翼犹如一个平板，其升力系数可以表示为

$$C_{L,\text{flat plate}}=2\text{sign}(\alpha)\sin^2\alpha\cos\alpha \tag{4.8}$$

若想在具体的机翼设计中，精确地建立升力与大范围攻角之间的关系模型，则需要进行风洞试验或复杂的计算。而对于很多仿真试验来说，可能没必要去得到高精度的升力模型，使用一个考虑了失速影响的模型即可。一个包含了普通线性升力作用和失速影响的模型为

$$C_L(\alpha)=(1-\sigma(\alpha))(C_{L_0}+C_{L_\alpha}\alpha)+\sigma(\alpha)[2\text{sign}(\alpha)\sin^2\alpha\cos\alpha] \tag{4.9}$$

式中

$$\sigma(\alpha)=\frac{1+\mathrm{e}^{-M(\alpha-\alpha_0)}+\mathrm{e}^{M(\alpha+\alpha_0)}}{(1+\mathrm{e}^{-M(\alpha-\alpha_0)})(1+\mathrm{e}^{M(\alpha+\alpha_0)})} \tag{4.10}$$

M 和 α_0 为正常数。式(4.10)中的 Sigmoid 函数是一个混合函数，其分界点和转换速率分别为 $\pm\alpha_0$ 和 M。图 4.7 展示了式(4.9)中的升力系数，作为一个混合函数，它由线性部分 $C_{L_0}+C_{L_\alpha}\alpha$ 和式(4.8)中的平板部分组成。对于小型飞机来说，其线性升力系数可以用以下等式近似：

$$C_{L_\alpha}=\frac{\pi\text{AR}}{1+\sqrt{1+(\text{AR}/2)^2}}$$

式中：$\text{AR}\triangleq b^2/S$ 为机翼的展弦比，b 为翼展，S 为机翼面积。

阻力系数 C_D 也是攻角的非线性函数。阻力系数由两部分共同导致，分别叫作诱导阻力和废阻力[22]。废阻力由空气划过机翼引起的切应力等因素产生，

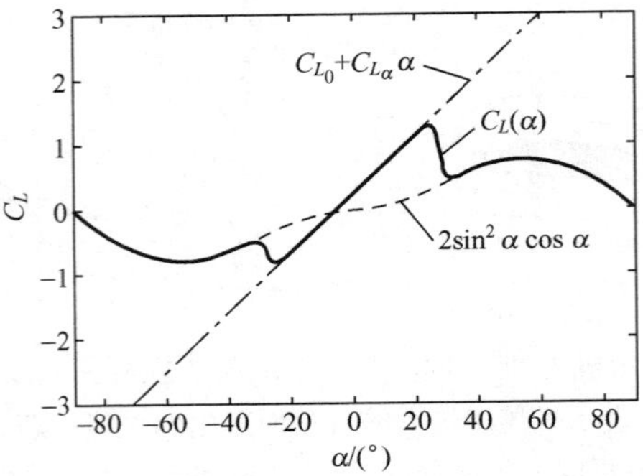

图 4.7　升力系数为 α 的函数(实线),可以近似为一个 α
线性函数(点画线)和一个平板的升力系数(虚线)

废阻力系数大体上是常数,由 C_{D_p} 表示。对于小攻角,诱导阻力与升力的平方成正比。同时结合诱导阻力和废阻力,得到

$$C_D(\alpha) = C_{D_p} + \frac{(C_{L_0} + C_{L_\alpha}\alpha)^2}{\pi e\mathrm{AR}} \tag{4.11}$$

式中:e 为奥斯瓦尔德效率因数,其值在 0.8 ~ 1.0 范围变化[12]。

图 4.8 展示了在二次模型和线性模型下,典型的阻力系数 - 攻角曲线。二次模型为一个关于 α 的奇函数,能够准确地描绘出阻力。阻力总是与飞机的前进速度方向相反,并且与攻角的符号无关。由于线性模型预测的不准确性,当攻角为足够小的负数时,阻力将会变成负数(推动飞机前进)。该图揭示了废阻力系数 C_{D_p}(也称零升力阻力系数)与在零攻角下由线性模型预测得到的阻力系数 C_{D_0} 的不同。参数 α^* 和 C_D^* 为在额定状态下的攻角与其对应的升力系数,此时二者之间存在线性关系。二次模型能在较大的攻角范围内提供更准确的表示,而线性模型由于其简便性和其在特定飞行状态下的准确性,故有时也被采用。

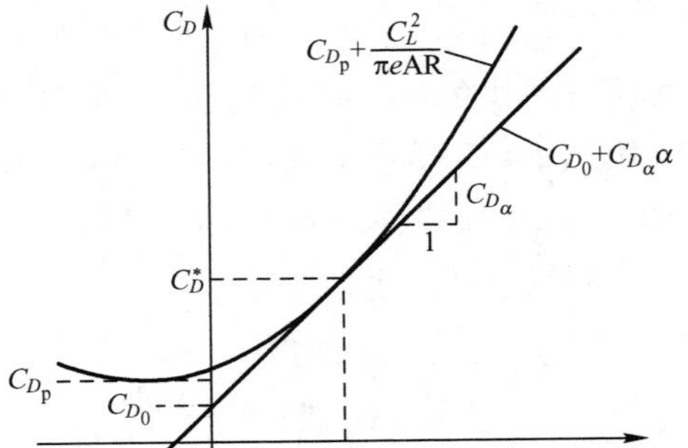

图 4.8　阻力系数与攻角的函数关系,给出了线性模型二次模型

式(4.6)和式(4.7)给出了升力和阻力在稳定坐标系下的表示,而表示机体坐标系下的升力和阻力则需要转动一个攻角的角度:

$$\begin{pmatrix} f_x \\ f_z \end{pmatrix} = \begin{pmatrix} \cos\alpha & -\sin\alpha \\ \sin\alpha & \cos\alpha \end{pmatrix} \begin{pmatrix} -F_{\text{drag}} \\ -F_{\text{lift}} \end{pmatrix}$$

$$= \frac{1}{2}\rho V_a^2 S \begin{pmatrix} [-C_D(\alpha)\cos\alpha + C_L(\alpha)\sin\alpha] \\ +(-C_{D_q}\cos\alpha + C_{L_q}\sin\alpha)\frac{c}{2V_a}q + (-C_{D_{\delta_e}}\cos\alpha + C_{L_{\delta_e}}\sin\alpha)\delta_e \\ \cdots\cdots\cdots\cdots\cdots\cdots\cdots\cdots\cdots\cdots \\ [-C_D(\alpha)\sin\alpha - C_L(\alpha)\cos\alpha] \\ +(-C_{D_q}\sin\alpha - C_{L_q}\cos\alpha)\frac{c}{2V_a}q + (-C_{D_{\delta_e}}\sin\alpha - C_{L_{\delta_e}}\cos\alpha)\delta_e \end{pmatrix}$$

上述模型中使用的函数 $C_L(\alpha)$ 和 $C_D(\alpha)$ 可以采用式(4.9)和式(4.11)的表达形式,其在很大的攻角范围内都是有效的。另外,如果需要更简单的模型,则可以使用下述线性模型:

$$C_L(\alpha) = C_{L_0} + C_{L_\alpha}\alpha \tag{4.12}$$

$$C_D(\alpha) = C_{D_0} + C_{D_\alpha}\alpha \tag{4.13}$$

飞机的俯仰力矩通常为一个攻角的非线性函数,必须通过特定的风洞或飞行试验来确定。为了实现仿真,使用如下线性模型:

$$C_m(\alpha) = C_{m_0} + C_{m_\alpha}\alpha$$

式中:$C_{m_\alpha} < 0$,表明机体俯仰稳定。

4.2.3 横向空气动力学

横向空气动力和力矩引起飞机沿 $\boldsymbol{j}^b$ 轴的横向转动,同时也引起滚转和俯仰运动,这些将会导致 MAV 飞行路线的偏移。横向空气动力主要受侧滑角 β 的影响,同时也受滚转速率 p、偏航速率 r、副翼偏转角 δ_a、舵偏角 δ_r 的影响。用 f_y 表示横向力,l 和 n 分别表示滚转力矩和偏航力矩,于是有

$$f_y = \frac{1}{2}\rho V_a^2 S C_Y(\beta, p, r, \delta_a, \delta_r)$$

$$l = \frac{1}{2}\rho V_a^2 S b C_l(\beta, p, r, \delta_a, \delta_r)$$

$$n = \frac{1}{2}\rho V_a^2 S b C_n(\beta, p, r, \delta_a, \delta_r)$$

式中:C_Y,C_l 和 C_n 为无量纲的空气动力学系数;b 为飞机的翼展。

如同纵向空气动力和力矩,系数 C_Y,C_l 和 C_n 关于它们的参数 β,p,r,δ_a 和 δ_r 是非线性的,然而,这些非线性关系很难描述。线性空气动力模型的精度在多数情况下是可以接受的,且能够衡量飞机的动力学稳定性。我们将沿用 4.2.2 节

的方法去建立横向空气动力模型:一阶泰勒展开近似并无量纲化的空气动力系数。使用这种方法,可以得到横向力、滚转力矩和偏航力矩的线性模型:

$$f_y \approx \frac{1}{2}\rho V_a^2 S\left(C_{Y_0} + C_{Y_\beta}\beta + C_{Y_p}\frac{b}{2V_a}p + C_{Y_r}\frac{b}{2V_a}r + C_{Y_{\delta_a}}\delta_a + C_{Y_{\delta_r}}\delta_r\right) \tag{4.14}$$

$$l \approx \frac{1}{2}\rho V_a^2 Sb\left(C_{l_0} + C_{l_\beta}\beta + C_{l_p}\frac{b}{2V_a}p + C_{l_r}\frac{b}{2V_a}r + C_{l_{\delta_a}}\delta_a + C_{l_{\delta_r}}\delta_r\right) \tag{4.15}$$

$$n \approx \frac{1}{2}\rho V_a^2 Sb\left(C_{n_0} + C_{n_\beta}\beta + C_{n_p}\frac{b}{2V_a}p + C_{n_r}\frac{b}{2V_a}r + C_{n_{\delta_a}}\delta_a + C_{n_{\delta_r}}\delta_r\right) \tag{4.16}$$

这些力和力矩都与飞机机体轴一致,故在运动方程式中不需要旋转变换。系数 C_{Y_0}为 $\beta = p = r = \delta_a = \delta_b = 0$ 时的横向力系数。对于关于 $\boldsymbol{i}^b - \boldsymbol{k}^b$ 平面对称的飞机来说,C_{Y_0}通常为 0。系数 C_{l_0}和 C_{n_0}定义相似,且在对称的飞机中也为 0。

4.2.4 空气动力学系数

空气动力学系数 C_{m_α},C_{l_β},C_{n_β},C_{m_q},C_{l_p}和 C_{n_r}通常也称为稳定性导数,因为它们的值决定了 MAV 的静态和动态稳定性。静态稳定性处理的是当 MAV 受到干扰偏离其正常飞行条件时空气力矩的方向。如果该力矩的作用趋势是使 MAV 恢复到其正常飞行条件的,则称 MAV 为静态稳定的。大多数飞机都设计为静态稳定的。系数 C_{m_α}, C_{l_β}和 C_{n_β}决定 MAV 的静态稳定性。它们表示力矩系数随着空速方向的变化而变化,如 α 和 β 所表示的那样。

C_{m_α}指的是纵向稳定性导数。对于静态稳定的 MAV,C_{m_α}一定是小于 0 的。在这种情况下,由于上升气流而导致的 α 增加可能会导致 MAV 为了保持其正常的攻角而向下飞行。

C_{l_β}称为滚动稳定性导数,通常与机翼的夹角有关系。对于滚动静态稳定性,C_{l_β}必须是负的。负的 C_{l_β}值产生的滚动力矩可以驱动 MAV 朝着减小侧滑的方向滚动,因此驱动侧滑角 β 趋向于 0。

C_{n_β}指的是静态偏航稳定性导数,有时也称为风标(weathercock)稳定性导数。如果飞机在偏航上是静态稳定的,它就会很自然地像风标一样朝着风向飞。C_{n_β}的值受飞机尾部的设计影响非常大。尾部越大,且尾部越接近飞机的质心,C_{n_β}的值越大。对于在偏航上稳定的 MAV,C_{n_β}必须是正的。这说明对于正的侧滑角会产生正的偏航力矩。该偏航力矩会驱动 MAV 朝着风向飞,进而驱动侧滑角趋近于 0。

动态稳定性处理的是机体受到干扰时的动态特性。当有干扰作用在 MAV 上时,如果 MAV 的反应能够逐渐抑制掉该干扰的影响,则 MAV 是动态稳定的。如果我们用一个二阶的"质量－弹簧－阻尼器"系统来类比分析 MAV,稳定性导数 C_{m_α},C_{l_β}和 C_{n_β} 相当于扭转弹簧,而导数 C_{m_q},C_{l_β}和 C_{n_r} 相当于扭转阻尼器。MAV 机体的惯性相当于重力。第 5 章将介绍,当将 MAV 的动力学运动方程线性化的时候,这些稳定性导数的符号必须保持一致,进而保证 MAV 动态特性的特征根轨迹落在复平面的左半边。

C_{m_q}指的是俯仰阻尼导数,C_{l_p}称为滚转阻尼导数,C_{n_r}指的是偏航阻尼导数。每个阻尼导数通常都是负的,意味着所产生的力矩是用来对抗运动的方向的,进而对该运动进行阻尼。

空气动力学系数 $C_{m_{\delta_e}}$,$C_{l_{\delta_a}}$和 $C_{n_{\delta_r}}$与控制面的变化相关,称为主控制导数。它们是主要的,因为控制面的变形就是为了产生这些力矩。例如,升降翼形变 δ_e 的期望结果就是要产生俯仰力矩 m,$C_{l_{\delta_r}}$和 $C_{n_{\delta_a}}$称为交叉控制导数。它们定义的是当控制面变化后所产生的离轴力矩。控制导数可以理解为增益。控制导数的值越大,该控制面变化所产生的力矩的幅值越大。

4.2.1 节所描述的符号惯例意味着正的升降翼变化导致机头向下的俯仰力矩(相对于$\boldsymbol{j}^b$轴为负),正的副翼变化导致右翼向下的滚转力矩(相对于 $\boldsymbol{i}^b$ 轴为正),正的方向翼的变化导致机头向左的偏航力矩(相对于 $\boldsymbol{k}^b$ 轴为负)。定义主控制导数的方向为:正的变化产生正的力矩。在这种情况下,$C_{m_{\delta_e}}$为负, $C_{l_{\delta_e}}$为正, $C_{n_{\delta_r}}$为负。

4.3 推进力与力矩

4.3.1 推进器推力

对推进器所产生的推力进行简单的建模可以应用伯努利(Bernoulli)原理去计算推进器前面和后面的压力,进而将这个压力差作用于推进器的面积。这样产生的模型适用于具有完美效率的推进器。这样的模型预测出来的推力有些过于理想化,不过这个模型对 MAV 仿真来说是一个比较合理的起点。

应用伯努利方程,推进器的所有上升气流压力可以写为

$$P_{\text{upstream}} = P_0 + \frac{1}{2}\rho V_a^2$$

式中:P_0 为静态压力,ρ 为空气密度。推进器的下行气流压力可以表示为

$$P_{\text{downstream}} = P_0 + \frac{1}{2}\rho V_{\text{exit}}^2$$

式中:V_{exit}为当空气离开推进器时的速度。忽略在马达中的暂态变化,在脉宽调制命令 δ_t 和推进器角速度之间存在一个线性关系。相反,推进器产生了离开的空气速度:

$$V_{\text{exit}} = k_{\text{motor}}\delta_t$$

如果 S_{prop}是推进器扫过的面积,则由马达产生的推力可以由下式给出:

$$
\begin{aligned}
V_{x_p} &= S_{\text{prop}} C_{\text{prop}} (P_{\text{downstream}} - P_{\text{upstream}}) \\
&= \frac{1}{2}\rho S_{\text{prop}} C_{\text{prop}} [(k_{\text{prop}}\delta_t)^2 - V_a^2]
\end{aligned}
$$

因此

$$
f_p = \frac{1}{2}\rho S_{\text{prop}} C_{\text{prop}} \begin{pmatrix} (k_{\text{prop}}\delta_t)^2 - V_a^2 \\ 0 \\ 0 \end{pmatrix}
$$

大多数 MAV 在设计时都会使推力直接沿着飞机的体轴 $\boldsymbol{i}^b$。因此,推力不会相对于 MAV 的质心产生任何力矩。

4.3.2 推进器扭矩

随着 MAV 推进器的旋转,它对通过推进器的空气产生推力,同时增大空气的动量并产生作用在 MAV 上的推力。由空气产生大小相等、方向相反的力作用在推进器上。这些力的净效果是作用在 MAV 上沿着推进器旋转轴的扭矩。由马达作用于推进器(进而作用于空气)的扭矩产生了一个大小相等、方向相反的由推进器施加在马达上的扭矩,该扭矩是固定在 MAV 机体上的。这个扭矩与推进器的旋转方向相反并正比于推进器角速度的平方,可以表示为

$$
T_p = -k_{T_p}(k_\Omega \delta_t)^2
$$

式中:$\Omega = k_\Omega \delta_t$ 为推进器速度;k_{T_p} 为由试验确定的常数。因此,由推力系统产生的力矩为

$$
m_p = \begin{pmatrix} -k_{T_p}(k_\Omega \delta_t)^2 \\ 0 \\ 0 \end{pmatrix}
$$

推进器扭矩的作用通常是相对很小的,如果不考虑,推进器扭矩会产生与推进器旋转方向相反的缓慢的滚动。可以通过施加一个较小的副翼变化进而产生抵消推进器推力的滚转力矩,以此来修正这个缓慢的滚动。

4.4 空气干扰

本节将讨论像风这样的空气干扰,并将这些干扰引入飞机的动力学中。第 2 章定义 $\boldsymbol{V}_g$ 为机体相对于地面的速度(或称为地速),$\boldsymbol{V}_a$ 为机体相对于周围空气的速度(或称为空速),$\boldsymbol{V}_w$ 为周围空气相对于地面的速度,或称为风速。如式(2.6)所示,地速、空速和风速之间的关系为

$$
\boldsymbol{V}_g = \boldsymbol{V}_a + \boldsymbol{V}_w \tag{4.17}
$$

为了仿真,假定总的风速矢量可以表示为

$$\boldsymbol{V}_w = \boldsymbol{V}_{w_s} + \boldsymbol{V}_{w_g}$$

式中:$\boldsymbol{V}_{w_s}$为代表稳定环境风速的常值;$\boldsymbol{V}_{w_g}$为一个随机过程,表示强风或者其他空气干扰。环境(稳定)风速通常在惯性坐标系下表示为

$$\boldsymbol{V}_{w_s}^i = \begin{pmatrix} w_{n_s} \\ w_{e_s} \\ w_{d_s} \end{pmatrix}$$

式中:w_{n_s}为稳定风速的北向分量;w_{e_s}为稳定风速的东向分量;w_{d_s}为稳定风速的向下分量。风速的随机部分通常在机体坐标系下表示,因为飞机所受到的来自于前向的空气作用通常比横向或者下向的作用频率高很多。风速的随机部分可以在体坐标系下表示为

$$\boldsymbol{V}_{w_g}^b = \begin{pmatrix} u_{w_g} \\ v_{w_g} \\ w_{w_g} \end{pmatrix}$$

试验结果证明,可以将白噪声通过由冯·卡门(von Karmen)干扰谱[22]给出的线性时变滤波器而得到非稳定干扰气流的合理模型。但是,冯·卡门干扰谱不能得到一个合理的传递函数。冯·卡门模型的一个比较合适的近似是由德莱登(Dryden)传递函数给出的:

$$H_u(s) = \sigma_u \sqrt{\frac{2V_a}{L_u}} \frac{1}{s + \frac{V_a}{L_u}}$$

$$H_v(s) = \sigma_v \sqrt{\frac{3V_a}{L_v}} \frac{\left(s + \frac{V_a}{\sqrt{3}L_v}\right)}{\left(s + \frac{V_a}{L_v}\right)^2}$$

$$H_w(s) = \sigma_w \sqrt{\frac{3V_a}{L_w}} \frac{\left(s + \frac{V_a}{\sqrt{3}L_w}\right)}{\left(s + \frac{V_a}{L_w}\right)^2}$$

式中:σ_u,σ_v 和 σ_w 为沿着机体坐标系各轴的干扰的强度;L_u,L_v 和 L_w 为空间波长;V_a 为飞机的空速。德莱登模型通常假定一个定常的名义空速 V_{a_0}。德莱登模型的参数是由 MIL-F-8785C 定义的。对于中、低高度,中、轻度干扰情况下的参数在文献[24]中给出,如表 4.1 所列。

表 4.1　德莱登风速模型参数

干扰风描述	高度/m	$L_u=L_v$ /m	L_w /m	$\sigma_u=\sigma_v$ /(m/s)	σ_w /(m/s)
高度低、轻度的干扰	50	200	50	1.06	0.7
高度低、中度的干扰	50	200	50	2.12	1.4
高度中等、轻度的干扰	600	533	533	1.5	1.5
高度中等、中度的干扰	600	533	533	3.0	3.0

图 4.9 展示了稳定气流和空气干扰成分是如何进入到运动方程中的。当噪声通过德莱登滤波器时产生在机体坐标系的干扰风成分。稳定风成分从惯性坐标系旋转到机体坐标系,并加入到干扰风成分中,产生了在机体坐标系的所有风力。这种稳定风和干扰风的组合可以在数学上表示为

$$\boldsymbol{V}_w^b=\begin{pmatrix}u_w\\v_w\\w_w\end{pmatrix}=\mathcal{R}_v^b(\phi,\theta,\psi)\begin{pmatrix}w_{n_s}\\w_{e_s}\\w_{d_s}\end{pmatrix}+\begin{pmatrix}u_{w_g}\\v_{w_g}\\w_{w_g}\end{pmatrix}$$

式中:$\mathcal{R}_v^b$ 为由式(2.5)给出的从飞机坐标系 $\mathcal{F}^v$ 到机体坐标系 $\mathcal{F}^b$ 的旋转矩阵。从风速成分 $\boldsymbol{V}_w^b$ 和地速成分 $\boldsymbol{V}_g^b$,可以计算出机体坐标系上的空速为

$$\boldsymbol{V}_a^b=\begin{pmatrix}u_r\\v_r\\w_r\end{pmatrix}=\begin{pmatrix}u-u_w\\v-v_w\\w-w_w\end{pmatrix}$$

从机体坐标系上的空速成分,可以根据式(2.8)计算空速、攻角和侧滑角:

$$V_a=\sqrt{u_r^2+v_r^2+w_r^2}$$

$$\alpha=\arctan\left(\frac{w_r}{u_r}\right)$$

$$\beta=\arctan\left(\frac{v_r}{\sqrt{u_r^2+v_r^2+w_r^2}}\right)$$

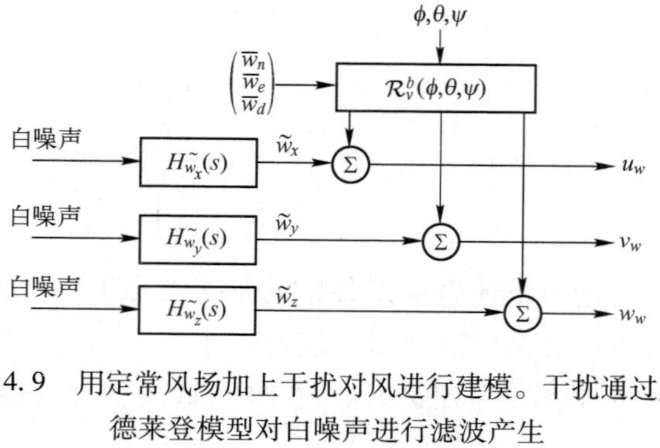

图 4.9　用定常风场加上干扰对风进行建模。干扰通过用德莱登模型对白噪声进行滤波产生

V_a, α 和 β 这些参数的表达式可以用来计算作用在飞机上的空气动力和力矩。重点需要理解的是风和空气干扰会影响空速、攻角和侧滑角。正是通过这些参数，风和空气的作用才被引入了空气动力和力矩的计算，进而影响了飞机的运动。

4.5 本章小结

作用在 MAV 上的总的力可以总结为

$$\begin{pmatrix} f_x \\ f_y \\ f_z \end{pmatrix} = \begin{pmatrix} -mg\sin\theta \\ mg\cos\theta\sin\phi \\ mg\cos\theta\cos\phi \end{pmatrix} + \frac{1}{2}\rho V_a^2 S \begin{pmatrix} C_X(\alpha) + C_{X_q}(\alpha)\frac{c}{2V_a}q + C_{X_{\delta_e}}(\alpha)\delta_e \\ C_{Y_0} + C_{Y_\beta}\beta + C_{Y_p}\frac{b}{2V_a}p + C_{Y_r}\frac{b}{2V_a}r + C_{Y_{\delta_a}}\delta_a + C_{Y_{\delta_r}}\delta_r \\ C_Z(\alpha) + C_{Z_q}(\alpha)\frac{c}{2V_a}q + C_{Z_{\delta_e}}(\alpha)\delta_e \end{pmatrix}$$

$$+ \frac{1}{2}\rho S_{\text{prop}} C_{\text{prop}} \begin{pmatrix} (k_{\text{motor}}\delta_t)^2 - V_a^2 \\ 0 \\ 0 \end{pmatrix} \tag{4.18}$$

式中

$$\begin{cases} C_X(\alpha) \triangleq -C_D(\alpha)\cos\alpha + C_L(\alpha)\sin\alpha \\ C_{X_q}(\alpha) \triangleq -C_{D_q}(\alpha)\cos\alpha + C_{L_q}(\alpha)\sin\alpha \\ C_{X_{\delta_e}}(\alpha) \triangleq -C_{D_{\delta_e}}(\alpha)\cos\alpha + C_{L_{\delta_e}}(\alpha)\sin\alpha \\ C_Z(\alpha) \triangleq -C_D(\alpha)\sin\alpha - C_L(\alpha)\cos\alpha \\ C_{Z_q}(\alpha) \triangleq -C_{D_q}(\alpha)\sin\alpha - C_{L_q}(\alpha)\cos\alpha \\ C_{Z_{\delta_e}}(\alpha) \triangleq -C_{D_{\delta_e}}(\alpha)\sin\alpha - C_{L_{\delta_e}}(\alpha)\cos\alpha \end{cases} \tag{4.19}$$

式中：$C_L(\alpha)$ 由式(4.9)给出，$C_D(\alpha)$ 由式(4.11)给出。下标 X 和 Z 表示这些力是作用在机体坐标系的 X 和 Z 方向，对应于 $\boldsymbol{i}^b$ 和 $\boldsymbol{k}^b$ 矢量的方向。

作用在 MAV 上的总的扭矩可以总结为

$$\begin{pmatrix} l \\ m \\ n \end{pmatrix} = \frac{1}{2}\rho V_a^2 S \begin{pmatrix} b\left[C_{l_0} + C_{l_\beta}\beta + C_{l_p}\frac{b}{2V_a}p + C_{l_r}\frac{b}{2V_a}r + C_{l_{\delta_a}}\delta_a + C_{l_{\delta_r}}\delta_r\right] \\ c\left[C_{m_0} + C_{m_\alpha}\alpha + C_{m_q}\frac{c}{2V_a}q + C_{m_{\delta_e}}\delta_e\right] \\ b\left[C_{n_0} + C_{n_\beta}\beta + C_{n_p}\frac{b}{2V_a}p + C_{n_r}\frac{b}{2V_a}r + C_{n_{\delta_a}}\delta_a + C_{n_{\delta_r}}\delta_r\right] \end{pmatrix} + \begin{pmatrix} -k_{T_p}(k_\Omega\delta_t)^2 \\ 0 \\ 0 \end{pmatrix} \tag{4.20}$$

注释和参考文献

本章中的内容可以在大多数飞行动力学的教科书中找到，包括文献[1,2,5,7,12,22,25]。我们在升力、阻力和力矩参数上的讨论主要来源于文献[22]。将风矢量分解为常数和随机项的思路来源于文献[22]。我们对飞机空气动力学和动力学的讨论集中在主要作用上。更详尽的关于飞行机械的讨论，如大地影响、陀螺效应等，可以参考文献[25]。

4.6 设计项目

4.1 从网站上下载仿真文件。修改本章讨论的实现重力、空气动力、推力和扭力的模块 forces_moments. m。使用附录 E 中的参数。

4.2 修改干扰风模块，输出沿着体轴的干扰风。修改 forces_moments. m 输出在体坐标系的力和力矩，空速 V_a、攻角 α、侧滑角 β，以及惯性坐标系下的风速矢量 $(w_n, w_e, w_d)^{\mathrm{T}}$。

4.3 通过设置控制面变化为不同的值来验证仿真。观察 MAV 的响应，它的表现是否与你的预期一致？

第 5 章　线性设计模型

如第 3 章和第 4 章所述，MAV 的运动方程是一个相对复杂的集合，它由 12 个非线性耦合一阶常微分方程组成，我们将在 5.1 节完整地介绍这些方程。由于它们的复杂性，基于这些方程设计控制器将变得非常棘手，因此需要更为简单直接的方法。本章将线性化这些运动方程并解耦，生成一个降阶的传递函数和更适于控制系统设计的状态空间模型。这些线性设计模型可以在特定条件下近似描述系统的动态特征，因此可以用来设计无人机低级别的自动驾驶仪控制回路。本章的目的是推导出第 6 章设计自动驾驶仪要用的线性设计模型。

固定翼的动力学系统大致可以分解成包括空速、俯仰角和高度的纵向运动，以及包括滚转角和航向角的横向运动。虽然纵向运动和横向运动是耦合的，但是对于大多数机身，这种动力学耦合影响很小，通过抑制扰动的控制算法就可以减轻这种不必要的影响。本章将遵循标准的惯例，同时把动力学分解成横向和纵向运动。许多线性模型都是在平衡状态下推导出来的。在飞行动力学中，力及力矩平衡叫作平衡，这个将在 5.3 节中讨论。5.4 节推导出了横向和纵向动力学传递函数。5.5 节推导出了状态空间模型。

5.1　非线性运动方程的总结

文献中描述了很多空气动力和力矩模型，包括对高度交叉耦合的非线性模型的线性化、解耦模型。本节总结第 4 章所介绍的准线性空气动力学和推进模型的 6 自由度 12 个状态方程。我们称它为准线性的，是因为升力和阻力相对攻角都是非线性的，螺旋桨推力相对于油门指令也是非线性的。为了保证完整性，我们将会介绍常见的升力和阻力线性模型。结合第 4 章介绍的空气动力和推进模型代入方程组(3.14)~(3.17)，得到下面的运动方程：

$$\dot{p}_n = (\cos\theta\cos\psi)u + (\sin\phi\sin\theta\cos\psi - \cos\phi\sin\psi)v + (\cos\phi\sin\theta\cos\psi + \sin\phi\sin\psi)w \tag{5.1}$$

$$\dot{p}_e = (\cos\theta\sin\psi)u + (\sin\phi\sin\theta\sin\psi - \cos\phi\cos\psi)v + (\cos\phi\sin\theta\sin\psi + \sin\phi\cos\psi)w \tag{5.2}$$

$$\dot{h} = u\sin\theta - v\sin\phi\cos\theta - w\cos\phi\cos\theta \tag{5.3}$$

$$\dot{u} = rv - qw - g\sin\theta + \frac{\rho V_a^2 s}{2m}\left[C_X(\alpha) + C_{X_q}(\alpha)\frac{cq}{2V_a} + C_{X_{\delta_e}}(\alpha)\delta_e\right] + \frac{\rho S_{\text{prop}} C_{\text{prop}}}{2m}[(k_{\text{motor}}\delta_t)^2 - V_a^2] \tag{5.4}$$

$$\dot{v} = pq - ru - g\cos\theta\sin\phi + \frac{\rho V_a^2 S}{2m}\left(C_{Y_0} + C_{Y_\beta}\beta + \frac{cq}{2V_a} + C_{Y_p}\frac{bp}{2V_a} + C_{Y_r}\frac{br}{2V_a} + C_{Y_{\delta_a}}\delta_a + C_{Y_{\delta_r}}\delta_r\right) \tag{5.5}$$

$$\dot{w} = qu - pv - g\cos\theta\cos\phi + \frac{\rho V_a^2 S}{2m}\left[C_Z(\alpha) + C_{Z_q}(\alpha)\frac{cq}{2V_a} + C_{Z_{\delta_e}}(\alpha)\delta_e\right] \tag{5.6}$$

$$\dot{\phi} = p + q\sin\phi\tan\theta + r\cos\phi\tan\theta \tag{5.7}$$

$$\dot{\theta} = q\cos\phi - r\sin\phi \tag{5.8}$$

$$\dot{\psi} = q\sin\phi\sec\theta + r\cos\phi\sec\theta \tag{5.9}$$

$$\dot{p} = \Gamma_1 pq - \Gamma_2 qr + \frac{1}{2}\rho V_a^2 Sb\left(C_{p_0} + C_{p_\beta}\beta + C_{p_p}\frac{bp}{2V_a} + C_{p_r}\frac{br}{2V_a} + C_{p_{\delta_a}}\delta_a + C_{p_{\delta_r}}\delta_r\right) \tag{5.10}$$

$$\dot{q} = \Gamma_5 pr - \Gamma_6(p^2 - r^2) + \frac{\rho V_a^2 Sc}{2J_y}\left(C_{m_0} + C_{m_\alpha}\alpha + C_{m_q}\frac{cp}{2V_a} + C_{m_{\delta_e}}\delta_e\right) \tag{5.11}$$

$$\dot{r} = \Gamma_7 pq - \Gamma_q qr + \frac{1}{2}\rho V_a^2 Sb\left(C_{r_0} + C_{r_\beta}\beta + C_{r_p}\frac{bp}{2V_a} + C_{r_r}\frac{br}{2V_a} + C_{r_{\delta_r}}\delta_r\right) \tag{5.12}$$

式中 $h = -p_d$ 为高度，且

$$\begin{aligned}
C_{p_0} &= \Gamma_3 C_{l_0} + \Gamma_4 C_{n_0} \\
C_{p_\beta} &= \Gamma_3 C_{l_\beta} + \Gamma_4 C_{n_\beta} \\
C_{p_p} &= \Gamma_3 C_{l_p} + \Gamma_4 C_{n_p} \\
C_{p_r} &= \Gamma_3 C_{l_r} + \Gamma_4 C_{n_r} \\
C_{p_{\delta_a}} &= \Gamma_3 C_{l_{\delta_a}} + \Gamma_4 C_{n_{\delta_a}} \\
C_{p_{\delta_r}} &= \Gamma_3 C_{l_{\delta_r}} + \Gamma_4 C_{n_{\delta_r}} \\
C_{r_0} &= \Gamma_4 C_{l_0} + \Gamma_8 C_{n_0} \\
C_{r_\beta} &= \Gamma_4 C_{l_\beta} + \Gamma_8 C_{n_\beta} \\
C_{r_p} &= \Gamma_4 C_{l_p} + \Gamma_8 C_{n_p} \\
C_{r_r} &= \Gamma_4 C_{l_r} + \Gamma_8 C_{n_r} \\
C_{r_{\delta_a}} &= \Gamma_4 C_{l_{\delta_a}} + \Gamma_8 C_{n_{\delta_a}} \\
C_{r_{\delta_r}} &= \Gamma_4 C_{l_{\delta_r}} + \Gamma_8 C_{n_{\delta_r}}
\end{aligned}$$

式(3.13)定义了 $\Gamma_1, \Gamma_2, \cdots, \Gamma_8$ 表示的惯性参数。如第 4 章所述，X 轴和 Z 轴方向的空气动力系数是攻角的非线性函数。为了保证完整性，这里重新叙述：

$$C_X(\alpha) \triangleq -C_D(\alpha)\cos\alpha + C_L(\alpha)\sin\alpha$$

$$C_{X_q}(\alpha) \triangleq -C_{D_q}\cos\alpha + C_{L_q}\sin\alpha$$
$$C_{X_{\delta_e}}(\alpha) \triangleq -C_{D_{\delta_e}}\cos\alpha + C_{L_{\delta_e}}\sin\alpha$$
$$C_Z(\alpha) \triangleq -C_D(\alpha)\sin\alpha - C_L(\alpha)\cos\alpha$$
$$C_{Z_q}(\alpha) \triangleq -C_{D_q}\sin\alpha - C_{L_q}\text{cosn}\alpha$$
$$C_{Z_{\delta_e}}(\alpha) \triangleq -C_{D_{\delta_e}}\sin\alpha - C_{L_{\delta_e}}\cos\alpha$$

如果把失速影响合并到升力系数中,可以建立新的模型:

$$C_L(\alpha) = (1-\sigma(\alpha))[C_{L_0} + C_{L_\alpha}\alpha] + \sigma(\alpha)[2\text{sign}(\alpha)\sin^2\alpha\cos\alpha]$$

式中

$$\sigma(\alpha) = \frac{1 + e^{-M(\alpha-\alpha_0)} + e^{M(\alpha+\alpha_0)}}{(1+e^{-M(\alpha-\alpha_0)})(1+e^{M(\alpha+\alpha_0)})}$$

并且 M 和 a 都是正常数。

进一步,把阻力看成升力的非线性二次函数,则

$$C_D(\alpha) = C_{D_p} + \frac{(C_{L_0} + C_{L_\alpha}\alpha)^2}{\pi eAR}$$

式中:e 为奥斯瓦尔德效率因子;AR 为机翼的高宽比。

如果在低攻角条件下建立 MAV 飞行模型,就可以用升力和阻力系数的简单线性模型:

$$C_L(\alpha) = C_{L_0} + C_{L_\alpha}\alpha$$
$$C_D(\alpha) = C_{D_0} + C_{D_\alpha}\alpha$$

本节提供的方程组完整地描述了 MAV 对来自油门和空气动力学控制面(副翼、升降舵、航舵)输入响应的动态行为。这些方程是我们后面所介绍内容的基础,是每章末尾部分练习 MAV 仿真环境的核心。

附录 B 给出了这些方程组的另外一种形式,即利用四元数来表示 MAV 的姿态。四元数方程可以避免死循环奇异点,并且计算起来比欧拉角运动方程更高效。因此,四元数形式的运动方程经常看成高保真度仿真的基础。由于姿态的四元数形式在物理上很难解释清楚,所以对降阶线性模型,将开发基于欧拉角形式的姿态表达式。进一步,我们会将与正常飞行条件大相径庭的奇异点在飞行条件中去除,这样开发的模型就不会产生这些问题。

5.2 协调转弯

参考式(5.9)可以看到,航向速率与飞机的俯仰速率、偏航速率、俯仰和滚转状态有关。其中的每个状态都由一个常微分方程决定。我们知道,物理上航向速率与飞机的滚转角有关,下面的章节将寻求一种简化的关系来帮助我们开发线性传递函数关系。协调转弯状态提供了这种关系。协调转弯是有人驾驶的

飞机起飞后，为了乘客的舒适度而寻找的飞行状态。在协调转弯过程中，飞机机身没有横向加速度，飞机转弯而不是横向打滑。从分析的角度来看，协调转弯的假设，建立了航向速率和滚转角的简化关系，见参考文献[25]。在协调转弯过程中，滚转角是设定的，因此 MAV 没有受到任何侧向力。如图 5.1 所示的自由体，作用在 MAV 上的离心力和升力的水平分量大小相等，符号相反。水平方向的总力为

$$
\begin{aligned}
F_{\text{lift}}\sin\phi &= m\frac{v^2}{R} \\
&= mv\omega \\
&= m(V_g\cos\gamma)\dot{\chi}
\end{aligned}
\tag{5.13}
$$

式中：F_{lift}为升力；γ 为飞行路径角；V_g 为地速；χ 为航线角。

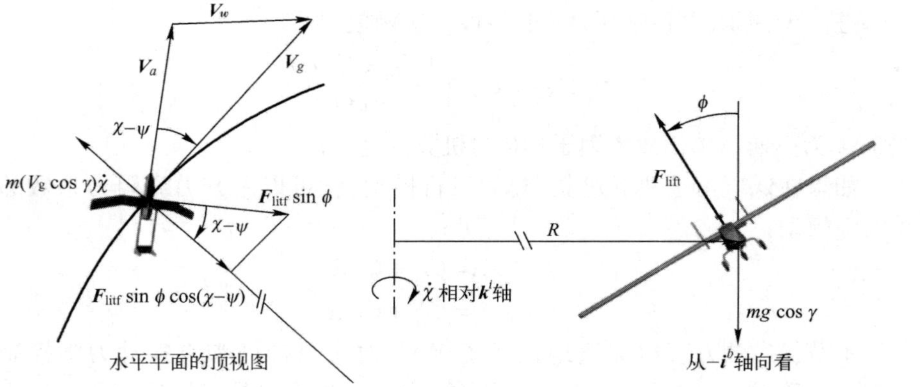

图 5.1　在上升协调转弯过程中，作用在 MAV 上的自由体受力图

离心力可以用沿惯性坐标系 k^i 轴的角速度$\dot{\chi}$和空速的水平分量 $V_\alpha\cos\gamma$ 来计算。类似地，升力的垂直分量与重力在 $\boldsymbol{j}^b-\boldsymbol{k}^b$ 平面上的投影大小相等、符号相反，如图 5.1 所示。垂直方向上总的受力为

$$F_{\text{lift}}\cos\phi = mg\cos\gamma \tag{5.14}$$

式(5.13)的两边除以式(5.14)，求解$\dot{\chi}$，则有

$$\dot{\chi} = \frac{g}{V_g}\tan\phi\cos(\chi-\psi) \tag{5.15}$$

这是一个协调转弯的方程，转弯半径由 $R = V_g\cos\gamma/\dot{\chi}$ 给出，得到

$$R = \frac{V_g^2\cos\gamma}{g\tan\phi\cos(\chi-\psi)} \tag{5.16}$$

在无风或侧滑的情况下，有 $V_a = V_g$ 和 $\psi=\chi$，则协调转弯的表达式变为

$$\dot{\chi} = \frac{g}{V_g}\tan\phi = \dot{\psi} = \frac{g}{V_a}\tan\phi$$

协调转弯的这些表达式可以用于推导 MAV 转弯动特性的简化表达式。协调转弯进一步的讨论可以参考文献[25 - 27,130],9.2 节还会涉及更多关于协调转弯的讨论,将看到

$$\dot{\psi} = \frac{g}{V_a}\tan\phi$$

在有风的情况下同样适用。

5.3 平衡条件

给定一个非线性系统的微分方程

$$\dot{x} = f(x, u)$$

式中:$f:\mathbb{R}^n \times \mathbb{R}^m \to \mathbb{R}^n$;$x$ 为系统的状态;u 为输入。如果在状态 x^*,输入为 u^* 时

$$f(x^*, u^*) = 0$$

则说系统处于平衡状态。

当 MAV 的高度恒定、水平稳定飞行时,其所有状态中一部分是平衡的。特别的,在高度 $h = -p_d$;机体的速率是 u, v, w;欧拉角 ϕ, θ, ψ,角速率 p, q, r 都是恒定的。在空气动力学中,这种状态下的飞机被认为是平衡的。一般来说,平衡条件可能包括非恒定的状态。例如,在稳定上升,机翼水平飞行时,$\dot{h}$ 是恒定的,h 线性增加。同时,在恒定转弯时,$\dot{\psi}$ 恒定,但 ψ 线性增长。因此,一般来说,平衡的条件如下:

$$\dot{x}^* = f(x^*, u^*)$$

在计算飞机平衡的过程中,我们将把风作为未知干扰。由于它作用在 MAV 的效果是未知的,我们发现当风速等于 0 的时候会达到平衡,即 $V_a = V_g$,$\psi = \chi$ 且 $\gamma = \gamma_\alpha$。

我们的目标是当飞机同时满足下面三个条件时,计算平衡状态和输入:

(1) 飞机以恒速 V_α^* 飞行;

(2) 飞机以恒定飞行航迹角 γ^* 爬行;

(3) 飞机以恒定轨道半径 R^* 转弯。

对平衡计算,这三个参数 V_α^*,γ^* 和 R^* 都是输入。假定 $R^* \geqslant R_{\min}$,$R_{\min}$ 表示飞机转弯半径的最小值。经常需要计算平衡参数的情况是在机翼水平,恒定高度飞行时。在这种情况下有 $\gamma^* = 0$ 且 $R^* = \infty$。另一个常见的场景是一个固定高度的轨道,半径为 R^*,在这种情况下 $\gamma^* = 0$。

对于固定机翼的飞机,状态为

$$x \triangleq (p_n, p_e, p_d, u, v, w, \phi, \theta, \psi, p, q, r)^{\mathrm{T}} \tag{5.17}$$

输入为

$$u \triangleq (\delta_e,\delta_t,\delta_a,\delta_r)^{\mathrm{T}} \tag{5.18}$$

$f(x,u)$由式(5.1)~式(5.12)的右边确定。但是要注意,式(5.1)~式(5.12)的右边是与p_n,p_e,p_d无关的。因此,平衡飞行和位置无关。此外,因为只有$\dot{p}_n$和$\dot{p}_e$依赖ψ,平衡的飞行也和航向ψ无关。

在一个稳定上升的轨道,飞机的速度并没有改变,它意味着$\dot{u}^* = \dot{v}^* = \dot{w}^* = 0$。同样,由于滚转角和俯仰角都是常数,有$\dot{\phi}^* = \dot{\theta}^* = \dot{p}^* = \dot{q}^* = 0$,转速是常数,表达式如下:

$$\dot{\psi}^* = \frac{V_a^*}{R^*}\cos\gamma^* \tag{5.19}$$

这就意味着$\dot{r}^* = 0$。最后,上升速率也是恒定的,表达式为

$$\dot{h}^* = V_a^* \sin\gamma^* \tag{5.20}$$

因此,给定参数V_a^*,γ^*和R^*,可以指定为

$$\dot{x}^* = \begin{pmatrix} \dot{p}_n^* \\ \dot{p}_e^* \\ \dot{h}^* \\ \dot{u}^* \\ \dot{v}^* \\ \dot{w}^* \\ \dot{\phi}^* \\ \dot{\theta}^* \\ \dot{\psi}^* \\ \dot{p}^* \\ \dot{q}^* \\ \dot{r}^* \end{pmatrix} = \begin{pmatrix} [\,don't\ care\,] \\ [\,don't\ care\,] \\ V_a^* \sin\gamma^* \\ 0 \\ 0 \\ 0 \\ 0 \\ 0 \\ \dfrac{V_a^*}{R^*} \\ 0 \\ 0 \\ 0 \end{pmatrix} \tag{5.21}$$

寻找满足$\dot{x}^* = f(x^*,u^*)$的$\dot{x}^*$(排除p_n^*,p_e^*,h^*和ψ^*)和$\dot{u}^*$的问题可简化为求解非线性代数方程组的问题。许多数值方法可以用来求解这个方程组。附录F介绍解决这个方程组的两种方法。首先是使用仿真软件Simulink的trim命令。如果没有Simulink则可以参考附录F中给出的编写trim命令的程序流程。

5.4 传递函数模型

5.4.1节推导出了横向动力学传递函数模型,描述了飞机在水平面上的运动,

5.4.2 节推导出了纵向动力学传递函数模型,描述了飞机在垂直面上的运动。

5.4.1 横向传递函数

对于横向动力学、滚转角 ϕ、滚转速率 p、航向角 ψ 和偏航速率 r 是我们所感兴趣的变量。用来影响横向动力学的控制面是副翼 δ_α 和方向翼 δ_r。δ_α 主要用于影响飞机的滚转速率 p,而方向翼主要是用来控制飞机偏航 ψ。

1. 滚转角

我们的首要任务是推导从副翼 δ_α 到滚转角 ϕ 的传递函数。根据式(5.7),有

$$\dot{\phi} = p + q\sin\phi\tan\theta + r\cos\phi\tan\theta$$

因为在大多数飞行条件下,θ 很小。影响$\dot{\phi}$的主要因素是滚转速率 p,定义

$$d_{\phi_1} \triangleq q\sin\phi\tan\theta + r\cos\phi\tan\theta$$

考虑到 d_{ϕ_1}是干扰,有

$$\dot{\phi} = p + d_{\phi_1} \tag{5.22}$$

对式(5.22)求微分,同时利用式(5.10),得到

$$\begin{aligned}
\ddot{\phi} &= \dot{p} + \dot{d}_{\phi_1} \\
&= \Gamma_1 pq - \Gamma_2 pq + \frac{1}{2}\rho V_a^2 Sb\left(C_{p_0} + C_{p_\beta}\beta + C_{p_p}\frac{bp}{2V_a} + C_{p_r}\frac{br}{2V_a} + C_{p_{\delta_\alpha}}\delta_\alpha + C_{p_{\delta_r}}\delta_r \right) + d_{\dot{\phi}_1} \\
&= \Gamma_1 pq - \Gamma_2 pq + \frac{1}{2}\rho V_a^2 Sb\left[C_{p_0} + C_{p_\beta}\beta + C_{p_p}\frac{b}{2V_a}(\dot{\phi} - d_{\phi_1}) + C_{p_r}\frac{br}{2V_a} + C_{p_{\delta_\alpha}}\delta_\alpha + C_{p_{\delta_r}}\delta_r \right] + \dot{d}_{\phi_1} \\
&= \left(\frac{1}{2}\rho V_a^2 SbC_{p_p}\frac{b}{2V_a} \right)\dot{\phi} + \left(\frac{1}{2}\rho V_a^2 SbC_{p_{\delta_\alpha}} \right)\delta_\alpha \\
&\quad + \left\{ \Gamma_1 pq - \Gamma_2 pq + \frac{1}{2}\rho V_a^2 Sb\left[C_{p_0} + C_{p_\beta}\beta + C_{p_p}\frac{b}{2V_a}(d_{\phi_1}) + C_{p_r}\frac{br}{2V_a} + C_{p_{\delta_r}}\delta_r \right] + d_{\dot{\phi}_1} \right\} \\
&= -a_{\phi_1}\dot{\phi} + a_{\phi_2}\delta_\alpha + d_{\phi_2}
\end{aligned}$$

式中

$$a_{\phi_1} \triangleq -\frac{1}{2}\rho V_a^2 SbC_{p_p}\frac{b}{2V_a} \tag{5.23}$$

$$a_{\phi_2} \triangleq \frac{1}{2}\rho V_a^2 SbC_{p_{\delta_\alpha}} \tag{5.24}$$

$$d_{\phi_2} \triangleq \Gamma_1 pq - \Gamma_2 pq + \frac{1}{2}\rho V_a^2 Sb\left[C_{p_0} + C_{p_\beta}\beta + C_{p_p}\frac{b}{2V_a}(d_{\phi_1}) + C_{p_r}\frac{br}{2V_a} + C_{p_{\delta_r}}\delta_r \right] + d_{\dot{\phi}_1} \tag{5.25}$$

d_{ϕ_2}是系统干扰。

在拉普拉斯域,有

$$\phi(s)=\left(\frac{a_{\phi_2}}{s(s+a_{\phi_1})}\right)\left(\delta_\alpha(s)+\frac{1}{a_{\phi_2}}d_{\phi_2}(s)\right) \tag{5.26}$$

如图 5.2 所示,输入为副翼 δ_α 和干扰 d_{ϕ_2}。

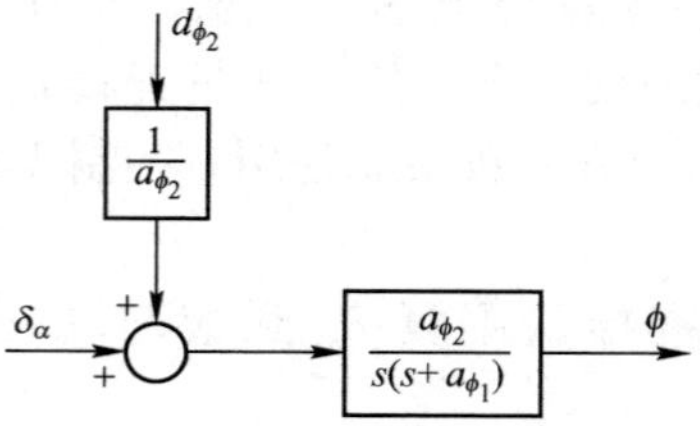

图 5.2　滚动动力学框图

2. 航线和航向

也可以推导出从滚转角 ϕ 到航线角 χ 的传递函数。在无风的协调转弯时,有

$$\dot{\chi}=\frac{g}{V_g}\tan\phi$$

这个方程可以改写为

$$\begin{aligned}\dot{\chi}&=\frac{g}{V_g}\phi+\frac{g}{V_g}(\tan\phi-\phi)\\&=\frac{g}{V_g}\phi+\frac{g}{V_g}d_\chi\end{aligned}$$

式中

$$d_\chi=\tan\phi-\phi$$

是一个干扰。在拉普拉斯域,有

$$\chi(s)=\frac{g/V_g}{s}(\phi(s)+d_\chi(s)) \tag{5.27}$$

由副翼所控制的横向动力学框图如图 5.3 所示。为了实现这个传递函数,需要知道对地速值 V_g。因为我们已经假设风速为零,进一步可以假设飞机将会跟踪指令空速,可以用指令空速作为 V_g 值。第 6 章将设计控制率来控制飞机相

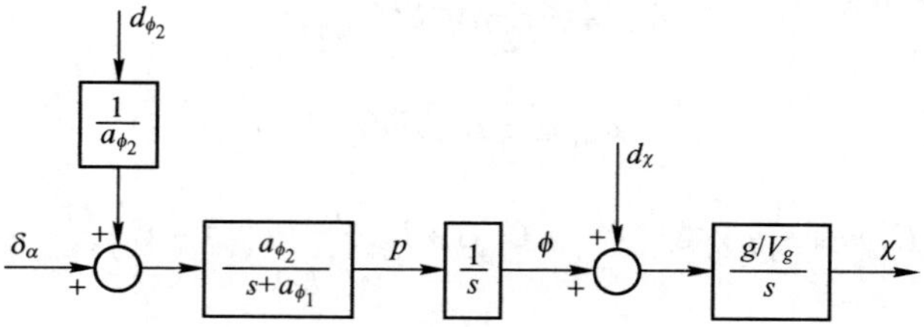

图 5.3　横向动力学的框图。显性给出滚转率 p,这是因为它可以从速率陀螺仪直接得到,而且它将用来作为第 6 章中的反馈信号

对地面的飞行路线。这样，结合 GPS 获取的航线测量结果，可以用航线角 χ 来表示式(5.27)的传递函数。该传递函数同样可以表示成

$$\psi(s)=\frac{g/V_\alpha}{s}(\phi(s)+d_\chi(s))$$

3. 侧滑

横向动力学的第二个分量是响应于方向翼输入的偏航特性。无风时，$v=V_a\sin\beta$。对恒定空速，导致 $\dot{v}=(V_a\cos\beta)\dot{\beta}$。因此，根据式(5.5)，有

$$(V_a\cos\beta)\dot{\beta}=pw-ru+g\cos\theta\sin\phi$$
$$+\frac{\rho V_a^2 S}{2m}\left(C_{Y_0}+C_{Y_\beta}\beta+C_{Y_p}\frac{bp}{2V_a}+C_{Y_r}\frac{br}{2V_a}+C_{Y_{\delta_a}}\delta_a+C_{Y_{\delta_r}}\delta_r\right)$$

可以合理地假设 β 很小，这就导致 $\cos\beta=1$ 且

$$\dot{\beta}=-a_{\beta_1}\beta+a_{\beta_2}\delta_r+d_\beta$$

式中

$$a_{\beta_1}=-\frac{\rho V_a S}{2m}C_{Y_\beta}$$

$$a_{\beta_2}=\frac{\rho V_a S}{2m}C_{Y_{\delta_r}}$$

$$d_\beta=\frac{1}{V_a}(pw-ru+g\cos\theta\sin\phi)+\frac{\rho V_a S}{2m}\left(C_{Y_0}+C_{Y_p}\frac{bp}{2V_a}+C_{Y_r}\frac{br}{2V_a}+C_{Y_{\delta_a}}\delta_a\right)$$

在拉普拉斯域，有

$$\beta(s)=\frac{a_{\beta_2}}{s+a_{\beta_1}}(\delta_r(s)+d_\beta(s)) \tag{5.28}$$

图 5.4 描述了这个传递函数。

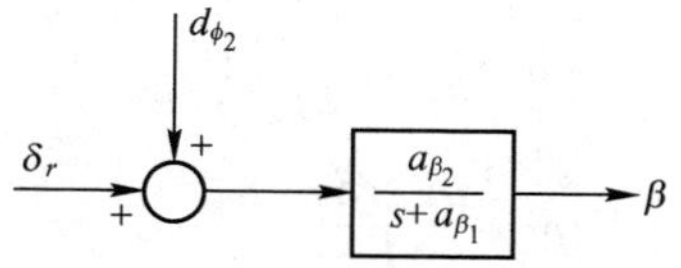

图 5.4　方向翼侧滑动态方框图

5.4.2　纵向传递函数

本节将推导纵向动力学的传递函数模型。我们感兴趣的变量是俯仰角 θ、俯仰速率 q、高度 $h=-p_d$ 和空速 V_a。用来影响纵向动力学的控制信号是升降翼 δ_e 和油门 δ_t。升降翼用来直接影响俯仰角 θ。下面将看到，俯仰角可以用来调整高度 h 和空速 V_a。空速可以用来控制高度，油门可以用来影响空速。本节推导的传递函数将在第 6 章设计高度控制策略时用到。

1. 俯仰角

先推导升降翼 δ_e 和俯仰角 θ 的简化关系，根据式(5.8)，有

$$\begin{aligned}\dot{\theta} &= q\cos\phi - r\sin\phi \\ &= q + q(\cos\phi - 1) - r\sin\phi \\ &\triangleq q + d_{\theta_1}\end{aligned}$$

其中 $d_{\theta_1} \triangleq q(\cos\phi - 1) - r\sin\phi$，滚转角小的情况下，$d_{\theta_1}$ 也会比较小。求微分，得

$$\ddot{\theta} \triangleq \dot{q} + \dot{d}_{\theta_1}$$

使用式(5.11)和关系式 $\theta = \alpha + \gamma_\alpha$，其中 $\gamma_\alpha = \gamma$ 是飞行航迹角，得到

$$\begin{aligned}\ddot{\theta} &= \Gamma_6(r^2 - p^2) + \Gamma_5 pr + \frac{\rho V_a^2 CS}{2J_y}\left(C_{m_0} + C_{m_\alpha}\alpha + C_{m_q}\frac{cq}{2V_a} + C_{m_{\delta_e}}\delta_e\right) + \dot{d}_{\theta_1} \\ &= \Gamma_6(r^2 - p^2) + \Gamma_5 pr + \frac{\rho V_a^2 CS}{2J_y}\left[C_{m_0} + C_{m_\alpha}(\theta - \gamma) + C_{m_q}\frac{c}{2V_a}(\dot{\theta} - d_{\theta_1}) + c_{m_{\delta_e}}\delta_e\right] + \dot{d}_{\theta_1} \\ &= \left(\frac{\rho V_a^2 CS}{2J_y}C_{m_q}\frac{C}{2V_a}\right)\dot{\theta} + \left(\frac{\rho V_a^2 CS}{2J_y}C_{m_\alpha}\right)\theta + \left(\frac{\rho V_a^2 CS}{2J_y}C_{m_{\delta_e}}\right)\delta_e \\ &\quad + \left[\Gamma_6(r^2 - p^2) + \Gamma_5 pr + \frac{\rho V_a^2 cS}{J_y}\left(C_{m_0} - C_{m_\alpha}\gamma - C_{m_q}\frac{c}{2V_a}d_{\theta_1}\right) + \dot{d}_{\theta_1}\right] \\ &= -a_{\theta_1}\dot{\theta} - a_{\theta_2}\theta + a_{\theta_3}\delta_e + d_{\theta_2}\end{aligned}$$

式中

$$a_{\theta_1} \triangleq -\frac{\rho V_a^2 cS}{2Jy}C_{m_q}\frac{c}{2V_a}$$

$$a_{\theta_2} \triangleq -\frac{\rho V_a^2 cS}{2J_y}C_{m_\alpha}$$

$$a_{\theta_3} \triangleq -\frac{\rho V_a^2 cS}{2J_y}C_{m_{\delta_e}}$$

$$d_{\theta_2} \triangleq \Gamma_6(r^2 - p^2) + \Gamma_5 pr + \frac{\rho V_a^2 cS}{2J_y}\left(C_{m_0} - C_{m_\alpha}\gamma - C_{m_q}\frac{c}{2V_a}d_{\theta_1}\right) + \dot{d}_{\theta_1}$$

我们已经推导出俯仰角的线性模型。取拉普拉斯变换，有

$$\theta(s) = \left(\frac{a_{\theta_3}}{s^2 + a_{\theta_1}s + a_{\theta_2}}\right)\left(\delta_e(s) + \frac{1}{a_{\theta_3}}d_{\theta_2}(s)\right) \tag{5.29}$$

注意，在直线和水平飞行时，$r = p = \phi = \gamma = 0$，此外，设计机身时通常会使 $C_{m_0} = 0$，也就意味着 $d_{\theta_2} = 0$。根据 $\dot{\theta} = q + d_{\theta_1}$，得到图 5.5。图 5.5 所示的模型是有用的，因为滚转速率 q 可以直接从反馈的速率陀螺获得，因此滚转率 q 在模型中是合理的。

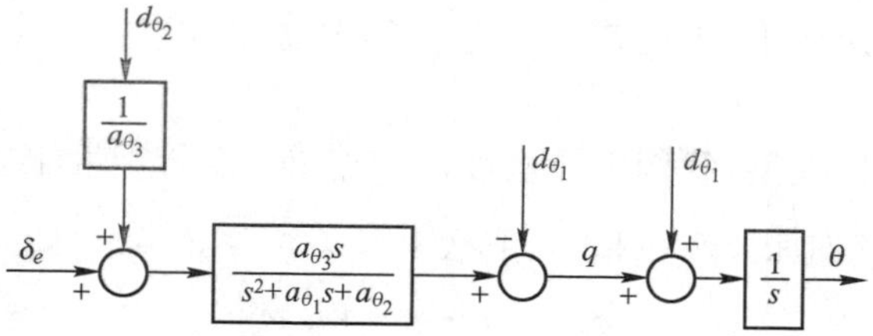

图 5.5 从升降翼到滚转角的传递函数框图，滚转率 q 显性表示，是因为它可以由速率陀螺给出，同时在第 6 章将被用来作为反馈信号

2. 高度

对恒定的空速，俯仰角直接影响飞机的爬升率。因此，可以开发从滚转角到高度的传递函数。根据式(5.3)，有

$$\begin{aligned}\dot{h} &= u\sin\theta - v\sin\phi\cos\theta - \omega\cos\phi\cos\theta \\ &= V_a\theta + (u\sin\theta - V_a\theta) - v\sin\phi\cos\theta - \omega\cos\phi\cos\theta \\ &= V_a\theta + d_h\end{aligned} \tag{5.30}$$

式中

$$d_h = (u\sin\theta - V_a\theta) - v\sin\phi\cos\theta - \omega\cos\phi\cos\theta$$

注意，在水平直线飞行时，$v\approx0$，$\omega\approx0$，$u\approx V_a$，$\phi\approx0$，θ 很小，我们得到 $d_h\approx0$。

如果我们认为 V_a 恒定，θ 是输入量，那么在拉普拉斯域，式(5.30)变为

$$h(s) = \frac{V_a}{s}\left(\theta + \frac{1}{V_a}d_h\right) \tag{5.31}$$

相应地，从升降翼到高度的纵向动力学框图如图 5.6 所示。另外，如果俯仰角是恒定的，空速增加时，就会导致机翼上的升力增加，因而导致高度变化。为了推导从空速到高度的传递函数，在式(5.30)中，保持 h 恒定，把 V_a 作为输入，有

$$h(s) = \frac{\theta}{s}\left(V_a + \frac{1}{\theta}d_h\right) \tag{5.32}$$

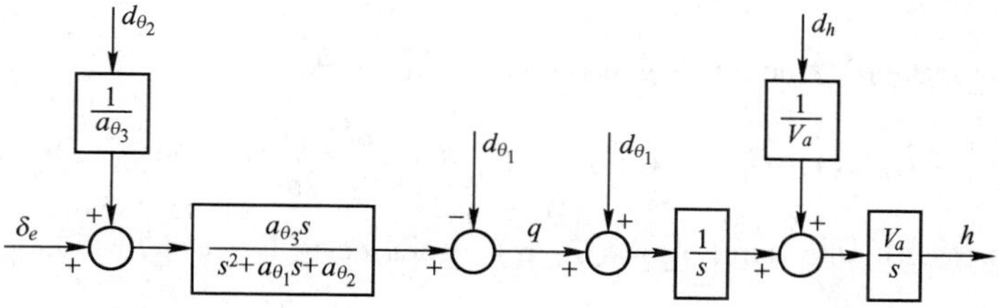

图 5.6 纵向动力学方框图

第 6 章中讨论的高度控制器将使用俯仰角和空速调节高度。类似地，用油门和俯仰角调整空速。例如，当俯仰角恒定时，增大油门将增加推力，因而增加飞机的空速。另一方面，如果油门保持恒定，减小飞机的俯仰角就会减少升力，

在重力加速度的影响下，飞机就会加速下降，从而增加空速。

3. 空速

为了完成纵向模型，我们推导从油门和俯仰角到空速的传递函数。为了实现这一目标，注意到如果风速是零，那么 $V_a=\sqrt{u^2+\omega^2+v^2}$，此时就意味着

$$\dot{V}_a=\frac{u\dot{u}+v\dot{v}+\omega\dot{\omega}}{V_a}$$

利用式(2.7)得到

$$\begin{aligned}\dot{V}_a&=\dot{u}\cos\alpha\cos\beta+\dot{v}\sin\beta+\dot{\omega}\sin\alpha\cos\beta\\&=\dot{u}\cos\alpha+\dot{\omega}\sin\alpha+d_{V_1}\end{aligned}\tag{5.33}$$

式中

$$d_{V_1}=-\dot{u}(1-\cos\beta)\cos\alpha-\dot{\omega}(1-\cos\beta)\sin\alpha+\dot{v}\sin\beta$$

注意当 $\beta=0$，可知 $d_{V_1}=0$，代入式(5.4)和式(5.6)~式(5.33)中，得到

$$\begin{aligned}\dot{V}_a=&\cos\alpha\Big\{rv-qw+r-g\sin\theta\\&+\frac{\rho V_a^2S}{2m}\Big[-C_D(\alpha)\cos\alpha+C_L(\alpha)\sin\alpha+(-C_{D_q}\cos\alpha+C_{L_q}\sin\alpha)\frac{cq}{2V_a}\\&+(-C_{D_{\delta_e}}\cos\alpha+C_{L_{\delta_e}}\sin\alpha)\delta_e\Big]+\frac{\rho S_{prop}C_{prop}}{2m}[(k\delta_t)^2-V_a^2]\Big\}\\&+\sin\alpha\Big\{qu_r-pv_r+g\cos\theta\cos\phi\\&+\frac{\rho V_a^2S}{2m}\Big[-C_D(\alpha)\sin\alpha-C_L(\alpha)\cos\alpha+(-C_{D_q}\sin\alpha-C_{L_q}\cos\alpha)\frac{cq}{2V_a}\\&+(-C_{D_{\delta_e}}\sin\alpha-C_{L_{\delta_e}}\cos\alpha)\delta_e\Big]\Big\}+d_{V_1}\end{aligned}$$

使用式(2.7)和线性逼近 $C_D(\alpha)\approx C_{D_0}+C_{D_\alpha}\alpha$ 并简化，得到

$$\begin{aligned}\dot{V}_a=&rV_a\cos\alpha\sin\beta-pV_a\sin\alpha\sin\beta-g\cos\alpha\sin\theta+g\sin\alpha\cos\theta\cos\phi\\&+\frac{pV_a^2S}{2m}\Big[-C_D(\alpha)-C_{D_\alpha}\alpha-C_{D_q}\frac{cq}{2V_a}-C_{D_{\delta_e}}\delta_e\Big]+\frac{\rho S_{\text{prop}}C_{\text{prop}}}{2m}[(k\delta_t)^2-V_a^2]\cos\alpha+d_{V_1}\\=&(rV_a\cos\alpha-pV_a\sin\alpha)\sin\beta-g\sin(\theta-\alpha)-g\sin\alpha\cos\theta(1-\cos\phi)\\&+\frac{\rho V_a^2S}{2m}\Big[-C_D(\alpha)-C_{D_\alpha}\alpha-C_{D_q}\frac{cq}{2V_a}-C_{D_{\delta_e}}\delta_e\Big]+\frac{\rho S_{\text{prop}}C_{\text{prop}}}{2m}[(k\delta_t)^2-V_a^2]\cos\alpha+d_{V_1}\\=&-g\sin\gamma+\frac{\rho V_a^2S}{2m}\Big[-C_D(\alpha)-C_{D_\alpha}\alpha-C_{D_q}\frac{cq}{2V_\alpha}-C_{D_{\delta_e}}\delta_e\Big]+\frac{\rho S_{\text{prop}}C_{\text{prop}}}{2m}[(k\delta_t)^2-V_a^2]\\&+d_{V_2}\end{aligned}\tag{5.34}$$

式中

$$d_{V_2}=(rV_a\cos\alpha-pV_a\sin\alpha)\sin\beta-g\sin\alpha\cos\theta(1-\cos\phi)$$
$$+\frac{\rho S_{\text{prop}}C_{\text{prop}}}{2m}[(k\delta_t)^2-V_a^2](\cos\alpha-1)+d_{V_1}$$

并注意当水平飞行时，$d_{V_2}\approx 0$。

当考虑空速 V_a 时，我们感兴趣的有两个输入：油门设置 δ_t 和俯仰角 θ。由于 V_a 和 δ_t 在式(5.34)是非线性的，在找到期望的传递函数前，必须事先线性化。根据5.5.1节归纳的方法，令$\bar{V}_a\triangleq V_a-V_a^*$ 表示平衡状态 V_a 的微分，令$\bar{\theta}_a\triangleq\theta-\theta^*$表示平衡状态 θ 的微分，令$\bar{\delta}_a\triangleq\delta_t-\delta_t^*$ 表示平衡状态油门的微分，就可以线性化式(5.34)。式(5.34)可以在恒定高度($\gamma^*=0$)，水平飞行时线性化为

$$\dot{\bar{V}}_a=-g\cos(\theta^{\&}-\alpha^*)\bar{\theta}+\left\{\frac{\rho V_a^*}{m}[-C_{D_0}-C_{D_\alpha}\alpha^*-C_{D_{\delta_e}}\delta_e^*]-\frac{\rho S_{\text{prop}}}{m}C_{\text{prop}}V_a^*\right\}\bar{V}_a$$
$$+\left[\frac{\rho S_{\text{prop}}}{m}C_{\text{prop}}k^2\delta_t^*\right]\bar{\delta}_t+d_V$$
$$=-av_1\bar{V}_a+av_2\bar{\delta}_t-av_3\bar{\theta}+d_V \tag{5.35}$$

式中

$$av_1=\frac{\rho V_a^*}{m}[C_{D_0}+C_{D_\alpha}\alpha^*+C_{D_{\delta_e}}\delta_e^*]+\frac{\rho S_{\text{prop}}}{m}C_{\text{prop}}V_a^*$$
$$av_2=\frac{\rho S_{\text{prop}}}{m}C_{\text{prop}}k^2\delta_t^*$$
$$av_3=g$$

d_v 包括 d_{v_2}以及线性化误差。在拉普拉斯域，有

$$\bar{V}_a(S)=\frac{1}{s+av_1}(av_2\bar{\delta}_t(s)-av_3\bar{\theta}(s)+d_v(s)) \tag{5.36}$$

相关的框图如图5.7所示。

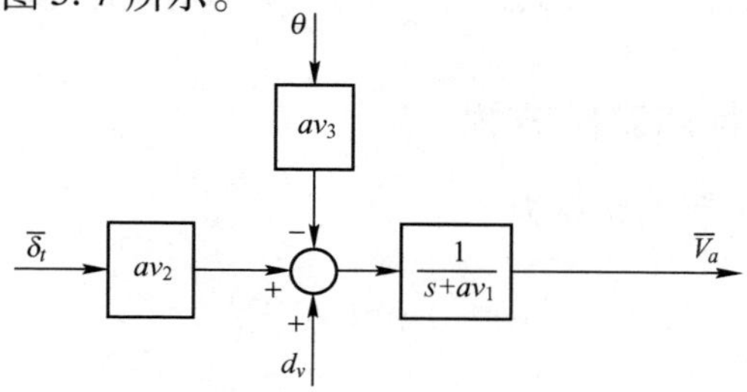

图5.7 平衡条件下，空速动力学线性化的框图。
输入为俯仰角偏差，或者油门偏差

5.5 线性状态空间模型

本节将通过线性化平衡状态下的式(5.1) ~ 式(5.12)来推导纵向和横向运动的线性状态空间模型。5.5.1 节讨论了一般的线性化方法,5.5.2 节推导了横向动力学的状态空间方程,5.5.3 节推导了纵向动力学的状态空间方程。最后,5.5.4 节描述了降阶模型,包括短周期模式、长周期模式、滚动模式、螺旋发散模式和荷兰滚模式。

5.5.1 线性化

给定一般的非线性方程组:

$$\dot{x} = f(\boldsymbol{x},\boldsymbol{u})$$

式中:$\boldsymbol{x} \in \mathbb{R}^n$ 为状态变量;$\boldsymbol{u} \in \mathbb{R}^n$ 为控制矢量。

假设,使用 5.3 节中讨论的技术,可以找到平衡输入 $\boldsymbol{u}^*$ 和状态变量 $\boldsymbol{x}^*$,有

$$\dot{\boldsymbol{x}}^* = f(\boldsymbol{x}^*,\boldsymbol{u}^*) = 0$$

令 $\bar{\boldsymbol{x}} \triangleq \boldsymbol{x} - \boldsymbol{x}^*$,得到

$$\begin{aligned}\dot{\bar{\boldsymbol{x}}} &= \dot{\boldsymbol{x}} - \dot{\boldsymbol{x}}^* \\ &= f(\boldsymbol{x},\boldsymbol{u}) - f(\boldsymbol{x}^*,\boldsymbol{u}^*) \\ &= f(\boldsymbol{x}+\boldsymbol{x}^*-\boldsymbol{x}^*,\boldsymbol{u}+\boldsymbol{u}^*-\boldsymbol{u}^*) - f(\boldsymbol{x}^*,\boldsymbol{u}^*) \\ &= f(\boldsymbol{x}^*+\bar{\boldsymbol{x}},\boldsymbol{u}^*+\bar{\boldsymbol{u}}) - f(\boldsymbol{x}^*,\boldsymbol{u}^*)\end{aligned}$$

取泰勒级数展开的第一项作为平衡状态,有

$$\begin{aligned}\dot{\bar{\boldsymbol{x}}} &= f(\boldsymbol{x}^*,\boldsymbol{u}^*) + \frac{\partial f(\boldsymbol{x}^*,\boldsymbol{u}^*)}{\partial \boldsymbol{x}}\bar{\boldsymbol{x}} + \frac{\partial f(\boldsymbol{x}^*,\boldsymbol{u}^*)}{\partial \boldsymbol{u}}\bar{\boldsymbol{u}} + \text{H. O. T} - f(\boldsymbol{x}^*,\boldsymbol{u}^*) \\ &\approx \frac{\partial f(\boldsymbol{x}^*,\boldsymbol{u}^*)}{\partial \boldsymbol{x}}\bar{\boldsymbol{x}} + \frac{\partial f(\boldsymbol{x}^*,\boldsymbol{u}^*)}{\partial \boldsymbol{u}}\bar{\boldsymbol{u}}\end{aligned} \tag{5.37}$$

因此,在平衡条件下,可以通过求 $\frac{\partial f}{\partial x}$ 和 $\frac{\partial f}{\partial u}$ 来确定线性化的动力学方程。

5.5.2 横向状态空间方程

横向状态空间方程的状态为

$$\dot{\boldsymbol{x}}_{\text{lat}} \triangleq (v,p,r,\phi,\varphi)^{\mathrm{T}}$$

输入矢量定义为

$$\boldsymbol{u}_{\text{lat}} \triangleq (\delta_a,\delta_r)^{\mathrm{T}}$$

代入式(5.5)、式(5.10)、式(5.12)、式(5.7)和式(5.9),则有

$$
\begin{aligned}
\dot{v} &= p\omega - ru + g\cos\theta\sin\phi + \frac{\rho\sqrt{u^2+v^2+\omega^2}s}{2m}[C_{Y_p p} + C_{Y_r r}] \\
&+ \frac{\rho\sqrt{u^2+v^2+\omega^2}s}{2m}\left[C_{Y_0} + C_{Y_\beta}\arctan\left(\frac{v}{\sqrt{u^2+\omega^2}}\right)\right. \\
&\left. + C_{Y_{\delta_a}}\delta_a + C_{Y_{\delta_a}}\delta_r\right]
\end{aligned} \tag{5.38}
$$

$$
\begin{aligned}
\dot{p} &= \Gamma_{1pq} - \Gamma_{2qr} + \frac{\rho\sqrt{u^2+v^2+\omega^2}s}{2m}\frac{b^2}{2}[C_{c_p p} + C_{p_r r}] \\
&+ \frac{\rho}{2}(u^2+v^2+\omega^2)sb\left[C_{p_0} + C_{p_\beta}\arctan\left(\frac{v}{\sqrt{u^2+\omega^2}}\right)\right. \\
&\left. + C_{p_{\delta_a}}\delta_a + C_{p_{\delta_r}}\delta_r\right]
\end{aligned} \tag{5.39}
$$

$$
\begin{aligned}
\dot{r} &= \Gamma_{7pq} - \Gamma_{1qr} + \frac{\rho\sqrt{u^2+v^2+\omega^2}s}{2m}\frac{b^2}{2}[C_{r_p p} + C_{r_r r}] \\
&+ \frac{\rho}{2}(u^2+v^2+\omega^2)sb\left[C_{r_0} + C_{r_\beta}\arctan\left(\frac{v}{\sqrt{u^2+\omega^2}}\right)\right. \\
&\left. + C_{r_{\delta_a}}\delta_a + C_{r_{\delta_r}}\delta_r\right]
\end{aligned} \tag{5.40}
$$

$$
\dot{\phi} = p + q\sin\phi\tan\theta + r\cos\phi\tan\theta \tag{5.41}
$$

$$
\dot{\psi} = q\sin\phi\sec\theta + r\cos\phi\sec\theta \tag{5.42}
$$

其中,我们采用了无风条件的表达式:

$$
\beta = \arctan\left(\frac{v}{\sqrt{u^2+\omega^2}}\right)
$$

$$
V_a = \sqrt{u^2+v^2+\omega^2}
$$

式(5.38)~式(5.42)的雅可比行列式为

$$
\frac{\partial \boldsymbol{f}_{\text{lat}}}{\partial \boldsymbol{x}_{\text{lat}}} = \begin{pmatrix}
\frac{\partial\dot{v}}{\partial v} & \frac{\partial\dot{v}}{\partial p} & \frac{\partial\dot{v}}{\partial r} & \frac{\partial\dot{v}}{\partial\phi} & \frac{\partial\dot{v}}{\partial\psi} \\
\frac{\partial\dot{p}}{\partial v} & \frac{\partial\dot{p}}{\partial p} & \frac{\partial\dot{p}}{\partial r} & \frac{\partial\dot{p}}{\partial\phi} & \frac{\partial\dot{p}}{\partial\psi} \\
\frac{\partial\dot{r}}{\partial v} & \frac{\partial\dot{r}}{\partial p} & \frac{\partial\dot{r}}{\partial r} & \frac{\partial\dot{r}}{\partial\phi} & \frac{\partial\dot{r}}{\partial\psi} \\
\frac{\partial\dot{\phi}}{\partial v} & \frac{\partial\dot{\phi}}{\partial p} & \frac{\partial\dot{\phi}}{\partial r} & \frac{\partial\dot{\phi}}{\partial\phi} & \frac{\partial\dot{\phi}}{\partial\psi} \\
\frac{\partial\dot{\psi}}{\partial v} & \frac{\partial\dot{\psi}}{\partial p} & \frac{\partial\dot{\psi}}{\partial r} & \frac{\partial\dot{\psi}}{\partial\phi} & \frac{\partial\dot{\psi}}{\partial\psi}
\end{pmatrix}
$$

$$\frac{\partial \boldsymbol{f}_{\text{lat}}}{\partial \boldsymbol{x}_{\text{lat}}}=\begin{pmatrix} \frac{\partial \dot{v}}{\partial \delta_a} & \frac{\partial \dot{v}}{\partial \delta_r} \\ \frac{\partial \dot{p}}{\partial \delta_a} & \frac{\partial \dot{p}}{\partial \delta_r} \\ \frac{\partial \dot{r}}{\partial \delta_a} & \frac{\partial \dot{r}}{\partial \delta_r} \\ \frac{\partial \dot{\phi}}{\partial \delta_a} & \frac{\partial \dot{\phi}}{\partial \delta_r} \\ \frac{\partial \dot{\psi}}{\partial \delta_a} & \frac{\partial \dot{\psi}}{\partial \delta_r} \end{pmatrix}$$

为此目的，注意到

$$\frac{\partial}{\partial u}\arctan\left(\frac{v}{\sqrt{u^2+\omega^2}}\right)=\frac{\sqrt{u^2+\omega^2}}{u^2+v^2+\omega^2}=\frac{\sqrt{u^2+\omega^2}}{V_a^2}$$

计算微分，得到线性状态空间方程为

$$\begin{pmatrix} \dot{\bar{v}} \\ \dot{\bar{p}} \\ \dot{\bar{r}} \\ \dot{\bar{\phi}} \\ \dot{\bar{\psi}} \end{pmatrix}=\begin{pmatrix} Y_v & Y_p & Y_r & g\cos\theta^*\cos\phi^* & 0 \\ L_v & L_p & L_r & 0 & 0 \\ N_v & N_p & N_r & 0 & 0 \\ 0 & 1 & \cos\phi^*\tan\theta^* & q^*\cos\phi^*\tan\theta^*-r^*\sin\phi^*\tan\theta^* & 0 \\ 0 & 0 & \cos\phi^*\sec\theta^* & p^*\cos\phi^*\sec\theta^*-r^*\sin\phi^*\sec\theta^* & 0 \end{pmatrix}\begin{pmatrix} \bar{v} \\ \bar{p} \\ \bar{r} \\ \bar{\phi} \\ \bar{\psi} \end{pmatrix}\begin{pmatrix} Y_{\delta_a} & Y_{\delta_r} \\ L_{\delta_a} & L_{\delta_r} \\ N_{\delta_a} & N_{\delta_r} \\ 0 & 0 \\ 0 & 0 \end{pmatrix}\begin{pmatrix} \bar{\delta}_a \\ \bar{\delta}_r \end{pmatrix} \tag{5.43}$$

系数参见表 5.1。

表 5.1　横向状态空间模型系数

横　　向	方　　程
Y_v	$\frac{\rho Sbv^*}{4mV_a^*}[C_{Y_p}p^*+C_{Y_r}r^*]+\frac{\rho Sv^*}{m}[C_{Y_0}+C_{Y_\beta}\beta^*+C_{Y_{\delta_a}}\delta_a^*+C_{Y_{\delta_r}}\delta_r^*]+\frac{\rho SC_{Y_\beta}}{2m}\sqrt{u^{*2}+w^{*2}}$
Y_p	$\omega^*+\frac{\rho V_a^* Sb}{4m}C_{Y_p}$
Y_r	$-u^*+\frac{\rho V_a^* Sb}{4m}C_{Y_r}$
Y_{δ_a}	$\frac{\rho V_a^{*2} S}{2m}C_{Y_{\delta_a}}$
Y_{δ_r}	$\frac{\rho V_a^{*2} S}{2m}C_{Y_{\delta_r}}$
L_v	$\frac{\rho Sb^2 v^*}{4V_a^*}[C_{p_p}p^*+C_{p_r}r^*]+\rho Sbv^*[C_{p0}+C_{p_\beta}\beta^*+C_{p_{\delta_a}}\delta_a^*+C_{p_{\delta_r}}\delta_r^*]+\frac{\rho SbC_{p_\beta}}{2}\sqrt{u^{*2}+\omega^{*2}}$

（续）

横　向	方　程
L_p	$\Gamma_{1q^*}+\frac{\rho V_a^* Sb^2}{4}C_{p_p}$
L_r	$-\Gamma_{2q^*}+\frac{\rho V_a^* Sb^2}{4}C_{p_r}$
L_{δ_a}	$\frac{\rho V_a^{*2} Sb}{2}C_{p\delta_a}$
L_{δ_r}	$\frac{\rho V_a^{*2} Sb}{2}C_{p\delta_r}$
N_v	$\frac{\rho Sb^2 v^*}{4V_a^*}[C_{r_p}p^*+C_{r_r}r^*]+\rho Sbv^*[C_{r_0}+C_{r_\beta}\beta^*+C_{r_{\delta_a}}\delta_a^*+C_{r_{\delta_r}}\delta_r^*]+\frac{\rho SbC_{r_\beta}}{2}\sqrt{u^{*2}+\omega^{*2}}$
N_p	$\Gamma_{7q^*}+\frac{\rho V_a^* Sb^2}{4}C_{r_p}$
N_r	$-\Gamma_{1q^*}+\frac{\rho V_a^* Sb^2}{4}C_{r_r}$
N_{δ_a}	$\frac{\rho V_a^{*2} Sb}{2}C_{r\delta_a}$
N_{δ_r}	$\frac{\rho V_a^{*2} Sb}{2}C_{r\delta_r}$

横向方程通常用$\bar{\beta}$代替$\bar{v}$，从方程（2.7）中，我们可以得到

$$v=V_a\sin\beta$$

线性化$\beta=\beta^*$，有

$$\bar{v}=V_a^*\cos\beta^*\bar{\beta}$$

这就意味着

$$\dot{\bar{\beta}}=\frac{1}{V_a^*\cos\beta^*}\dot{\bar{v}}$$

因此，我们可以用$\bar{\beta}$代替$\bar{v}$，写出状态空间方程：

$$\begin{pmatrix}\dot{\bar{\beta}}\\ \dot{\bar{p}}\\ \dot{\bar{r}}\\ \dot{\bar{\phi}}\\ \dot{\bar{\psi}}\end{pmatrix}=\begin{pmatrix}Y_v & \frac{Y_p}{V_a^*\cos\beta^*} & \frac{Y_r}{V_a^*\cos\beta^*} & \frac{g\cos\theta^*\cos\phi^*}{V_a^*\cos\beta^*} & 0\\ L_vV_a^*\cos\beta^* & L_p & L_r & 0 & 0\\ N_vV_a^*\cos\beta^* & N_p & N_r & 0 & 0\\ 0 & 1 & \cos\phi^*\tan\theta^* & q^*\cos\phi^*\tan\theta^*-r^*\sin\phi^*\tan\theta^* & 0\\ 0 & 0 & \cos\phi^*\sec\theta^* & p^*\cos\phi^*\sec\theta^*-r^*\sin\phi^*\sec\theta^* & 0\end{pmatrix}\begin{pmatrix}\bar{\beta}\\ \bar{p}\\ \bar{r}\\ \bar{\phi}\\ \bar{\psi}\end{pmatrix}$$

$$
+\begin{pmatrix} \frac{Y_{\delta_a}}{V_a^* \cos\beta^*} & \frac{Y_{\delta_r}}{V_a^* \cos\beta^*} \\ L_{\delta_a} & L_{\delta_r} \\ N_{\delta_a} & N_{\delta_r} \\ 0 & 0 \\ 0 & 0 \end{pmatrix} \begin{pmatrix} \bar{\delta}_a \\ \bar{\delta}_r \end{pmatrix} \tag{5.44}
$$

5.5.3 纵向状态空间方程

对纵向状态空间方程,状态为

$$\dot{\boldsymbol{x}}_{\text{lon}} \triangleq (u,\omega,q,\theta,h)^{\text{T}}$$

输入矢量定义为

$$\boldsymbol{u}_{\text{lon}} \triangleq (\delta_e,\delta_t)^{\text{T}}$$

将式(5.4)、式(5.6)、式(5.11)、式(5.8)和式(5.3)以 $\boldsymbol{x}_{\text{lon}}$ 和 $\boldsymbol{u}_{\text{lon}}$ 来表示,有

$$\dot{u} = rv - q\omega - g\sin\theta + \frac{\rho V_a^2 S}{2m}\left(C_{X_0} + C_{X_\alpha}\alpha + C_{X_q}\frac{cq}{2V_a} + C_{X_{\delta_e}}\delta_e \right) + \frac{\rho S_{\text{prop}}}{2m}C_{\text{prop}}[(k\delta_t)^2 - V_a^2]$$

$$\dot{\omega} = qu - pv + g\cos\theta\cos\phi + \frac{\rho V_a^2 S}{2m}\left[C_{Z_0} + C_{Z_\alpha}\alpha + C_{Z_q}\frac{cq}{2V_a} + C_{Z_{\delta_e}}\delta_e \right]$$

$$\dot{q} = \frac{J_{xz}}{J_y}(r^2 - p^2) + \frac{J_z - J_x}{J_y}pr + \frac{1}{2J_y}\rho V_a^2 cS\left[C_{m_0} + C_{m_\alpha}\alpha + C_{m_q}\frac{cq}{2V_a} + C_{m_{\delta e}}\delta_e \right]$$

$$\dot{\theta} = q\cos\phi - r\sin\phi$$

$$\dot{h} = u\sin\theta - v\sin\phi\cos\theta - \omega\cos\phi\cos\theta$$

假设横向状态都为零,也就是 $\phi = p = r = \beta = v = 0$,同时风速为零,用下面的表达式代替式(2.7)的 a 和 V_a:

$$\alpha = \arctan\left(\frac{\omega}{u}\right)$$

$$V_a = \sqrt{u^2 + \omega^2}$$

我们有

$$\dot{u} = -q\omega - g\sin\theta + \frac{\rho(u^2+\omega^2)S}{2m}\left[C_{X_0} + C_{X_\alpha}\arctan\left(\frac{\omega}{u}\right) + C_{X_{\delta_e}}\delta_e \right] + \frac{\rho\sqrt{u^2+\omega^2}S}{4m}C_{X_q}cq$$
$$+\frac{\rho S_{\text{prop}}}{2m}C_{\text{prop}}[(k\delta_t)^2 - (u^2+\omega^2)] \tag{5.45}$$

$$\dot{\omega} = qu + g\cos\theta + \frac{\rho(u^2+\omega^2)}{2m}\left[C_{Z_0} + C_{Z_\alpha}\arctan\left(\frac{\omega}{u}\right) + C_{Z_{\delta_e}}\delta_e \right] + \frac{\rho\sqrt{u^2+\omega^2}S}{4m}C_{Z_q}cq \tag{5.46}$$

$$\dot{q} = \frac{1}{2J_y} p(u^2 + \omega^2) cS\left[C_{m_0} + C_{m_\alpha} \arctan\left(\frac{\omega}{u}\right) + C_{m_{\delta_e}} \delta_e\right] + \frac{1}{4J_y} \rho \sqrt{u^2 + \omega^2} SC_{m_q} c^2 q \tag{5.47}$$

$$\dot{\theta} = q \tag{5.48}$$

$$\dot{h} = u\sin\theta - \omega\cos\theta \tag{5.49}$$

式(5.45)~式(5.49)的雅可比行列式为

$$\frac{\partial \boldsymbol{f}_{\text{lon}}}{\partial \boldsymbol{x}_{\text{lon}}} = \begin{pmatrix} \frac{\partial \dot{u}}{\partial u} & \frac{\partial \dot{u}}{\partial \omega} & \frac{\partial \dot{u}}{\partial q} & \frac{\partial \dot{u}}{\partial \theta} & \frac{\partial \dot{u}}{\partial h} \\ \frac{\partial \dot{\omega}}{\partial u} & \frac{\partial \dot{\omega}}{\partial \omega} & \frac{\partial \dot{\omega}}{\partial q} & \frac{\partial \dot{\omega}}{\partial \theta} & \frac{\partial \dot{\omega}}{\partial h} \\ \frac{\partial \dot{q}}{\partial u} & \frac{\partial \dot{q}}{\partial \omega} & \frac{\partial \dot{q}}{\partial q} & \frac{\partial \dot{q}}{\partial \theta} & \frac{\partial \dot{q}}{\partial h} \\ \frac{\partial \dot{\theta}}{\partial u} & \frac{\partial \dot{\theta}}{\partial \omega} & \frac{\partial \dot{\theta}}{\partial q} & \frac{\partial \dot{\theta}}{\partial \theta} & \frac{\partial \dot{\theta}}{\partial h} \\ \frac{\partial \dot{h}}{\partial u} & \frac{\partial \dot{h}}{\partial \omega} & \frac{\partial \dot{h}}{\partial q} & \frac{\partial \dot{h}}{\partial \theta} & \frac{\partial \dot{h}}{\partial h} \end{pmatrix}$$

$$\frac{\partial \boldsymbol{f}_{\text{lon}}}{\partial \boldsymbol{x}_{\text{lon}}} = \begin{pmatrix} \frac{\partial \dot{u}}{\partial \delta_e} & \frac{\partial \dot{u}}{\partial \delta_t} \\ \frac{\partial \dot{\omega}}{\partial \delta_e} & \frac{\partial \dot{\omega}}{\partial \delta_t} \\ \frac{\partial \dot{q}}{\partial \delta_e} & \frac{\partial \dot{q}}{\partial \delta_t} \\ \frac{\partial \dot{\theta}}{\partial \delta_e} & \frac{\partial \dot{\theta}}{\partial \delta_t} \\ \frac{\partial \dot{h}}{\partial \delta_e} & \frac{\partial \dot{h}}{\partial \delta_t} \end{pmatrix}$$

注意到

$$\frac{\partial}{\partial u} \arctan\left(\frac{\omega}{u}\right) = \frac{1}{1 + \frac{\omega^2}{u^2}} \left(\frac{-\omega}{u^2}\right) = \frac{-\omega}{u^2 + \omega^2} = \frac{-\omega}{V_a^2}$$

$$\frac{\partial}{\partial \omega} \arctan\left(\frac{\omega}{u}\right) = \frac{1}{1 + \frac{\omega^2}{u^2}} \left(\frac{1}{u}\right) = \frac{u}{u^2 + \omega^2} = \frac{u}{V_a^2}$$

其中,我们用到式(2.8),同时注意到 $v = 0$。计算微分,得到线性状态空间方程

$$\begin{pmatrix} \dot{\bar{u}} \\ \dot{\bar{\omega}} \\ \dot{\bar{q}} \\ \dot{\bar{\theta}} \\ \dot{\bar{h}} \end{pmatrix} = \begin{pmatrix} X_u & X_\omega & X_q & -g\cos\theta^* & 0 \\ Z_u & Z_\omega & Z_q & -g\sin\theta^* & 0 \\ M_u & M_\omega & M_q & 0 & 0 \\ 0 & 0 & 1 & 0 & 0 \\ \sin\theta^* & -\cos\theta^* & 0 & u^*\cos\theta^* + \omega^*\sin\theta^* & 0 \end{pmatrix} \begin{pmatrix} \bar{u} \\ \bar{\omega} \\ \bar{q} \\ \bar{\theta} \\ \bar{h} \end{pmatrix} + \begin{pmatrix} X_{\delta e} & X_{\delta t} \\ Z_{\delta e} & 0 \\ M_{\delta e} & 0 \\ 0 & 0 \\ 0 & 0 \end{pmatrix} \begin{pmatrix} \bar{\delta}_e \\ \bar{\delta}_t \end{pmatrix} \tag{5.50}$$

系数参见表 5.2。

表 5.2　纵向状态空间模型系数

纵　向	方　程
X_u	$\frac{u^*\rho S}{m}[C_{X_0} + C_{X_\alpha}\alpha^* + C_{X_{\delta_a}}\delta_e^*] - \frac{\rho S\omega^* C_{X_\alpha}}{2m} + \frac{\rho ScC_{X_q}u^*q^*}{4mV_a^*} - \frac{\rho S_{\text{prop}}C_{\text{prop}}u^*}{m}$
X_ω	$-q^* + \frac{\omega^*\rho S}{m}[C_{X_0} + C_{X_\alpha}\alpha^* + C_{X_{\delta_a}}\delta_e^*] + \frac{\rho ScC_{X_q}\omega^*q^*}{4mV_a^*} + \frac{\rho SC_{X_\alpha}u^*}{2m} - \frac{\rho S_{\text{prop}}C_{\text{prop}}\omega^*}{m}$
X_q	$-\omega^* + \frac{\rho V_a^* SC_{X_q}c}{4m}$
X_{δ_e}	$\frac{\rho V_a^{*2}SC_{X\delta_e}c}{2m}$
X_{δ_t}	$\frac{\rho S_{\text{prop}}C_{\text{prop}}k^2\delta_t^*}{m}$
Z_u	$q^* + \frac{u^*\rho S}{m}[C_{Z_0} + C_{Z_\alpha}\alpha^* + C_{Z_{\delta_e}}\delta_e^*] - \frac{\rho SC_{Z_\alpha}\omega^*}{2m} + \frac{u^*\rho SC_{Z_q}cq^*}{4mV_a^*}$
Z_ω	$\frac{u^*\rho S}{m}[C_{Z_0} + C_{Z_\alpha}\alpha^* + C_{Z_{\delta_e}}\delta_e^*] + \frac{\rho SC_{Z_\alpha}u^*}{2m} + \frac{\rho\omega^* ScC_{Z_q}q^*}{4mV_a^*}$
Z_q	$u^* + \frac{\rho V_a^* SC_{Z_q}c}{4m}$
Z_{δ_e}	$\frac{\rho V_a^{*2}SC_{Z\delta_e}}{2m}$
M_u	$\frac{u^*\rho Sc}{J_y}[C_{M_0} + C_{M_\alpha}\alpha^* + C_{M_{\delta_a}}\delta_e^*] - \frac{\rho ScC_{m_\alpha}\omega^*}{2J_y} + \frac{\rho Sc^2C_{M_q}q^*u^*}{4J_yV_a^*}$
M_ω	$\frac{\omega^*\rho Sc}{J_y}[C_{M_0} + C_{M_\alpha}\alpha^* + C_{M_{\delta_a}}\delta_e^*] - \frac{\rho ScC_{m_\alpha}u^*}{2J_y} + \frac{\rho Sc^2C_{M_q}q^*\omega^*}{4J_yV_a^*}$
M_q	$\frac{\rho V_a^* Sc^2C_{M_q}}{4J_y}$
M_{δ_e}	$\frac{\rho V_a^{*2}ScC_{m_{\delta_e}}}{2J_y}$

纵向方程通常用 $\bar{\alpha}$代替 $\bar{\omega}$,根据式(2.7),有

$$\omega = V_a\sin\alpha\cos\beta = V_a\sin\alpha$$

设定 $\beta=0$,在 $\alpha=\alpha^*$ 附近线性化,得到

$$\bar{\omega} = V_a^*\cos\alpha^*\bar{\alpha}$$

也就是

$$\dot{\bar{\alpha}} = \frac{1}{V_a^* \cos\alpha^*}\dot{\bar{\omega}}$$

因此,用 $\bar{\alpha}$ 代替 $\bar{\omega}$,状态空间方程为

$$\begin{pmatrix} \dot{\bar{u}} \\ \dot{\bar{\alpha}} \\ \dot{\bar{q}} \\ \dot{\bar{\theta}} \\ \dot{\bar{h}} \end{pmatrix} = \begin{pmatrix} X_u & X_\omega V_a^* \cos\alpha^* & X_q & -g\cos\theta^* & 0 \\ \frac{Z_u}{V_a^* \cos\alpha^*} & Z_\omega & \frac{Z_q}{V_a^* \cos\alpha^*} & \frac{-g\sin\theta^*}{V_a^* \cos\alpha^*} & 0 \\ M_u & M_\omega V_a^* \cos\alpha^* & M_q & 0 & 0 \\ 0 & 0 & 1 & 0 & 0 \\ \sin\theta^* & -V_a^* \cos\theta^* \cos\alpha^* & 0 & u^* \cos\theta^* + \omega^* \sin\theta^* & 0 \end{pmatrix} \begin{pmatrix} \bar{u} \\ \bar{\alpha} \\ \bar{q} \\ \bar{\theta} \\ \bar{h} \end{pmatrix}$$

$$+ \begin{pmatrix} X_{\delta_e} & X_{\delta t} \\ \frac{Z_{\delta_e}}{V_a^* \cos\alpha^*} & 0 \\ M_{\delta_e} & 0 \\ 0 & 0 \\ 0 & 0 \end{pmatrix} \begin{pmatrix} \bar{\delta}_e \\ \bar{\delta}_t \end{pmatrix} \tag{5.51}$$

5.5.4 降阶模式

传统文献在飞机动力学和控制方面定义了一些开环飞机动态模式。这些模式包括短周期模式、长周期模式、滚动模式、螺旋发散模式和荷兰滚模式。本节简单介绍这些模式,同时介绍如何逼近这些模式的特征值。

1. 短周期模式

如果假设高度和推力输入都为常值,那么式(5.51)的纵向状态空间模型可以简化为

$$\begin{pmatrix} \dot{\bar{u}} \\ \dot{\bar{\alpha}} \\ \dot{\bar{q}} \\ \dot{\bar{\theta}} \end{pmatrix} = \begin{pmatrix} X_u & X_\omega V_a^* \cos\alpha^* & X_q & -g\cos\theta^* \\ \frac{Z_u}{V_a^* \cos\alpha^*} & \frac{Z_u}{V_a^* \cos\alpha^*} & \frac{Z_q}{V_a^* \cos\alpha^*} & \frac{Z_q}{V_a^* \cos\alpha^*} \\ M_u & M_\omega V_a^* \cos\alpha^* & M_q & 0 \\ 0 & 0 & 1 & 0 \end{pmatrix} \begin{pmatrix} \bar{u} \\ \bar{\alpha} \\ \bar{q} \\ \bar{\theta} \end{pmatrix}$$

$$+ \begin{pmatrix} X_{\delta_e} \\ \frac{Z_{\delta_e}}{V_a^* \cos\alpha^*} \\ M_{\delta_e} \\ 0 \\ 0 \end{pmatrix} \bar{\delta}_e \tag{5.52}$$

如果计算状态矩阵的特征值,可以发现一个是快速衰减模式,另一个是慢速弱衰减模式。快速模式称为短周期模式。慢速衰减模式称为长周期模式。

对短周期模式,假设 u 是常数(也即是 $\bar{u}=\dot{\bar{u}}=0$),根据式(5.52)的状态空间方程,有

$$\dot{\bar{\alpha}} = Z_\omega \bar{\alpha} + \frac{Z_q}{V_a^* \cos\alpha^*}\dot{\bar{\theta}} - \frac{g\sin\theta^*}{V_a^*\cos\alpha^*}\bar{\theta} + \frac{Z_{\delta e}}{V_a^*\cos\alpha^*}\bar{\delta}_e$$

$$\ddot{\bar{\theta}} = M_\omega V_a^* \cos\alpha^* \bar{\alpha} + M_q \dot{\bar{\theta}}$$

这里已经替换 $\bar{q}=\dot{\bar{\theta}}$。取这些方程的拉普拉斯变换,得

$$\begin{pmatrix} s - Z_\omega & -\dfrac{Z_q s}{V_a^*\cos\alpha^*} + \dfrac{g\sin\theta^*}{V_a^*\cos\alpha^*} \\ -M_\omega V_a^*\cos\alpha^* & s^2 - M_q s \end{pmatrix}\begin{pmatrix}\bar{\alpha}(s) \\ \bar{\theta}(s)\end{pmatrix} = \begin{pmatrix}\dfrac{Z_{\delta e}}{V_a^*\cos\alpha^*} \\ 0\end{pmatrix}\bar{\delta}_e(s)$$

也就意味着

$$\begin{pmatrix}\bar{\alpha}(s) \\ \bar{\theta}(s)\end{pmatrix} = \frac{\begin{pmatrix} s^2 - M_q s & \dfrac{Z_q s}{V_a^*\cos\alpha^*} - \dfrac{g\sin\theta^*}{V_a^*\cos\alpha^*} \\ M_\omega V_a^*\cos\alpha^* & s - Z_\omega \end{pmatrix}}{(s^2 - M_q s)(s - Z_\omega) + M_\omega V_a^*\cos\alpha^*\left(-\dfrac{Z_q s}{V_a^*\cos\alpha^*} + \dfrac{g\sin\theta^*}{V_a^*\cos\alpha^*}\right)}\begin{pmatrix}\dfrac{Z_{\delta e}}{V_a^*\cos\alpha^*} \\ 0\end{pmatrix}\bar{\delta}_e(s)$$

假设我们已经在水平飞行附近进行了线性化(也就是 $\theta^*=0$),特征方程变为

$$s[s^2 + (-Z_\omega - M_q)s + M_q Z_\omega - M_\omega Z_q] = 0$$

因此,短周期的极点约等于

$$\lambda_{\text{short}} = -\frac{Z_\omega + M_q}{2} \pm \sqrt{\left(\frac{Z_\omega + M_q}{2}\right)^2 - M_q Z_\omega + M_\omega Z_q}$$

2. 长周期模式

假设 α 是常值(也即是 $\bar{\alpha}=\dot{\bar{\alpha}}=0$),那么 $\alpha=\alpha^*$,式(5.52)变为

$$\begin{pmatrix}\dot{\bar{u}} \\ 0 \\ \dot{\bar{q}} \\ \dot{\bar{\theta}}\end{pmatrix} = \begin{pmatrix} X_u & X_\omega v_a^* \sin\alpha^* & X_q & -g\cos\theta^* \\ \dfrac{Z_u}{V_a^*\cos\alpha^*} & Z_\omega & \dfrac{Z_q}{V_a^*\cos\alpha^*} & \dfrac{-g\sin\theta^*}{V_a^*\cos\alpha^*} \\ M_u & M_\omega V_a^*\cos\alpha^* & M_q & 0 \\ 0 & 0 & 1 & 0 \\ -\sin\theta^* & -V_a^*\cos\theta^*\cos\alpha^* & 0 & u^*\cos u^*\cos\theta^* + \omega^*\sin\theta^* \end{pmatrix}\begin{pmatrix}\bar{u} \\ 0 \\ \bar{q} \\ \bar{\theta}\end{pmatrix}$$

$$+\begin{pmatrix} X_{\delta e} \\ \dfrac{Z_{\delta e}}{V_a^*\cos\alpha^*} \\ M_{\delta_e} \\ 0 \\ 0 \end{pmatrix}\bar{\delta}_e$$

取前两个方程的拉普拉斯变换

$$\begin{pmatrix} s-X_u & -X_q s+g\cos\theta^* \\ -Z_u & -Z_q s+g\sin\theta^* \end{pmatrix}\begin{pmatrix} \bar{u}(s) \\ \bar{\theta}(s) \end{pmatrix}=\begin{pmatrix} X_{\delta e} \\ Z_{\delta e} \end{pmatrix}\bar{\delta}_e$$

再次假设 $\theta^*=0$，得到特征方程

$$s^2+\frac{Z_u X_q-X_u Z_q}{Z_q}s-\frac{gZ_u}{Z_q}=0$$

长周期的极点约等于

$$\lambda_{\text{phugoid}}=-\frac{Z_u X_q-X_u Z_q}{2Z_q}\pm\sqrt{\left(\frac{Z_u X_q-X_u Z_q}{2Z_q}\right)^2+\frac{gZ_u}{Z_q}}$$

3. 滚动模式

如果忽略航向动力学，假设偏转角为常值，那么式(5.44)变为

$$\begin{pmatrix} \dot{\bar{\beta}} \\ \dot{\bar{p}} \\ \dot{\bar{r}} \\ \dot{\bar{\phi}} \end{pmatrix}=\begin{pmatrix} Y_v & \dfrac{Y_p}{V_a^*\cos\beta^*} & \dfrac{Y_r}{V_a^*\cos\beta^*} & \dfrac{g\cos\theta^*\cos\phi^*}{V_a^*\cos\beta^*} \\ L_v V_a^*\cos\beta^* & L_p & L_r & 0 \\ N_v V_a^*\cos\beta^* & N_p & N_r & 0 \\ 0 & 1 & 0 & 0 \end{pmatrix}\begin{pmatrix} \bar{\beta} \\ \bar{p} \\ \bar{r} \\ \bar{\phi} \end{pmatrix}+\begin{pmatrix} \dfrac{Y_{\delta a}}{V_a^*\cos\beta^*} & \dfrac{Y_{\delta r}}{V_a^*\cos\beta^*} \\ L_{\delta a} & L_{\delta r} \\ N_{\delta a} & N_{\delta r} \\ 0 & 0 \end{pmatrix}\begin{pmatrix} \bar{\delta}_a \\ \bar{\delta}_r \end{pmatrix} \tag{5.53}$$

从式(5.53)可以求得$\bar{p}$的动力学方程，即

$$\dot{\bar{p}}=L_v V_a^*\cos\beta^*\bar{\beta}+L_p\bar{p}+L_r\bar{r}+L_{\delta a}\bar{\delta}_a+L_{\delta r}\bar{\delta}_r$$

假设$\bar{\beta}=\bar{r}=\dot{\bar{\delta}}_r=0$，求得滚动模式为

$$\dot{\bar{p}}=+L_p\bar{p}+L_{\delta a}\bar{\delta}_a$$

传递函数为

$$\bar{p}(s)=\frac{L_{\delta a}}{s-L_p}\bar{\delta}_a(s)$$

则滚动模式的特征值约等于

$$\lambda_{\text{rolling}}=L_p$$

4. 螺旋发散模式

对螺旋发散模式，假设 $\dot{\bar{p}}=\bar{p}=0$，同时可以忽略方向翼指令，因此，根据方程组(5.53)的第二个和第三个方程，有

$$0 = L_v V_a^* \cos\beta^* \bar{\beta} + L_r \bar{r} + L_{\delta a}\bar{\delta}_a \tag{5.54}$$

$$\dot{\bar{r}} = N_v V_a^* \cos\beta^* \bar{\beta} + N_r \bar{r} + N_{\delta a}\bar{\delta}_a \tag{5.55}$$

求解式(5.54)中的$\bar{\beta}$,同时代入式(5.55),可以得到

$$\dot{\bar{r}} = \left(\frac{N_r L_v - N_v L_r}{L_v}\right)\bar{r} + \left(\frac{N_{\delta a} L_v - N_v \bar{L}_{\delta a}}{L_v}\right)\bar{\delta}_a$$

在频率域,有

$$\bar{r}(s) = \frac{\left(\dfrac{N_{\delta a} L_v - N_v \bar{L}_{\delta a}}{L_v}\right)}{s - \left(\dfrac{N_r L_v - N_v L_r}{L_v}\right)}\bar{\delta}_a(s)$$

据此,螺旋发散模式的极点约等于

$$\lambda_{\text{spiral}} = \frac{N_r L_v - N_v L_r}{L_v}$$

它一般情况下在复平面的右边,因此这是一种不稳定的模式。

5. 荷兰滚模式

在荷兰滚模式中,我们忽略掉滚动模式,集中研究侧滑偏航方程。根据方程组(5.53),有

$$\begin{pmatrix} \dot{\bar{\beta}} \\ \dot{\bar{r}} \end{pmatrix} = \begin{pmatrix} Y_v & \dfrac{Y_r}{V_a^* \cos\beta^*} \\ N_v V_a^* \cos\beta^* & N_r \end{pmatrix}\begin{pmatrix} \bar{\beta} \\ \bar{r} \end{pmatrix} + \begin{pmatrix} \dfrac{Y_{\delta r}}{V_a^* \cos\beta^*} \\ N_{\delta r} \end{pmatrix}\bar{\delta}_r$$

特征方程为

$$\det\left(sI - \begin{pmatrix} Y_v & \dfrac{Y_r}{V_a^* \cos\beta^*} \\ N_v V_a^* \cos\beta^* & N_r \end{pmatrix}\right) = s^2 + (-Y_v - N_r)s + (Y_v N_r - N_v Y_r) = 0$$

因此,荷兰滚模式的极点约等于

$$\lambda_{\text{dutch roll}} = \frac{Y_v + N_r}{2} \pm \sqrt{\left(\frac{Y_v + N_r}{2}\right)^2 - (Y_v N_r - N_v Y_r)}$$

5.6 本章小结

本章的目的是开发可以用来设计用于固定翼微型飞机的低级自动驾驶仪模型。特别地,我们专注于平衡状态下的线性模型。5.1 节总结了在第 3 章和第 4 章开发的非线性模式方程;5.2 节介绍了协调转弯的概念,建立了滚转角和航道速率的关系,后面的章节会使用到它;5.3 节介绍了平衡状态和平衡输入的概念;5.4 节把非线性模型线性化,并推导那些占主导地位关系模式的传递函数。

飞机的模式被分解成横向动力学和纵向动力学。横向动力学的传递函数由式(5.26)和式(5.27)给出,分别表示副翼偏转角和滚转角之间的关系以及滚转角和航线角之间的关系。对于那些具备方向翼同时可以测量侧滑角的飞机,式(5.28)揭示了舵偏转和侧滑角之间的关系。式(5.29)、式(5.31)、式(5.32)和式(5.36)给出了纵向动力学的传递函数,它们分别建立了升降翼偏转与俯仰角,俯仰角与高度,空速与高度,油门和俯仰角与空速之间的关系;5.5 节推导了平衡状态的线性化状态空间模型。横向动力学的状态空间模型由式(5.43)给出,纵向动力学的状态空间模型由式(5.50)给出。5.6 节讨论了与这一章开发的线性模型相关联的模式,如同在传统航空学文献中所定义的那样,横向动力学模式有滚动模式、荷兰滚模式、螺旋发散模式,纵向动力学模式有短周期模式和长周期模式。

注释和参考文献

本章开发的模型都是标准的。文献[7]给出了平衡的介绍及其算法,文献[4]讨论了传递函数模型。状态空间模型参见文献[1,2,5,6,7,12],这些文献同样讨论了 5.6 节中的降阶模式。式(5.13)中协调转弯的推导请参照文献[130]。

5.7 设计项目

5.1 阅读附录 F,同时熟悉使用 Simulink 的 trim 和 linmod 指令。

5.2 复制同时重命名你当前的 Simulink 图 mavsim_trim. mdl,修改文件,使得它有正确的输入输出结构,如图 F1 所示。

5.3 创建一个 Matlab 脚本来计算第 2 章 ~ 第 4 章开发的 Simulink 仿真平衡值。Matlab 脚本输入为期望空速 V_a、期望路径角 $\pm\gamma$ 和期望转弯半径 $\pm R$,$+R$ 表示右舵转向,$-R$ 表示左舵转向。

5.4 使用 Matlab 脚本来计算 $V_a = 10\text{m/s}, \gamma = 0$ 时,旋翼飞行的平衡状态和控制。设置 Simulink 仿真的初始状态为平衡状态,输入为平衡控制。如果平衡算法无误,MAV 在仿真过程中保持稳定。对不同的 γ,确保爬升率无误,运行配平算法,应该只有高度 h 在变化。

5.5 使用 Matlab 脚本来计算 $V_a = 10\text{m/s}, R = 50\text{m}$ 常值转弯时的平衡状态和控制。设置 Simulink 仿真的初始状态为平衡状态,输入为平衡控制。如果平衡算法无误,在仿真过程中,除了航向 ψ,*UAV* 状态都保持稳定。

5.6 用以前计算出的平衡值创建 Matlab 脚本,以此创建 5.4 节所列出的传递函数。

5.7　用平衡值和 linmod 指令线性化平衡状态的 Simulink 模型，产生式(5.50)和式(5.43)的状态空间模型。

5.8　计算 A_lon 的特征值，注意到一个特征值为零，并有两组为复共轭。使用公式

$$(s+\lambda)(s+\lambda^*) = s^2 + 2\Re\ \lambda s + |\lambda|^2 = s^2 + 2\zeta\omega_n s + \omega_n^2$$

从两组复共轭极点提取 ω_n 和 ζ。大的 ω_n 对应短周期模式，小的 ω_n 对应长周期模式。如果仿真最开始是在旋翼、恒高的平衡状态，而且升降舵上有脉冲，那么长周期模式和短周期模式都是很活跃的。网站上的 mavsim_chap5.mdl 展示了如何实现脉冲和双峰。图 5.8 可以确保 A_lon 的特征值充分预测了短周期和长周期模式。

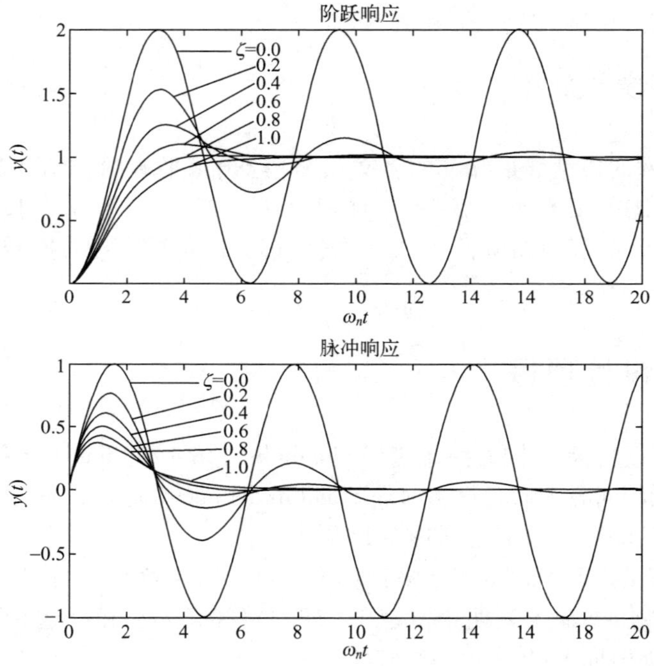

图 5.8　传递函数为 $T(s)=\omega_n^2/(s^2+2\zeta\omega_n s+\omega_n^2)$ 的二阶系统阶跃和脉冲响应。

5.9　计算 A_lon 的特征值，注意到有一个零特征值，有一个在右半平面的实特征值，有一个在左半平面的实特征值和一对复共轭。在右半平面的特征值是螺旋发散模式，在左半平面的特征值是滚动模式，复特征值是荷兰滚模式。如果仿真最开始是在旋翼、恒高的平衡状态，而且在副翼或者航舵放置一个单位双峰，横向模式就会很活跃。图 5.8 可以确保 A_lat 的特征值充分预测滚转模式、螺旋发散模式和荷兰滚模式。

第6章 基于连续闭环的自动驾驶仪设计

一般来说,自动驾驶仪是一个在没有飞行员操纵飞机的情形下引导飞机的系统。对有人机,自动驾驶仪可以简单到只有单轴机翼自动驾驶,也可以复杂到一个完整的飞行控制系统在各种各样的飞行过程中(比如起飞、上升、水平飞行,前进、着陆)来控制位置(高度、纬度和经度)和姿态(滚转、俯仰和偏航)。对MAV,自动驾驶仪在整个飞行过程中完全控制飞机。有一些控制功能存在于地面控制站,MAV 控制系统的自动驾驶部分存在于机载 MAV 中。

本章介绍适用于小型无人机上的机载传感器和计算资源的自动驾驶仪设计。我们将用一种连续闭环设计的方法来设计横向和纵向自动驾驶仪。6.1 节将讨论这种连续闭环设计方法。由于飞机的升力面有限,6.2 节会讨论它的驱动器饱和以及性能限制。6.3 节和 6.4 节则会介绍横向和纵向驾驶仪。6.5 节讨论 PID 反馈控制规律的离散化实现。

6.1 连续闭环

自动驾驶仪设计的主要目标是控制惯性位置(p_n, p_e, h)和 MAV 的姿态(ϕ, θ, χ)。对多数飞行策略,自动驾驶仪设计总是假设解耦的动力学方程的性能足够好。接下来的讨论假设纵向动力学是从横向动力学中解耦出来的。这种方式明显简化了自动驾驶仪的设计,同时允许我们用连续闭环来实现自动驾驶仪设计方案。

连续闭环的基本思想是在开环对象动力学周围连续闭合一些简单的反馈回路,而不是设计一种单一的(或许更复杂的)控制系统。为了阐明如何应用这种方法,考虑图 6.1 所示的开环系统。开环动力学由三个传递函数的乘积给出:$P(s) = P_1(s)P_2(s)P_3(s)$,每一个传递函数都有输出($y_1, y_2, y_3$),输出都可以测量出来,同时都可以用于反馈。很明显,传递函数 $P_1(s)$,$P_2(s)$,$P_3(s)$ 都是低阶的,一般是一阶或者二阶的。这种情况下,我们比较感兴趣的是如何控制输出 y_3。如图 6.2 所示,我们不是将输出为 y_3 的反馈进行闭环,而是接连对输出为 y_1,y_2 和 y_3 周围的反馈进行闭环。

同时我们会接连地设计补偿器 $C_1(s)$,$C_2(s)$ 和 $C_3(s)$。这种设计的必要条件是内环具有最高的带宽，每个外环的带宽比相邻的内环带宽频率小 5 ~ 10 倍。

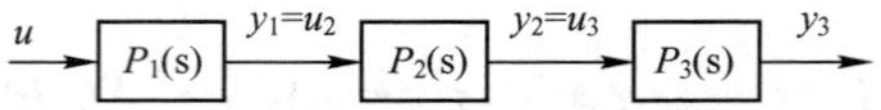

图 6.1　三个函数层叠的开环传递函数

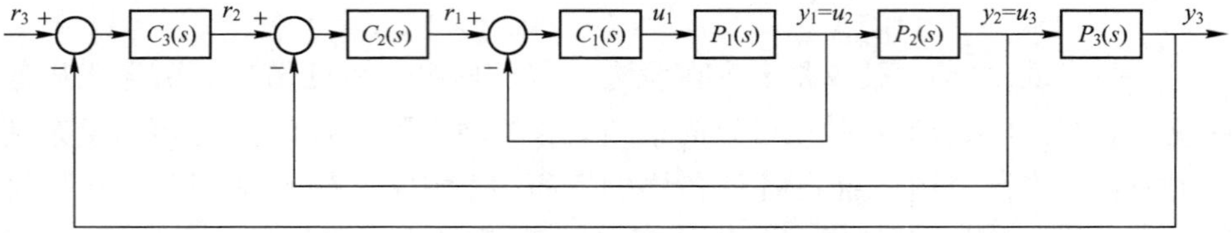

图 6.2　三级连续闭合回路设计

检查图 6.2 的内环，我们的目标是设计出从 r_1 到 y_1，带宽为 ω_{BW1} 的闭环系统。我们假设对于小于 ω_{BW1} 的频率，可以用增益为 1 的模型来对闭环的传递函数进行建模 $y_1(s)/r_1(s)\approx 1$。图 6.3 给出了示意图。作为增益为 1 的内环传递函数，第二个环的设计就相对简单，因为它只包括设备传递函数 $P_2(s)$ 和补偿器 $C_2(s)$。连续闭环设计的关键步骤是设计下一个闭环的带宽比前一闭环带宽小 S 倍，S 通常是 5 ~ 10 的数值。此时，我们要求 $\omega_{BW2} < \frac{1}{S}\omega_{BW1}$，这样就可以在中间环的频率范围保证内环的单位增益假设成立。

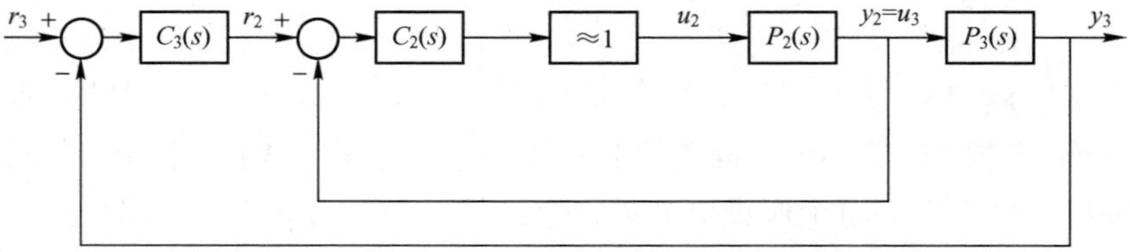

图 6.3　建模成单位增益，具有内环的连续闭环设计

如我们所设计的两个内环，$y_2(s)/r_2(s)\approx 1$，如图 6.4 所示，那么设计最外环时，从 $r_2(s)$ 到 $y_2(s)$ 的传递函数可以用增益 1 代替，同样，设计外环的带宽限制为

$$\omega_{BW3} < \frac{1}{S_2}\omega_{BW2}$$

由于每个设备模型 $P_1(s)$，$P_2(s)$ 和 $P_3(s)$ 都是一阶或二阶函数，因此可以用传统的 PID 或者超前 - 滞后补偿器有效地实现。基于传递函数的设计方法比如根轨迹法或者回路成形逼近法常常也会用到。

下面讨论横向自动驾驶仪和纵向自动驾驶仪。本节会用到 5.4 节介绍的横向和纵向动力学模型的传递函数设计自动驾驶仪。

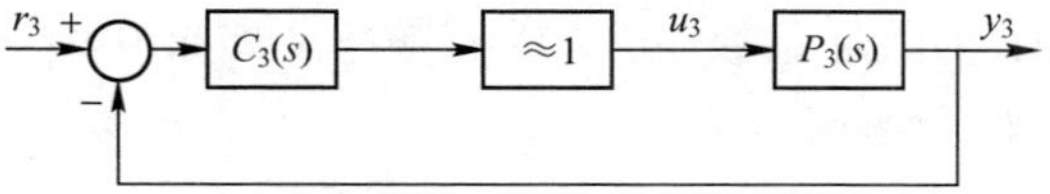

图 6.4　将两个内环建模成单位增益的连续闭环设计

6.2　饱和约束和性能

连续闭环设计过程暗示了系统的性能受限于最内环的性能，最内环的性能又受限于饱和约束。例如，在设计横向自动驾驶仪过程中，副翼的角度偏移有物理限制，意味着飞机的滚转速率是受限的。我们的目标是在不超过饱和约束的前提下，设计出带宽尽可能大的内环，同时设计出外环来确保相邻外环的带宽分离。本节简单介绍如何用设备、控制器的传递函数和驱动器饱和约束来设计最内环的性能指标。我们用一个二阶的系统来阐述这个过程。

图 6.5 给出了一个二阶系统，以输出误差的比例和输出微分为反馈，其闭环传递函数为

$$\frac{y}{y^c}=\frac{b_0k_p}{s^2+(a_1+b_0k_d)s+(a_0+b_0k_p)} \tag{6.1}$$

可以看到，系统的闭环极点是由系统增益 k_p 和 k_d 的选择决定的。同时，驱动器作用力可以表示为 $u=k_pe-k_d\dot{y}$，当 $\dot{y}$ 等于零或者比较小时，驱动器作用力主要由系统误差 e 和控制增益 k_p 控制。如果系统是稳定的，一个阶跃输入的最大控制作用力也会在加入输入时立即发生，其中 $u^{\max}=k_pe^{\max}$。重新整理该表达式，我们发现比例控制增益可以由最大预期输出误差和驱动器的饱和限制决定

$$k_p=\frac{u^{\max}}{e^{\max}} \tag{6.2}$$

式中：$u^{\max}$ 为系统所能提供的最大控制作用力；$e^{\max}$ 为由标准阶跃输入引起的阶跃误差。

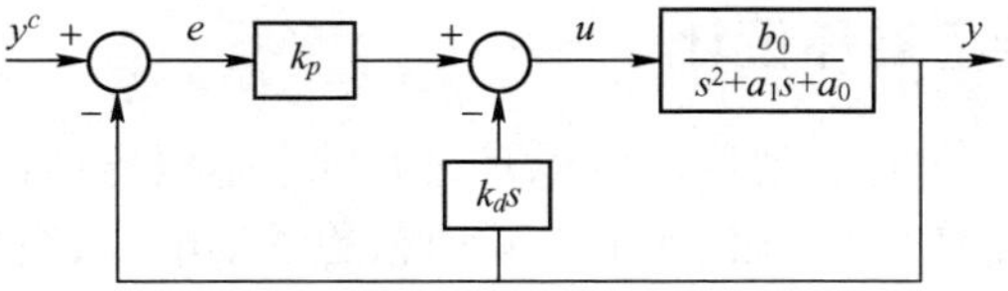

图 6.5　控制系统示例

非零正则二阶传递函数的标准形式为

$$\frac{y}{y^c}=\frac{\omega_n^2}{s^2+2\zeta\omega_ns+\omega_n^2} \tag{6.3}$$

式中：y^c 为指令值；ζ 为阻尼系数；ω_n 为固有频率。如果 $0 \leqslant \zeta < 1$，就称系统为欠阻尼的，极点为复数，表达式为

$$\text{poles} = -\zeta\omega_n \pm \mathrm{j}\omega_n\sqrt{1-\zeta^2} \tag{6.4}$$

通过比较式(6.1)中闭环系统中传递函数的分母多项式和式(6.3)中的正则二阶系统传递函数的系数，同时考虑到驱动器的饱和极限，可以导出闭环系统的带宽表达式。等同 s^0 项的系数，则有

$$\omega_n = \sqrt{a_0 + b_0 k_p} = \sqrt{a_0 + b_0 \frac{u^{\max}}{e^{\max}}}$$

这是闭环系统带宽的上限，可以确保避免驱动器的饱和。我们将在 6.3.1 节和 6.4.1 节应用这种方法来确定滚转回路和俯仰回路的带宽。

6.3 横向自动驾驶仪

图 6.6 用连续闭环显示了一个横向自动驾驶仪的框图。与横向驾驶仪相关的增益有 5 个。微分增益 k_{d_ϕ} 提供了最内环的滚转率阻尼。滚转姿态由比例增益 k_{p_ϕ} 和积分增益 k_{i_ϕ} 调整。航线角由比例增益 k_{p_χ} 和 k_{i_χ} 调整。用到连续闭环的主要原因是：增益首先在最内环开始选择，然后再逐渐向外选取。特别地，首先选择增益 k_{d_ϕ} 和 k_{p_ϕ}，其次是 k_{i_ϕ}，最后是 k_{p_χ} 和 k_{i_χ}。

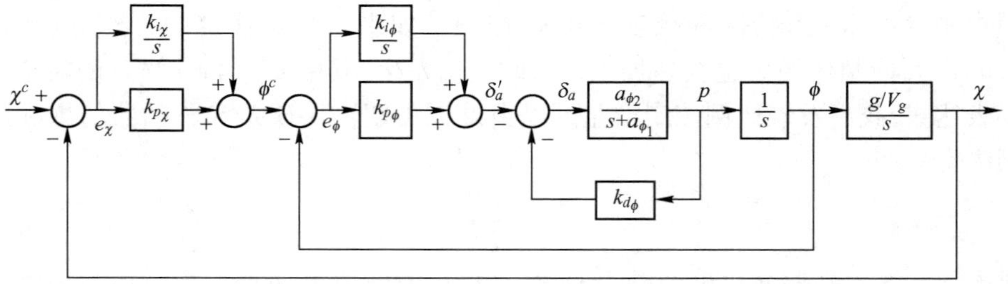

图 6.6　利用连续闭环的横向控制自动驾驶仪

6.3.1　滚转姿态环设计

如图 6.7 所示，横向驾驶仪的内循环常用来控制滚转角和滚转角速度。如果传递函数系数 $a_{\phi 1}$ 和 $a_{\phi 2}$ 已知，基于闭环动态的预期响应，就可以用一种系统的方法来选择控制增益 $k_{d\phi}$ 和 $k_{p\phi}$。

图 6.7 中，从 ϕ^c 到 ϕ 的传递函数为

$$H_{\phi/\phi^c}(s) = \frac{k_{p_\phi} a_{\phi_2}}{s^2 + (a_{\phi_1} + a_{\phi_2} k_{d_\phi})s + k_{p_\phi} a_{\phi_2}}$$

注意直流增益等于 1，如果标准二阶传递函数的期望响应为

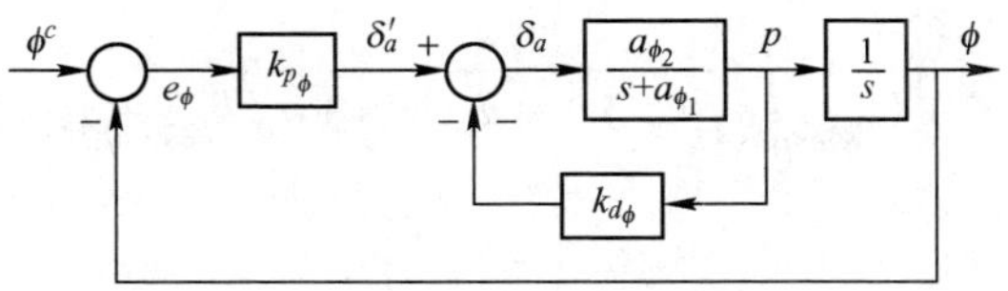

图 6.7　滚转姿态保持控制环

$$\frac{\phi(s)}{\phi^c(s)}=\frac{\omega_{n_\phi}^2}{s^2+2\zeta_\phi\omega_{n_\phi}s+\omega_{n_\phi}^2}$$

那么等同分母多项式的系数，有

$$\omega_{n_\phi}^2=k_{p_\phi}a_{\phi_2} \tag{6.5}$$

$$2\zeta_\phi\omega_{n_\phi}=a_{\phi_1}+a_{\phi_2}k_{d_\phi} \tag{6.6}$$

根据式(6.2)，选择线性增益，当滚转角误差为 $e_\phi^{\max}$ 时，副翼达到饱和，其中 $e_\phi^{\max}$ 是设计参数。因此根据式(6.2)，有

$$k_{p_\phi}=\frac{\delta_a^{\max}}{e_\phi^{\max}} \tag{6.7}$$

滚转回路的自然频率为

$$\omega_{n_\phi}=\sqrt{|a_{\phi_2}|\frac{\delta_a^{\max}}{e_\phi^{\max}}} \tag{6.8}$$

求解式(6.6)，有

$$k_{d_\phi}=\frac{2\zeta_\phi\omega_{n_\phi}-a_{\phi_1}}{a_{\phi_2}} \tag{6.9}$$

式中：阻尼系数 ζ_ϕ 为设计参数。

滚转积分器

注意到图 6.7 中的开环传递函数是一型系统，因此不用积分器，就可以得到滚转角稳态跟踪误差。然而，根据图 5.2，在 δ_a 之前，有干扰进入了求和节点。在动力学中，构建滚转动态学的线性、降阶模型时常常忽略这种干扰。这种干扰同样也可以表示系统的物理干扰，比如来自风或者湍流的干扰。图 6.8 显示了有干扰的滚转回路。求解图 6.8 中的 $\phi(s)$，有

$$\phi=\left(\frac{1}{s^2+(a_{\phi_1}+a_{\phi_2}k_{d_\phi})s+a_{\phi_2}k_{p_\phi}}\right)d_{\phi_2}+\left(\frac{a_{\phi_2}k_{d_\phi}}{s^2+(a_{\phi_1}+a_{\phi_2}k_{d_\phi})s+a_{\phi_2}k_{p_\phi}}\right)\phi^c$$

如果 $d_{\phi2}$ 是定值干扰（比如 $d_{\phi2}=\frac{A}{s}$），则根据终值定理，稳态误差为 $\frac{A}{a_{\phi2}k_{p\phi}}$。在定常轨道中，$p$，$q$ 和 r 都是常数，因此根据式(5.25)，可以看到 $d_{\phi2}$ 也是常数。因此，用积分器去除稳态误差是可行的。图 6.9 显示了在滚转姿态环中加入积分器抑制干扰 $d_{\phi2}$。求解图 6.9 中的 $\phi(s)$。

$$\phi=\left(\frac{s}{s^3+(a_{\phi_1}+a_{\phi_2}k_{d_\phi})s^2+a_{\phi_2}k_{p_\phi}s+a_{\phi_2}k_{p_\phi}s+a_{\phi_2}k_{i_\phi}}\right)d_{\phi_2}$$

$$+\left(\frac{a_{\phi_2}k_{p_\phi}\left(s+\frac{k_{i_\phi}}{k_{p_\phi}}\right)}{s^3+(a_{\phi_1}+a_{\phi_2}k_{d_\phi})s^2+a_{\phi_2}k_{p_\phi}s+a_{\phi_2}k_{i_\phi}}\right)\phi^c$$

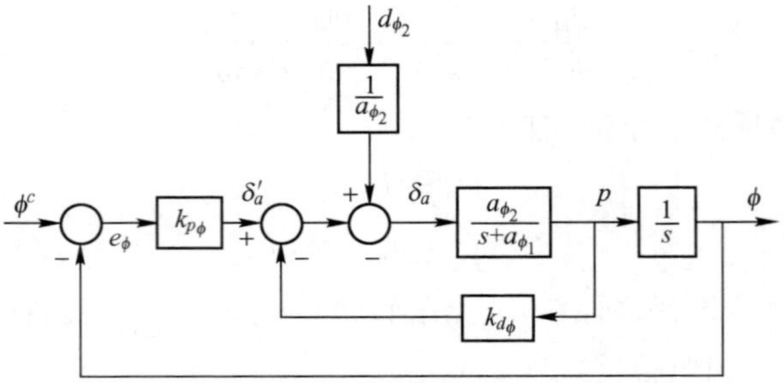

图 6.8　具有输入干扰的滚转姿态控制环

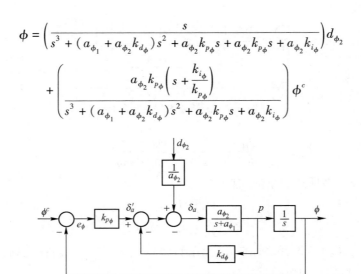

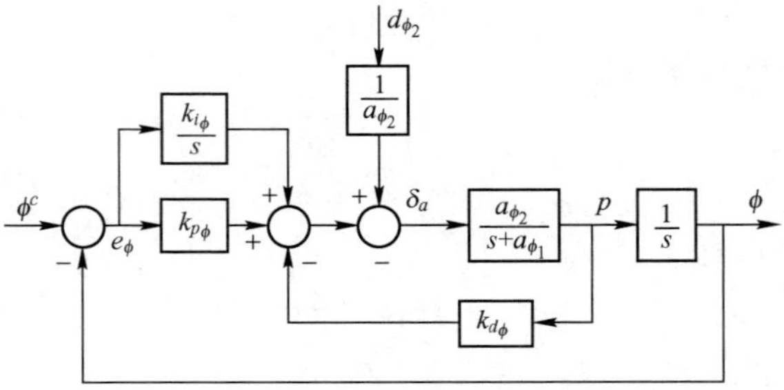

图 6.9　滚转姿态控制积分器

注意到这种情形下，终值定理预测常数 $d_{\phi2}$ 是一个零稳态误差。如果 $d_{\phi2}$ 是一个斜坡，比如 $d_{\phi_2}=\frac{A}{s^2}$，那么稳态误差为 $\frac{A}{a_{\phi_2}k_{i_\phi}}$。如果已知 $a_{\phi1}$ 和 $a_{\phi2}$，那么通过根轨迹法可以有效地选择 k_{i_ϕ}。系统的闭环极点由下式给出：

$$s^3+(a_{\phi_1}+a_{\phi_2}k_{d_\phi})s^2+a_{\phi_2}k_{p_\phi}s+a_{\phi_2}k_{i_\phi}=0$$

在 Evans 形式中可视为

$$1+k_{i_\phi}\left(\frac{a_{\phi_2}}{s(s^2+(a_{\phi_1}+a_{\phi_2}k_{d_\phi})s+a_{\phi_2}k_{p_\phi})}\right)=0$$

图 6.10 显示了以 k_{i_ϕ} 为参数的函数的特征方程的根轨迹。如果增益比较小，则系统仍然保持稳定。

滚转姿态控制环的输出为

$$\delta_a=k_{p_\phi}(\phi^c-\phi)+\frac{k_{i_\phi}}{s}(\phi^c-\phi)-k_{d_\phi}p$$

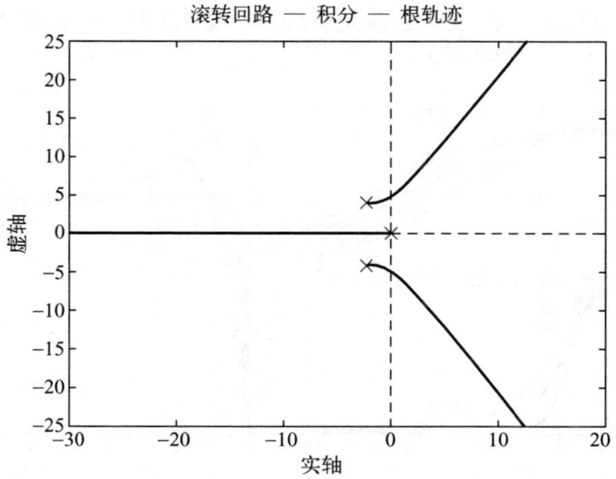

图 6.10　以积分增益 k_{i_ϕ} 为函数的滚转回路的根轨迹

6.3.2　航迹保持

横向自动驾驶仪的连续闭环设计下一步骤是设计航迹保持的外环。如果从 ϕ^c 到 ϕ 的内环已经精确调整，那么在频率为 $0\sim\omega_{n_\phi}$ 时 $H_{\frac{\phi}{\phi^c}}\approx 1$。这种情况下，为了设计外环，图 6.6 的框图可以简化为图 6.11 的框图。

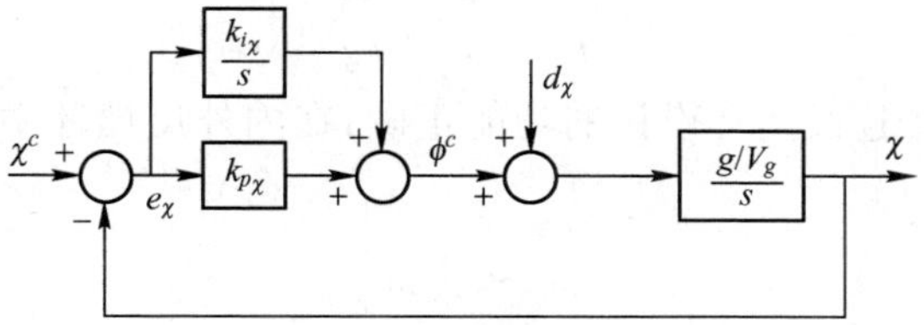

图 6.11　航向控制外反馈环

图 6.6 中，航向控制设计的目标是选择 k_{p_χ} 和 $k_{i\chi}$，使得航道 χ 根据指令航道 χ^c 渐进地跟踪补偿。根据这个简化的框图，从输入 χ^c 和 d_χ 到输出 χ 的传递函数为

$$\chi=\frac{g/V_g s}{s^2+k_{p_\chi}g/V_g s+k_{i_\chi}g/V_g}d_\chi+\frac{k_{p_\chi}/V_g s+k_{i_\chi}g/V_g}{s^2+k_{p_\chi}g/V_g s+k_{i_\chi}g/V_g}\chi^c \tag{6.10}$$

注意到如果 d_χ 和 χ^c 是常数，那么终值定理预示着 $\chi\to\chi^c$。从 χ^c 到 χ 的传递函数为

$$H_\chi=\frac{2\zeta_\chi\omega_{n_\chi}s+\omega_{n_\chi}^2}{s^2+2\zeta_\chi\omega_{n_\chi}s+\omega_{n_\chi}^2} \tag{6.11}$$

与内反馈环一样，我们可以选择外环的自然频率和阻尼来计算反馈增益 k_{p_χ} 和 $k_{i\chi}$。图 6.12 展示了 H_χ 的频率响应和步长响应。注意到分子为零，对于

这个传递函数，直觉上选择ς是不适用的。较大的ς导致带宽变大，超调量变小。

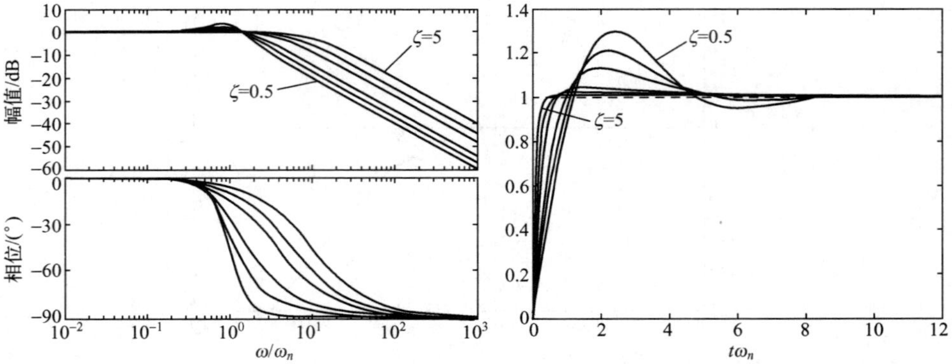

图 6.12 ς分别等于 0.5,0.7,1,2,3,5 时，二阶系统零传递函数的频率和阶跃响应

对比式(6.10)和式(6.11)的系数，得到

$$\omega_{n_\chi}^2 = g/V_g k_{i_\chi}$$

$$2\zeta_\chi \omega_{n_\chi} = g/V_g k_{p_\chi}$$

求解这些 k_{p_χ} 和 k_{i_χ} 的方程，有

$$k_{p_\chi} = 2\zeta_\chi \omega_{n_\chi} V_g/g \tag{6.12}$$

$$k_{i_\chi} = \omega_{n_\chi}^2 V_g/g \tag{6.13}$$

为了确保这个连续闭环设计的功能正确，在内外反馈环中间必须有足够的带宽隔离，令

$$\omega_{n_\chi} = \frac{1}{W_\chi}\omega_{n_\phi}$$

可以得到精确的隔离。其中隔离 W_χ 是设计参数，常常选择一个大于 5 的数。一般来说，带宽分离越多越好，带宽分离较多时，需要 χ 环上的较慢响应或者 ϕ 环上的较快响应。快速响应通常需要更多的驱动器控制能力，在驱动器物理受限的情况下是不可取的。

航迹保持环输出为

$$\phi^c = k_{p_\chi}(\chi^c - \chi) + \frac{k_{i_\chi}}{s}(\chi^c - \chi)$$

6.3.3 侧滑保持

如果飞机上安装了方向翼，可以用它来维持零侧偏角，也就是 $\beta(t) = 0$，图 6.13 介绍了侧滑保持环，从 β^c 到 β 的传递函数为

$$H_{\beta/\beta^c}(s) = \frac{a_{\beta_2} k_{p_\beta} s + a_{\beta_2} k_{i_\beta}}{s^2 + (a_{\beta_1} + a_{\beta_2} k_{p_\beta}) s + a_{\beta_2} k_{i_\beta}}$$

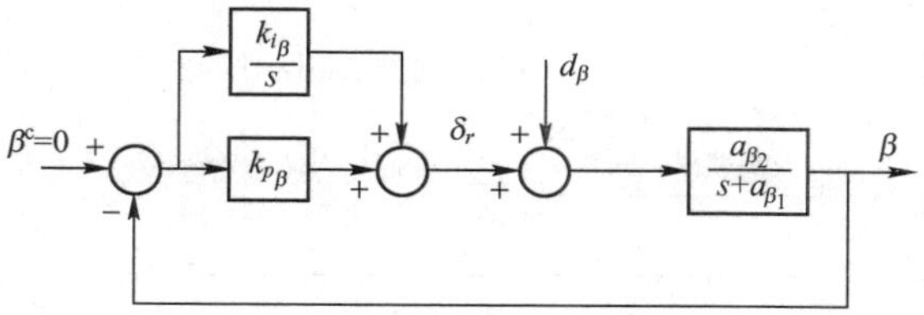

图 6.13　侧滑控制环

注意到 DC 增益等于 1，如果所需的闭环极点是下面方程的根：

$$s^2+2\zeta_\beta\omega_{n_\beta}s+\omega_{n_\beta}^2=0$$

使系数相等，可以得到

$$\omega_{n_\beta}^2=a_{\beta_2}k_{i_\beta} \tag{6.14}$$

$$2\zeta_\beta\omega_{n_\beta}=a_{\beta_1}+a_{\beta_2}k_{p_\beta} \tag{6.15}$$

设定侧滑的最大偏差为 $e_\beta^{\max}$，最大的方向翼偏角为 $\delta_\beta^{\max}$，则根据 6.2 节中的方法，可以得到

$$k_{p_\beta}=\frac{\delta_r^{\max}}{e_\beta^{\max}}\mathrm{sign}(\alpha_{\beta 2}) \tag{6.16}$$

选择合适的 ζ_β 以获得期望的阻尼，可以求解式(6.14)和式(6.15)，得到

$$k_{i_\beta}=\frac{1}{a_{\beta_2}}\left(\frac{\alpha_{\beta_1}+\alpha_{\beta_2}k_{p_\beta}}{2\zeta_\beta}\right) \tag{6.17}$$

侧滑保持回路的输出为

$$\delta_r=-k_{p_\beta}\beta-\frac{k_{i_\beta}}{s}\beta$$

6.4　纵向自动驾驶仪

纵向自动驾驶仪比横向自动驾驶仪更复杂，这是因为空速在纵向动力学中起着很关键的作用。我们的目标是设计出可以用油门和升降翼作为驱动器来调整空速和高度的纵向自动驾驶仪。用于调整高度和空速的方法依赖于高度误差。图 6.14 给出了飞行状态。

在起飞区，需要完全打开油门，同时用升降翼来调整俯仰姿态，使得俯仰角 θ^c 是固定值；上升区的目标是用当前给定的大气层条件最大化上升速率。为了最大化上升速率，需要完全打开油门，同时用俯仰角来调整空速。如果空速大于标定空速，飞机就会往上倾斜，就会导致上升速率增加，同时空速减小。类似地，如果空速小于标定空速，飞机就往下倾斜，导致上升速率减少，同时空速增加。用俯仰姿态可以有效地调整空速，同时避免飞机失速。然而须注意到，在起飞后，并不是立即用俯仰姿态调整空速。因为在飞机起飞后，飞机试图增加它的空

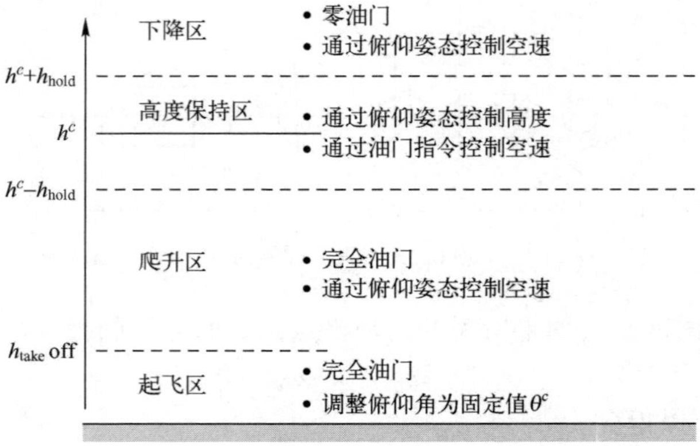

图 6.14　纵向自动驾驶仪的飞行状态

速，如果往下倾斜，则会使得飞机飞向地面。

除了不需要油门，下降区和上升区类似，同样，通过利用俯仰角调整空速可以避免失速状态，同时以给定的空速最大化下降速率。在高度控制区，通过调整油门来校准空速，以及通过俯仰姿态调整高度。

为了实现如图 6.14 所示的纵向自动驾驶仪，需要下面的反馈环：①利用升降翼的俯仰姿态控制；②利用油门的空速控制；③利用俯仰姿态的空速控制；④利用俯仰姿态的高度控制。6.4.1 节～6.4.4 节会讨论这四种反馈环。最后，6.4.5 节会完整地介绍纵向自动驾驶仪。

6.4.1　俯仰姿态控制

俯仰姿态控制环类似于姿态控制环，在它的设计过程中，可以遵循相似的规律。根据图 6.15，从 θ^c 到 θ 的传递函数为

$$H_{\theta/\theta^c}(s)=\frac{k_{p_\theta}a_{\theta_3}}{s^2+(a_{\theta_1}+k_{d_\theta}a_{\theta_3})s+(a_{\theta_2}+k_{p_\theta}a_{\theta_3})} \tag{6.18}$$

在这种情形下，DC 增益不等于 1。

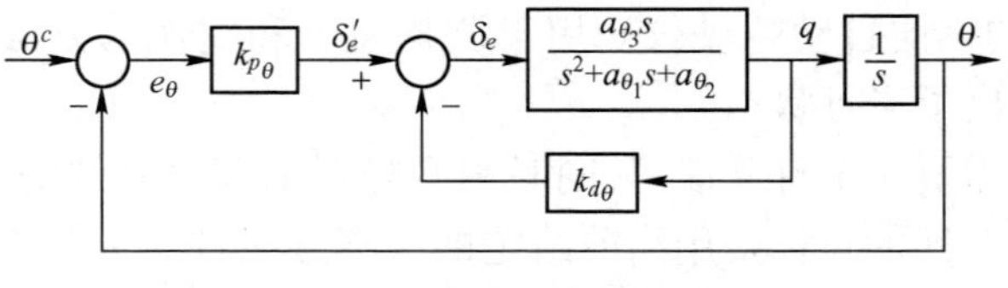

图 6.15　俯仰姿态控制反馈环

如果期望响应由标准二阶传递函数给出，即

$$\frac{K_{\theta_{DC}}\omega_{n_\theta}^2}{s^2+2\zeta_\theta\omega_{n_\theta}s+\omega_{n_\theta}^2}$$

那么使分母系数相等,得到

$$\omega_{n_\theta}^2 = a_{\theta_2} + k_{p_\theta} a_{\theta_3} \tag{6.19}$$

$$2\zeta_\theta \omega_{n_\theta} = a_{\theta_1} + k_{d_\theta} a_{\theta_3} \tag{6.20}$$

当达到最大输入误差时,如果设定比例增益来避免饱和,则有

$$k_{p_\theta} = \frac{\delta_e^{\max}}{e_e^{\max}} \mathrm{sign}(a_{\theta_3})$$

由于 $a_{\theta 3}$ 基于 $C_{m\delta e}$,因此采用了 $a_{\theta 3}$ 的符号,它通常是负的。为了确保稳定性,k_{p_θ}和 $a_{\theta 3}$ 的符号必须相同。根据式(6.19),俯仰环的带宽极限为

$$\omega_{n_\theta} \leqslant \sqrt{a_{\theta_2} + \frac{\delta_e^{\max}}{e_\theta^{\max}} |a_{\theta_3}|} \tag{6.21}$$

根据式(6.20),求解 $k_{d\theta}$:

$$k_{d_\theta} = \frac{2\zeta_\theta \omega_{n_\theta} - a_{\theta_1}}{a_{\theta_3}} \tag{6.22}$$

总之,可以选择驱动器饱和极限 $\delta_e^{\max}$ 和最大期望俯仰误差 $e_\theta^{\max}$ 来确定比例增益 k_{p_θ}及俯仰环的带宽。选择合理的阻尼率 ζ_θ 来固定微分增益 $k_{d\theta}$。

当 $k_{p_\theta} \to \infty$,内环传递函数的 DC 增益趋于 1,DC 增益为

$$K_{\theta_{DC}} = \frac{k_{p_\theta} a_{\theta_3}}{(a_{\theta_2} + k_{p_\theta} a_{\theta_3})} \tag{6.23}$$

增益值很明显小于 1。设计外环时,我们会用 DC 增益来表示内环在整个带宽的增益。在内环中,可以用积分反馈增益来确保单位 DC 增益。然而,添加的积分形式严重限制内环的带宽。为此,我们在俯仰环不选择积分控制。注意到,在设计项目时,实际的俯仰角并不收敛到指令的俯仰角。在开发外环时,需要考虑这个事实。

俯仰姿态控制环的输出为

$$\delta_e = k_{p_\theta}(\theta^c - \theta) + \frac{k_{i_\theta}}{s}(\theta^c - \theta) - k_{d_\theta} q$$

6.4.2 利用俯仰指令的高度控制

如图 6.16 所示,高度控制自动驾驶仪的设计采用了连续闭环的策略,并用俯仰 - 高度自动驾驶仪来作为内环。假设俯仰环如我们所设计的那样,而且$\theta \approx K_{\theta_{DC}} \theta^{\mathrm{d}}$,利用俯仰指令进行高度控制的闭环可以用图 6.17 所示的框图近似。

在拉普拉斯变换域,有

$$h(s) = \left(\frac{K_{\theta_{DC}} V_a k_{p_h} \left(s + \frac{k_{i_h}}{k_{p_h}} \right)}{s^2 + K_{\theta_{DC}} V_a k_{p_h} s + K_{\theta_{DC}} V_a k_{i_h}} \right) h^d(s) + \left(\frac{s}{s^2 + K_{\theta_{DC}} V_a k_{p_h} s + K_{\theta_{DC}} V_a k_{i_h}} \right) d_h(s)$$

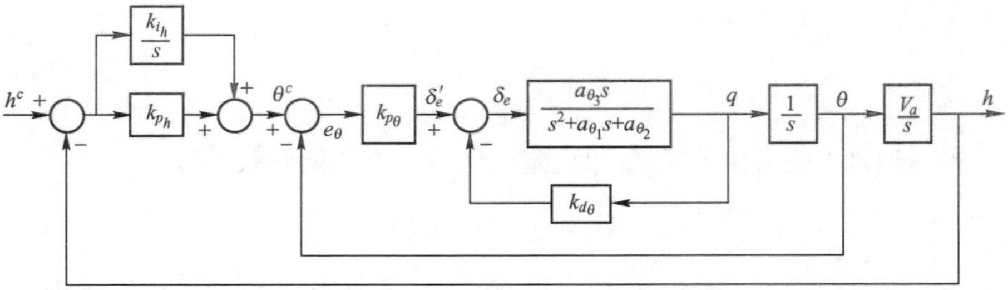

图 6.16　高度控制自动驾驶仪的连续闭环反馈结构

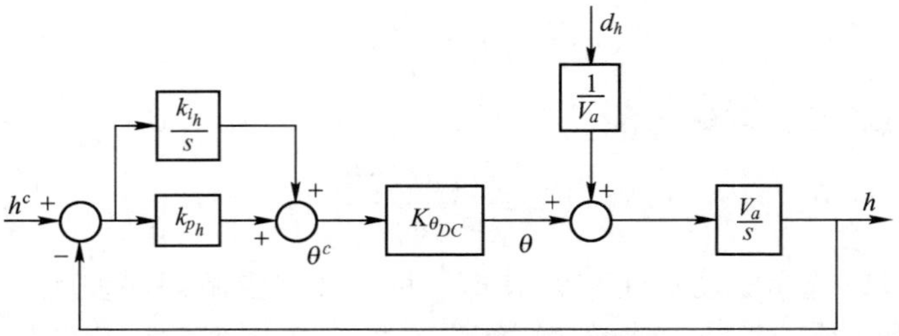

图 6.17　利用俯仰角指令的高度控制环

同样，我们看到 DC 增益等于 1，定值扰动得到抑制。闭环传递函数和飞机参数无关，只和已知的空速相关。选择的增益 k_{p_h} 和 k_{i_h} 应该使得俯仰 – 高度环的带宽小于俯仰 – 姿态控制环的带宽。类似于航迹环，令

$$\omega_{n_h} = \frac{1}{W_h}\omega_{n_\theta}$$

式中：带宽隔离 W_h 为设计参数，常常在 5 ~ 15。如果高度控制环的期望响应由标准二阶传递函数给出，即

$$\frac{\omega_{n_h}^2}{s^2 + 2\zeta_h\omega_{n_h}s + \omega_{n_h}^2}$$

那么，等化分母系数，有

$$\omega_{n_h}^2 = K_{\theta_{DC}}V_a k_{i_h}$$
$$2\zeta_h\omega_{n_h} = K_{\theta_{DC}}V_a k_{p_h}$$

求解 k_{ih} 和 k_{ph}，得到

$$k_{ih} = \frac{\omega_{n_h}^2}{K_{\theta_{DC}}V_a} \tag{6.24}$$

$$k_{p_h} = \frac{2\zeta_h\omega_{n_h}}{K_{\theta_{DC}}V_a} \tag{6.25}$$

因此，选择合理的阻尼率 ζ_h 和带宽分离 W_h 可以确定 k_{ph} 和 k_{ih}。

具有俯仰环的高度控制的输出为

$$\theta^c = k_{p_h}(h^c - h) + \frac{k_{i_h}}{s}(h^c - h)$$

6.4.3 利用俯仰指令的空速控制

图 5.7 介绍了利用俯仰角的风速控制模型，扰动抑制同样需要一个 PI 控制器。相应的框图为图 6.18。

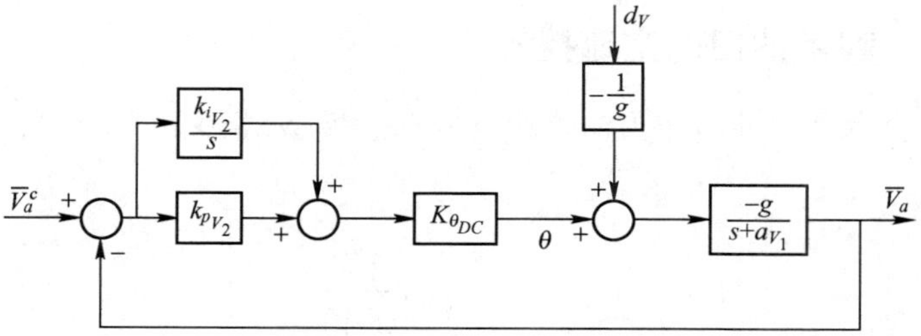

图 6.18 用俯仰角调整空速的 PI 控制器

在拉普拉斯变换域，有

$$\overline{V}_a(s) = \left(\frac{-K_{\theta_{DC}} g k_{p_{V_2}}\left(s + \frac{k_{i_{V_2}}}{k_{p_{V_2}}}\right)}{s^2 + (a_{V_1} - K_{\theta_{DC}} g k_{p_{V_2}})s - K_{\theta_{DC}} g k_{i_{V_2}}}\right)\overline{V}_a^c(s) + \left(\frac{s}{s^2 + (a_{V_1} - K_{\theta_{DC}} g k_{p_{V_2}})s - K_{\theta_{DC}} g k_{i_{V_2}}}\right)d_V(s) \tag{6.26}$$

注意到 DC 增益为 1，阶跃干扰得到抑制。为了使空速保持常值，俯仰角必须接近一个非零的攻角。积分器可以使指令的攻角变大。

选择增益 k_{pV_2} 和 k_{iV_2} 使得俯仰 - 空速环的带宽比俯仰 - 姿态控制环的带宽小，令

$$\omega_{n_{V_2}} = \frac{1}{W_{V_2}}\omega_{n_\theta}$$

式中：带宽隔离 W_{V_2} 为设计参数，类似以前的过程，通过匹配式(6.24)的分母系数和标准二阶传递函数的系数，可以确定反馈增益值。注意到我们试图用反馈 $\omega_{n_{V_2}}^2$ 和 ζ_{V_2} 获得期望的自然频率和阻尼率，通过匹配系数，则有

$$\omega_{n_{V_2}}^2 = -K_{\theta_{DC}} g k_{i_{V_2}}$$

$$2\zeta_{V_2}\omega_{n_{V_2}} = a_{V_1} - K_{\theta_{DC}} g k_{p_{V_2}}$$

求解控制增益：

$$k_{i_{V_2}} = -\frac{\omega_{n_{V_2}}^2}{K_{\theta_{DC}} g} \tag{6.27}$$

$$k_{p_{V_2}} = \frac{a_{V_1} - 2\zeta_{V_2}\omega_{n_{V_2}}}{K_{\theta_{DC}}g} \tag{6.28}$$

那么选择阻尼率 ζ_{V_2} 和带宽隔离 W_{V_2} 来确定控制增益 k_{pV_2} 和 k_{iV_2}，具有俯仰环的空速控制输出为

$$\theta^c = k_{p_{V_2}}(V_a^c - V_a) + \frac{k_{i_{V_2}}}{s}(V_a^c - V_a)$$

6.4.4 利用油门的空速控制

图 5.7 显示了用油门作为输入的空速动态模型，相关的闭环系统如图 6.19 所示。

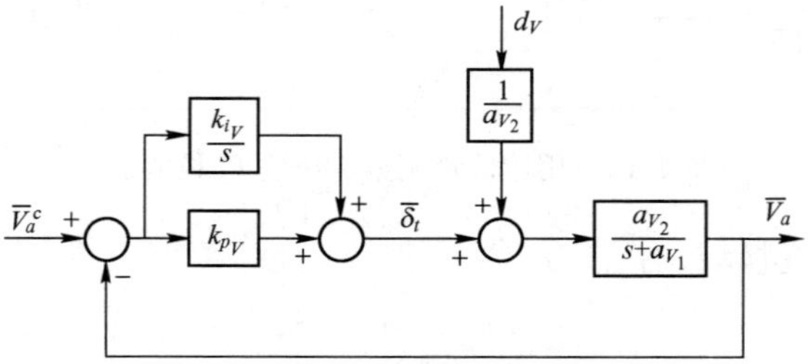

图 6.19　使用油门的空速控制

如果用比例控制，那么

$$\overline{V}_a(s) = \left(\frac{a_{V_2}k_{p_v}}{s + (a_{V_1} + a_{V_2}k_{pV})}\right)\overline{V}_a^c(s) + \left(\frac{1}{s + (a_{V_1} + a_{V_2}k_{pV})}\right)d_V(s)$$

注意到 DC 增益不等于 1，因此阶跃扰动是不能完全抑制的。另一方面，如果我们使用比例－积分控制，则

$$\overline{V}_a = \left(\frac{a_{V_2}(k_{p_V}s + k_{i_V})}{s^2 + (a_{V_1} + a_{V_2}k_{p_V})s + a_{V_2}k_{i_V}}\right)\overline{V}_a^c + \left(\frac{1}{s^2 + (a_{V_1} + a_{V_2}k_{pV})s + a_{V_2}k_{i_V}}\right)d_V$$

利用 PI 控制器可以使增益为 1，同时抑制掉阶跃干扰。如果已知 aV_1 和 aV_2，那么用以前介绍的方法可以确定 k_{p_V} 和 k_{i_V}。把闭环传递函数分母系数等同于标准二阶传递函数的分母系数，则有

$$\omega_{n_V}^2 = a_{V_2}k_{i_V}$$

$$2\zeta_V\omega_{n_V} = a_{V_1} + a_{V_2}k_{p_V}$$

转换成控制增益的形式，有

$$k_{i_V} = \frac{\omega_{n_V}^2}{a_{V_2}} \tag{6.29}$$

$$k_{p_V} = \frac{2\zeta_V\omega_{n_V} - a_{V_1}}{a_{V_2}} \tag{6.30}$$

这个环的设计参数为阻尼系数 ζ_V 和固有频率 ω_{nV}。

注意到 $\overline{V}_a^c = V_a^c - V_a^*$ 且 $\overline{V}_a = V_a - V_a^*$,图 6.19 的误差信号为

$$e = \overline{V}_a^c - \overline{V}_a = V_a^c - V_a$$

因此,图 6.19 所示的控制环不需要稳定速度 V_a^* 就可实现。如果已知油门稳定值 δ_t^*,那么油门命令为

$$\delta_t = \delta_t^* + \overline{\delta}_t$$

然而,如果 δ_t^* 无法准确已知,那么 δ_t^* 的误差可以认为是阶跃干扰,可以用积分器来抑制干扰。

具有油门的空速控制输出为

$$\delta_t = \delta_t^* + k_{p_V}(V_a^c - V_a) + \frac{k_{i_V}}{s}(V_a^c - V_a)$$

6.4.5 高度控制状态机

纵向自动驾驶仪处理机身 $\boldsymbol{i}^b - \boldsymbol{k}^b$ 平面的纵向运动控制:俯仰角、高度和空速。至此,我们介绍了四种不同的纵向自动驾驶仪模式:①俯仰姿态控制;②利用俯仰指令的高度控制;③利用俯仰指令的空速控制;④利用油门的空速控制。这些纵向控制方法结合起来可以创造如图 6.20 所示的高度控制状态机。在上升区域,油门设置成最大值,也就是 $\delta_t = 1$,同时用俯仰指令模式的空速控制来控制空速,以此来避免飞机处于失速状态。简单地说,这种模式导致 MAV 以它最大的爬升率上升,直到达到高度设定点。相似地,在下降区域,油门设置成最小值,也就是 $\delta_t = 0$,同时用俯仰指令模式的空速来控制空速,这种方式使得 MAV 以恒稳速率下降直到到达高度控制区。在高度控制区,油门空速模式用来调整空速 V_a^c,俯仰高度模式用来调整高度 h^d。俯仰姿态控制环在四个区域都是有效的。

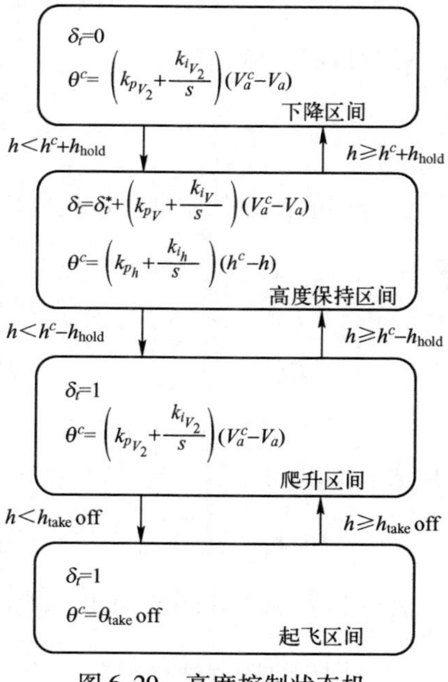

图 6.20 高度控制状态机

6.5 PID 环的数字实现

本章所介绍的纵向和横向控制方案包含一些比例 - 积分 - 微分(PID)环,

本节简单介绍 PID 环如何在离散时间下实现。一般的 PID 控制信号为

$$u(t)=k_p e(t)+k_i\int_{-\infty}^{t} e(\tau)\mathrm{d}\tau+k_d\frac{\mathrm{d}e}{\mathrm{d}t}(t)$$

式中：$e(t)=y^c(t)-y(t)$为命令输出和当前输出的误差，在拉普拉斯变换域，有

$$U(s)=k_p E(s)+k_i\frac{E(s)}{s}+k_d sE(s)$$

由于纯微分器不是自然的，标准方法是用一种带宽受限的微分器，因此

$$U(s)=k_p E(s)+k_i\frac{E(s)}{s}+k_d\frac{s}{\tau s+1}E(s)$$

转换成离散时间，我们用梯形法则，其中拉普拉斯变量 s 用 z 变换近似值代替，有

$$s\mapsto\frac{2}{T_s}\left(\frac{1-z^{-1}}{1+z^{-1}}\right)$$

式中：T_s 为采样周期[28]，令 $I(s)\triangleq\frac{E(s)}{s}$，$z$ 域的积分器变为

$$I(z)=\frac{T_s}{2}\left(\frac{1-z^{-1}}{1+z^{-1}}\right)E(z)$$

转化成时间域，有

$$I[n]=I[n-1]+\frac{T_s}{2}(E[n]+E[n-1]) \tag{6.31}$$

微分器的离散化实现可以用类似的方法推导出。令 $D(s)\triangleq\left(\frac{s}{\tau s+1}\right)E(s)$，$z$ 域为

$$D(z)=\frac{\frac{2}{T_s}\left(\frac{1-z^{-1}}{1+z^{-1}}\right)}{\frac{2\tau}{T_s}\left(\frac{1-z^{-1}}{1+z^{-1}}\right)+1}E(z)=\frac{\left(\frac{2}{2\tau+T_s}\right)(1-z^{-1})}{1-\left(\frac{2\tau-T_s}{2\tau+T_s}\right)z^{-1}}E(z)$$

转换成时间域，有

$$D[n]=\left(\frac{2\tau-T_s}{2\tau+T_s}\right)D[n-1]+\left(\frac{2}{2\tau+T_s}\right)(E[n]-E[n-1]) \tag{6.32}$$

实现通用的 PID 环的 Matlab 代码：

```
function u = pidloop(y_c, y, flag, kp, ki, kd, limit, Ts, tau)
persistent integrator;
persistent differentiator;
persistent error_d1;
if flag == 1, % reset (initialize) persistent variables
              % when flag == 1
```

```
7 integrator =0;
8 differentiator =0;
9 error_d1 =0; % _d1 means delayed by one time step
10 end
11 error = y_c - y; % compute the current error
12 integrator = integrator + (Ts/2) * (error + error_d1);
13   % update integrator
14 differentiator = (2 * tau - Ts)/(2 * tau + Ts) * differentiator...
15      + 2/(2 * tau + Ts) * (error - error_d1);
16     % update differentiator
17 error_d1 = error; % update the error for next time through
18                  % the loop
19 u = sat(... % implement PID control
20 kp * error +... % proportional term
21 ki * integrator +... % integral term
22 kd * differentiator,... % derivative term
23 limit... % ensure abs(u) <= limit
24 );
25 % implement integrator anti - windup
26 if ki ~ =0
27 u_unsat = kp * error + ki * integrator + kd * differentiator;
28 integrator = integrator + Ts/ki * (u - u_unsat);
29 end
30
31 function out = sat(in,limit)
32 if in > limit,out = limit;
33 elseif in <- limit; out = - limit;
34 else out = in;
35 end
```

第一行的输入是指令输出 y_c;y 是当前输出;用 flag 来重新设置积分器;PID 增益为 k_p,k_i 和 k_d;用 limit 表示饱和度命令;采样周期为 T_s;微分器的时间常数为 τ。第 11 行实现式(6.31),第 12 行和第 13 行实现式(6.32)。

PID 控制的直接实现方案的潜在问题是积分器饱和。当误差 $y_c - y$ 比较大时,会有延迟,如在第 11 行所计算的积分器值也会变大。大的积分器会导致如第 15~20 行所计算的 u 达到饱和,这时会引起系统在另一个方向推动最大的作用力来矫正误差。由于积分器值会继续变大,直到误差信号改变符号,控制信号可能不会从饱和状态出来,直到误差改变符号,这可能会导致大的超调量,进而会使系统变得不稳定。

由于积分器变大会使自动驾驶仪环变得不稳定，因此每个环都应该有一个反增大方案。许多反增大方案都是可行的。最简单的一种方案就是如命令行 32～35 所示，在积分器中减去能够保持 u 恰好在饱和边界的量，特别地，令在更新积分器前的未饱和控制值为

$$u_{\text{unsat}}^{-}=k_p e+k_d D+k_i I^{-}$$

式中：I^{-} 为在应用反增大方案前的积分器值。令在更新积分器后的未饱和控制值为

$$u_{\text{unsat}}^{+}=k_p e+k_d D+k_i I^{+}$$

式中

$$I^{+}=I^{-}+\Delta I$$

ΔI 为更新值。我们的目标是选择 ΔI 使得 $u_{\text{unsat}}^{+}=u$，其中 u 是应用饱和指令后的控制值，注意到

$$u_{\text{unsat}}^{+}=u_{\text{unsat}}^{+}+k_i\Delta I$$

求解 ΔI，得到

$$\Delta I=\frac{1}{k_i}(u-u_{\text{unsat}}^{-})$$

考虑到数据采样的实现，需要在 28 行乘以 T_s。

6.6 本章小结

本章用连续闭环来设计 MAV 的横向和纵向自动驾驶仪。横向驾驶仪包括作为内环的俯仰姿态控制和作为外环的航迹角控制。纵向自动驾驶仪更加复杂，同时依赖于飞行高度。在每个区域都用俯仰－姿态控制环作为内环。在起飞区域，MAV 油门最大，同时调整 MAV 保持一个固定的起飞俯仰角。在上升区域，MAV 油门最大，空速由俯仰－空速控制自动驾驶仪调整。下降区域和上升区域类似（除了 MAV 的油门最小）。在高度控制区域，高度由高度－俯仰自动驾驶仪来调整，而空速由油门－空速自动驾驶仪环控制。

6.6.1 横向自动驾驶仪设计过程总结

输入：传递函数系数 $a_{\phi 1}$ 和 $a_{\phi 2}$，标准空速 V_a 和副翼极限 $\delta_a^{\max}$。

调整参数：滚转角极限 $\phi^{\max}$，阻尼系数 ζ_ϕ 和 ζ_χ，滚转积分增益 $k_{i\phi}$，带宽隔离 $W_\chi>1$，其中 $\omega_{n_\phi}=W_\chi\omega_{n_\phi}$。

计算自然频率：用式（6.8）计算内环 ω_{n_ϕ} 的自然频率，外环的自然频率为 $\omega_{n_\chi}=\dfrac{\omega_{n_\phi}}{W_\chi}$。

计算增益：用式（6.7）、式（6.9）、式（6.12）和式（6.13）计算增益 $k_{p\phi}$，$k_{d\phi}$，

$k_{p\chi}$和 $k_{i\chi}$。

6.6.2 纵向自动驾驶仪设计过程摘要

输入：传递函数系数 $a_{\theta_1},a_{\theta_2},a_{\theta_3},a_{V_1}$和 a_{V_2}，标准空速 V_a 和升降翼极限 $\delta_e^{\max}$。

调整参数：俯仰角极限 $e_\theta^{\max}$；阻尼系数 $\zeta_\theta,\zeta_h,\zeta_V$ 和 ζ_{V_2}；自然频率 ω_{n_V}；高度环的带宽隔离为 W_h，空速俯仰环的带宽隔离为 W_{V_2}。

计算自然频率：用式(6.19)计算俯仰环的自然频率 ω_{n_θ}，用 $\omega_{n_h}=\frac{\omega_{n_\theta}}{W_h}$计算高度环的自然频率，用 $\omega_{n_{V_2}}=\frac{\omega_{n_\theta}}{W_{V_2}}$计算利用俯仰环空速的自然频率。

计算增益：用式（6.20）计算增益 k_{p_θ}和 k_{d_θ}，用式（6.21）计算俯仰环的 *DC* 增益；用式（6.23）和式（6.22）计算增益 k_{p_h}和 k_{i_h}；用式（6.26）和式（6.25）计算增益 k_{pV_2}和 k_{iV_2}；用式(6.28)和式（6.27）计算增益 k_{p_V}和 k_{i_V}。

注释和参考文献

本章所列的设计过程大纲参见文献[29]，根轨迹法参见文献[1,2,5,6]，PID 控制器数字实现的参考标准见文献[28]，文献[28,30]简单讨论了反增大方案。

6.7 设计项目

下面的任务需要用到简化的设计模型来调整横向自动驾驶仪和纵向自动驾驶仪的 PID 环增益。为了实现这个目标，需要创建一些辅助的仿真模型来实现设计模式。最后一步是在仿真模型上实现控制环。书上的网址可以用来帮助你实现仿真过程。

6.1 创建 Matlab 脚本文件，计算滚转姿态控制环的增益。假设最大副翼偏转角是 $\delta_a^{\max}=45°$，对一个步长 $\phi^{\max}=15°$，即可达到饱和极限，一般来说，$V_a=10$m/s。利用网站上的仿真文件 roll_loop. mdl 调整 $\mathcal{S}_\phi$ 和 k_{i_ϕ}来取得好的性能。

6.2 增加你的 Matlab 脚本文件来计算航道控制环的增益。仿真文件 course_loop. mdl 实现了用滚转控制作为内环的航道控制环。当航线角的步长输入等于 25°时，调整带宽隔离和阻尼率 $\mathcal{S}_\chi$ 来取得好的性能。

6.3 增加你的 Matlab 脚本文件来计算侧滑控制增益。用网站上的仿真模型 sideslip_loop. mdl 来调整 $\mathcal{S}_\beta$ 值。

6.4 增加你的 Matlab 脚本文件来计算俯仰姿态控制环的增益。假设最大

升降翼偏差是 $\delta_e^{max}=45°$，对一个步长 $e_\theta^{max}=10°$则达到饱和极限。用网站上的仿真文件 pitch_loop. mdl 来调整 $\mathcal{S}_\theta$ 值。

6.5 增加你的 Matlab 脚本文件来计算用俯仰作为输入的高度控制增益，用网站上的仿真模型 altitude_from_pitch_loop_mdl 来调整 $\mathcal{S}_h$ 和带宽隔离。

6.6 增加你的 Matlab 脚本文件来计算用俯仰作为输入的空速控制增益，用网站上的仿真模型 airspeed_from_pitch_loop_mdl 来调整 $\mathcal{S}$ 和带宽隔离。

6.7 增加你的 Matlab 脚本文件来计算用油门作为输入的空速控制增益，用网站上的仿真模型 airspeed_from_throttle_loop_mdl 来调整 $\mathcal{S}$ 和 ω_n。

6.8 设计的最后一步是在仿真模型上实现横向和纵向自动驾驶仪，修改你的仿真模型，使得飞机在它自己的子系统上。为确保自动驾驶仪代码可以轻易转换成嵌入式代码，比如 C/C ++，我们用 Matlab 脚本文件来编写自动驾驶仪函数。网站上的仿真模型 mavsim_chap6. mdl 示范了组织模型的方法，同样可以在网站上看到自动驾驶仪代码的简单版本，比如你需要用到 switch 语句来实现状态机。

第 7 章　MAV 的传感器

小型轻量的固态传感器对无人机的革新和实现至关重要。基于微机电系统技术,这些小型却很精确的传感器(如加速度计、角速度传感器、压力传感器)进一步推动了更小更具自主能力的飞机的发展。结合小型全球定位系统(GPS)的发展,以及计算能力更强的微控制器和更强力的电池,在不到 20 年的时间里,MAV 从最开始的飞行员在地面用无线电操纵的模式演变成高性能自主模式。本章将介绍用于 MAV 的典型机载传感器,同时量化它们的测量值。我们主要介绍用于飞机制导、导航和控制的传感器。负载传感器(如相机)及其用途会在第 13 章介绍。

在 MAV 上,经常会发现以下传感器:加速度计、速率陀螺、压力传感器、磁力计和 GPS。

下面会讨论每一种传感器以及它们的传感特征,同时提出用于分析和仿真目的的模型。

7.1　加速度计

如图 7.1 所示,加速度传感器通常应用一个悬挂支撑的质量块。当加速度计的盒子加速时,这个质量块就相对于盒子移动,移动的距离和加速度成正比。质量块的加速过程转换到悬挂支撑的弹簧的位移上。质量块的简单力平衡分析产生下面的关系:

$$m\ddot{x} + kx = ky(t)$$

式中:x 为质量块的惯性位置;$y(t)$ 为外壳的惯性位置,我们要感知的就是其加速度。设定悬架的偏差为 $\delta = y(t) - x$,该关系可表示为

$$\ddot{x} = \frac{k}{m}\delta$$

这样,质量块的加速度和悬架的位移成正比。当频率低于共振频率时,通过检查从外壳位置输入到质量块位置输出的转移函数,可以得出结论:质量块的加速度和外壳的加速度相同。

$$\frac{X(s)}{Y(s)} = \frac{1}{\frac{m}{k}s^2 + 1}$$

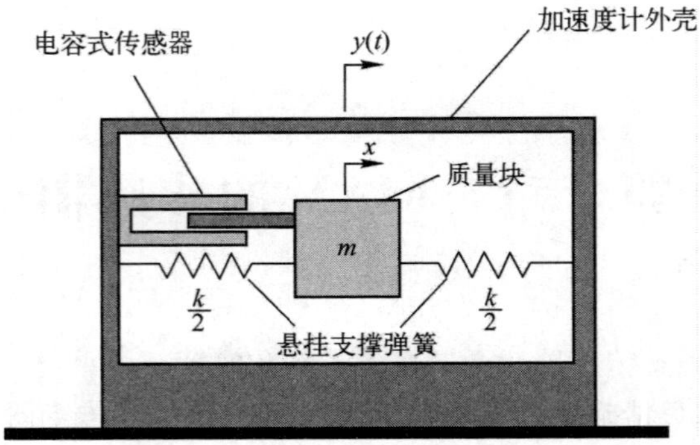

图 7.1　MEMS 加速器的概念描述

或者相当于从外壳加速度输入到质量块加速度输出的转移函数,即

$$\frac{Ax(s)}{Ay(s)}=\frac{1}{\frac{m}{k}s^2+1}$$

当频率 $\omega<\sqrt{\frac{k}{m}}$,传递函数$\frac{A_X(s)}{A_Y(s)}\approx 1$ 时,质量块的位移是装有加速计物体加速度的一个很精确的指示器。

如图 7.1 所示的加速计具有电容式转换器,可把质量块的位移转换成电压输出,这种方式在很多 MEMS 设备中是经常用到的。其他将位移转换成可用信号的方法包括压电式的、磁阻式的以及基于张力的等设计方案。与其他的模拟设备一样,加速度计测量具有信号偏压和随机不确定度。加速计的输出可以建模为

$$\gamma_{\text{accel}}=k_{\text{accel}}A+\beta_{\text{accel}}+\eta'_{\text{accel}}$$

式中:γ_{accel}为伏特数;k_{accel}为增益;A 为加速度(m/s^2);β_{accel}为偏项;η'_{accel}为均值为零的高斯噪声。增益 k_{accel}可能在传感器的数据手册中找到。但是,由于制造的差异,这个值通常不是很精确。以前,主要通过精确确定传感器的校准常数或者增益来校准实验。偏置项 β_{accel}依赖于温度,所以应该在每一次飞行前进行校准。

飞机上,常常用到三个加速计。这些加速计安装在质心附近,每一个加速计的灵敏轴和机体坐标轴对齐。加速计测量机架的比力。另一种解释是它们测量飞机加速度和重力加速度的差别。为了理解这种现象,想象一下如图 7.1 所示的设备,如果要旋转 90°安装在桌子上,由于重力的作用,外壳会被往下拉,同时,相等的反作用力则会往上推外壳使其固定在桌子上。因此,外壳总的加速度为零。然而,质量块不受桌子的法向力,由于重力的作用,它将会偏斜,传感器测量到的加速度等于 g,因此,测量的加速度是外壳总的加速度减去重力加速度 g。用数学公式表达,得到

$$\begin{pmatrix} a_x \\ a_y \\ a_z \end{pmatrix} = \frac{\mathrm{d}v}{\mathrm{d}t_b} + \boldsymbol{\omega}_{b/i} \times v - R_v^b \begin{pmatrix} 0 \\ 0 \\ g \end{pmatrix}$$

分量形式为

$$a_x = \dot{u} + qw - rv + g\sin\theta$$

$$a_y = \dot{v} + ru - pw - g\cos\theta\sin\phi$$

$$a_z = \dot{w} + pv - qu - g\cos\theta\cos\phi$$

可以看到,每一个加速计测量了线性加速度、科氏加速度和重力加速度的分量。

在自动驾驶仪里的微控制器内按采样频率 T_s 将加速计的输出电压转换成一个对应的数字。通过校准,这个电压可以转换成加速度的数值表达式。假设通过校准,可以消除偏差,那么自动驾驶仪的加速计信号可以转换为

$$\begin{cases} y_{\mathrm{accel},x} = \dot{u} + qw - rv + g\sin\theta + \eta_{\mathrm{accel},x} \\ y_{\mathrm{accel},y} = \dot{v} + ru - pw - g\cos\theta\sin\phi + \eta_{\mathrm{accel},y} \\ y_{\mathrm{accel},z} = \dot{w} + pv - qu - g\cos\theta\cos\phi + \eta_{\mathrm{accel},z} \end{cases} \tag{7.1}$$

式中:$\eta_{\mathrm{accel},x}$,$\eta_{\mathrm{accel},y}$和 $\eta_{\mathrm{accel},z}$为均值为零的高斯过程,方差分别为 $\sigma^2_{\mathrm{accel},x}$,$\sigma^2_{\mathrm{accel},y}$和 $\sigma^2_{\mathrm{accel},z}$。通过校准,$y_{\mathrm{accel},x}$,$y_{\mathrm{accel},y}$和 $y_{\mathrm{accel},z}$的单位为 $\mathrm{m/s^2}$。

由于仿真软件的结构,在方程组(7.1)中计算状态导数$\dot{u}$,$\dot{v}$和$\dot{w}$可能不太方便。作为另一种办法,可以用式(5.4)~式(5.6)替代,从而有

$$\begin{aligned} y_{\mathrm{accel},x} &= \frac{\rho V_a^2 S}{2m}\left[C_X(\alpha) + C_{X_q}(\alpha)\frac{\bar{c}q}{2V_a} + C_{X_{\delta_e}}(\alpha)\delta_e\right] \\ &\quad + \frac{\rho S_{\mathrm{prop}} C_{\mathrm{prop}}}{2m}\left[(k_{\mathrm{motor}}\delta_t)^2 - V_a^2\right] + \eta_{\mathrm{accel},x} \\ y_{\mathrm{accel},y} &= \frac{\rho V_a^2 S}{2m}\left[C_{Y_0}(\alpha) + C_{Y_\beta}\beta + CY_p\frac{bp}{2V_a} + C_{X_{\delta a}}\delta_a + C_{Y_{\delta_\gamma}}\delta_\gamma\right] + \eta_{\mathrm{accel},y} \\ y_{\mathrm{accel},z} &= \frac{\rho V_a^2 S}{2m}\left[C_Z(\alpha) + C_{Z_q}(\alpha)\frac{\bar{c}q}{2V_a} + C_{Z_{\delta_e}}(\alpha)\delta_e\right] + \eta_{\mathrm{accel},z} \end{aligned} \tag{7.2}$$

然而,由于这些力已经在动力学系统里进行了计算,最好的管理这些仿真文件的办法就是利用这些力计算加速计的输出,导出相应的方程组:

$$\begin{cases} y_{\mathrm{accel},x} = \dfrac{f_x}{m} + g\sin\theta + \eta_{\mathrm{accel},x} \\ y_{\mathrm{accel},y} = \dfrac{f_y}{m} - g\cos\theta\sin\phi + \eta_{\mathrm{accel},y} \\ y_{\mathrm{accel},z} = \dfrac{f_z}{m} - g\cos\theta\cos\phi + \eta_{\mathrm{accel},z} \end{cases} \tag{7.3}$$

其中，f_x，f_y 和 f_z 在式(4.18)中已经给出。除了噪声，方程组(7.3)右边的符号表示飞机经受的比力。飞机的加速度通常用重力加速度 g 为单位表示。为了用 g 表示加速度测量值，方程组可以两边除以 g。单位选择取决于工程师的喜好，然而，保持固定的单位可以减少实现过程中潜在的错误。

7.2 速率陀螺

通常，MEMS 速率陀螺遵循科氏加速度准则，在 19 世纪初，法国科学家 G. G. 科里奥利发现在转动刚体上平移的质点会有加速度，现在人们称之为科氏加速度，它与点的速度以及刚体的旋转速度成正比：

$$a_C = 2\boldsymbol{\Omega} \times \boldsymbol{v} \tag{7.4}$$

式中：$\boldsymbol{\Omega}$ 为刚体在惯性参考系的角速度；$\boldsymbol{v}$ 为惯性参考系下的点速度。这种情况下，$\boldsymbol{\Omega}$ 和 $\boldsymbol{v}$ 都是向量，× 表示矢量叉乘。

MEMS 速率陀螺通常包括一个旋转的质量块(图 7.2)。在图中，悬臂和质量块以共振频率进行驱动，以产生在垂直平面的振动。悬臂受驱动后，这些振荡产生的质量块速率是一个等幅正弦波：

$$v = A\omega_n \sin(\omega_n t)$$

式中：A 为振幅；ω_n 为振荡固有频率。如果速率陀螺的灵敏轴设置成未偏转悬臂的纵轴，那么这个轴的旋转会在水平面上导致如式(7.4)和图 7.2 所示的科氏加速度。类似于加速计，质量块的科氏加速度会导致悬臂的横向偏转。通过以下方式可以检测到悬臂的横向偏转：电容耦合；压电产生电荷以及悬臂的压电变化。无论什么转换方法，都会产生和横向科氏加速度成正比的电压。

由于灵敏轴和振动方向正交，人们设想速率陀螺的输出电压和科氏加速度的幅值成正比。

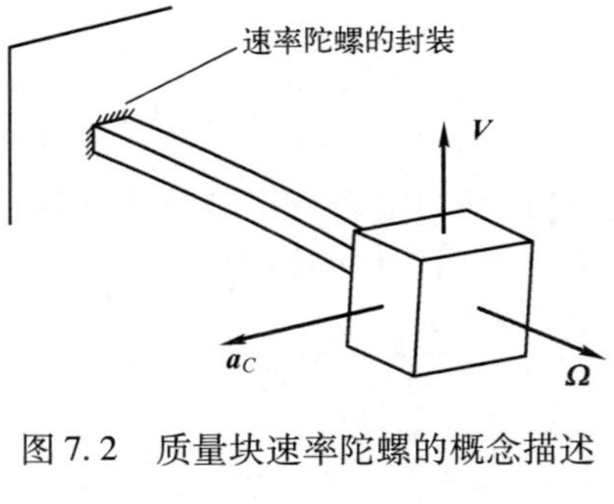

图 7.2 质量块速率陀螺的概念描述

$\boldsymbol{\Omega}$ 是要测量的传感器组件的角速度。$\boldsymbol{v}$ 是悬臂的驱动振动速率。$\boldsymbol{a}_C$ 是导致传感器组件经历角速度的科氏加速度。

$$
\begin{aligned}
V_{\text{gyro}} &= k_C |\boldsymbol{a}_C| \\
&= 2k |\boldsymbol{\Omega} \times \boldsymbol{v}|
\end{aligned}
$$

因为 $\boldsymbol{\Omega}$ 是陀螺灵敏轴的旋转角速率，$\boldsymbol{v}$ 是正交的，即

$$|\boldsymbol{\Omega} \times \boldsymbol{v}| = \boldsymbol{\Omega} |\boldsymbol{v}|$$

所以

$$
\begin{aligned}
V_{\text{gyro}} &= 2k_C \boldsymbol{\Omega} |A\omega_n \sin(\omega_n t)| \\
&= 2k_C A\omega_n \boldsymbol{\Omega} \\
&= K_C \boldsymbol{\Omega}
\end{aligned}
$$

式中：K_C 为校准常数；$\boldsymbol{\Omega}$ 表示灵敏轴角速度的大小和方向。

速率陀螺的输出可以建模为

$$\gamma_{\text{gyro}} = k_{\text{gyro}} \boldsymbol{\Omega} + \beta_{\text{gyro}} + \eta'_{\text{gyro}}$$

式中：γ_{gyro}相当于测量的旋转速度，单位为 V；k_{gyro}是把速率单位 rad/s 转换为 v/s 的增益；$\boldsymbol{\Omega}$ 是角速率，单位是 rad/s；β_{gyro}为偏项，η'_{gyro}是均值为零的高斯噪声。增益 k_{gyro}的近似值应当在传感器的数据手册中给出。为了确保测量精确，增益值应该通过实验校准确定。偏置项 β_{gyro}严重依赖于温度，所以在每一次飞行前进行校准。对于低成本的 MEMS 陀螺，偏置项的漂移是很明显的，在飞行中，必须考虑周期性的零陀螺偏差。通过水平直线飞行，同时重新设置陀螺偏差使得 γ_{gyro}在采样过程中平均为零。

为了仿真，我们在自动驾驶仪里建立校准陀螺信号的模型。速率陀螺的信号从由传感器产生的模拟信号转换成自动驾驶仪里的数值式角速度（单位为 rad/s）。假设陀螺已经被校准，因此，通常情况下，传感器的角速度 1rad/s 导致自动驾驶仪的角速度 1rad/s（即物理的速率到自动驾驶仪内的数字化表示形式之间的增益为 1），同时偏置项也已经从测量值中估计和提取出来。通常通过沿着 MAV 的 $\boldsymbol{i}^b$，$\boldsymbol{j}^b$，$\boldsymbol{k}^b$ 轴线方向校准一个陀螺仪的灵敏轴，且用三个陀螺仪测量每个机体轴线的角速率。这些速率陀螺仪测量的机身角速率可以表示为

$$
\begin{cases}
y_{\text{gyro},x} = p + \eta_{\text{gyro},x} \\
y_{\text{gyro},y} = q + \eta_{\text{gyro},y} \\
y_{\text{gyro},z} = r + \eta_{\text{gyro},z}
\end{cases}
\tag{7.5}
$$

式中：$y_{\text{gyro},x}$，$y_{\text{gyro},y}$ 和 $y_{\text{gyro},z}$ 为角速率测量值，单位为 rad/s；变量 $\eta_{\text{gyro},x}$，$\eta_{\text{gyro},y}$ 和 $\eta_{\text{gyro},z}$表示均值为零的高斯过程，方差为 $\sigma^2_{\text{gyro},x}$，$\sigma^2_{\text{gyro},y}$和 $\sigma^2_{\text{gyro},z}$。MEMS 陀螺是通过自动驾驶仪微控制器采样的模拟设备，我们假设采样率为 T_s。

7.3 压强传感器

压强通常和流体联系在一起，定义为作用在表面上每一单元的力。压强的

作用方向是对着所施加的物体表面的。我们用压强的测量值来提供飞机的高度和气流速度。为了测量高度和空速,分别用绝对压力传感器和差压传感器。

7.3.1 高度测量

通过测量大气压强,可以推断出高度的测量值,流体静力学的基本方程为

$$P_2 - P_1 = \rho g(z_2 - z_1) \tag{7.6}$$

这种关系假设测试点间流体的密度是常数。虽然大气中的空气是可以压缩的,从海平面到现在飞机可以飞行的高度,气压密度有明显的变化,式(7.6)的流体静力学关系在高度变化比较小,气压密度基本为常数的情况下还是很有用的。

我们主要关注于飞机在地面上的高度和相应的压强变化。通过式(7.6),压强变化归结于高度变化,关系式为

$$\begin{aligned} P - P_{\text{ground}} &= -\rho g(h - h_{\text{ground}}) \\ &= -\rho g h_{AGL} \end{aligned} \tag{7.7}$$

式中:h 为飞机的绝对高度;h_{ground}为地面的绝对高度;$h_{AGL} = h - h_{\text{ground}}$,$h$ 和 h_{ground}都是相对于海平面测量的。P 是相应的绝对压强测量。式(7.6)和式(7.7)的符号差别在于深度 z 是往下为正的测量而高度 h 是往上为正的测量。地平面上高度的减少导致了测量压力的增加。实现的时候,P_{ground}是起飞前在地平面测量的大气压强,ρ 是飞行地方的空气密度。

式(7.7)假设测量范围的空气密度是常数,实际上,它随着天气状况和高度而变化。假设在飞行过程中天气状况是不变的,那么,改变空气密度的作用来自于随着高度变化的压力和温度。

在海平面以上,低于 11000m 的高空,大气的压力可以通过气压公式计算(见文献[31])。这个公式考虑了高度和温度的降低所导致的密度和压力变化,公式为

$$P = P_0 \left[\frac{T_0}{T_0 + L_0 h_{\text{ASL}}}\right]^{\frac{gM}{RL_0}} \tag{7.8}$$

式中:$P_0 = 101,325\text{N/m}^2$ 为海平面标准压强;$T_0 = 288.15\text{K}$ 为海平面标准温度;$L_0 = -0.0065\text{K/m}$ 为直减率或者低压中温度减少的速率;$g = 9.80665\text{m/s}^2$ 为重力加速度;$R = 8.31432\text{N}\cdot\text{m/(mol}\cdot\text{K)}$ 为通用气体常数;$M = 0.0289644\text{kg/mol}$ 为标准大气摩尔质量。高度 h_{ASL}以海平面为参照物。

如图 7.3 所示,通过比较式(7.7)和式(7.8)计算出的压强,可以推断出密度是恒定的。在整个高度范围,气压公式都是有效的,压强和高度的关系不再是线性的,因此式(7.7)的线性近似不再成立。但是,图 7.3 右边的图表示在窄的高度范围对小无人机是相同的,可以用线性近似来获得合理的精度。对这个特殊的图,在式(7.7)中,令 $h_{\text{ground}} = 0$,空气密度用海平面上的空气密度计算。

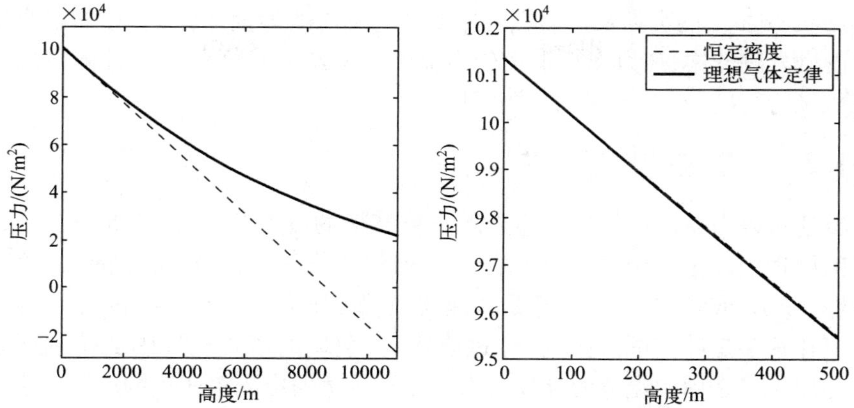

图 7.3　用恒定密度和可变密度计算大气压强的比较图

利用式(7.7),通过压力来精确计算高度的关键是需要精确测量在飞行位置点的空气密度。由于

$$\rho = \frac{MP}{RT}$$

利用上面的通用气体常数和大气的摩尔质量,这可以由理想气体定律和飞行过程中的局部温度测量以及气压确定。注意到在这个公式中,温度的单位是开。从华氏到开氏的转化式为

$$T[\mathrm{K}] = \frac{5}{9}(T[\mathrm{F}] - 32) + 273.15$$

大气压强的单位为 $\mathrm{N/m^2}$,标准大气压强描述的是数英寸的水银产生的压强。转换因子为 $1\mathrm{N/m^2}$ 等于 3385 英寸的水银。

在实际中,可以通过测量绝对压强来指示飞机在地平面的高度。图 7.4 给出了绝对压强传感器的原理图。绝对压强传感器包括两个体积块,中间由隔板分开,左边通着空气,周围空气的压强变化会导致隔板偏转,通过计算这些偏差,可以得到与感应压强成正比的信号。

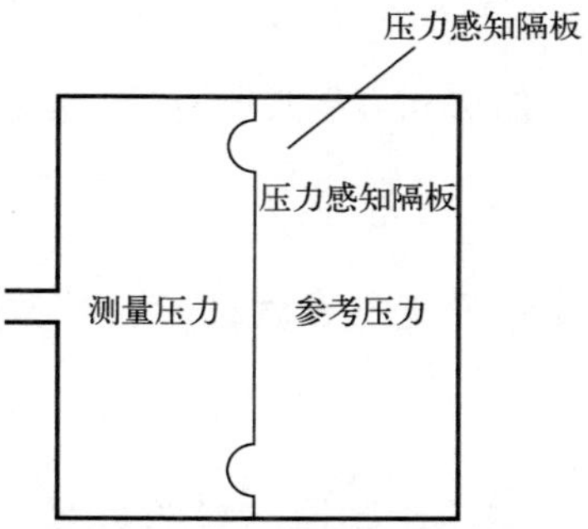

图 7.4　绝对压强传感器原理图

由式(7.7)可以推导出,测量的绝对压强传感器的输出由下面的表示式给出:

$$\begin{aligned} y_{\text{abspres}} &= (P_{\text{ground}} - P) + \beta_{\text{abspres}} + \eta_{\text{abspres}} \\ &= \rho g h_{\text{AGL}} + \beta_{\text{abspres}} + \eta_{\text{abspres}} \end{aligned} \tag{7.9}$$

式中:h_{AGL} 为地面以上的高度;β_{abspres} 为与温度有关的偏压漂移;η_{abspres} 为均值是

零、方差是 $\sigma^2_{\text{abspres}}$ 的高斯噪声;P_{ground} 为飞机起飞前的地面压强,它存储在自动驾驶仪的微处理器中;P 为飞行中由传感器测出的绝对压强。这两种测量的差分和飞机飞行高度(相对地平面)成正比。

7.3.2 空速传感器

空速可以由全静压管探针连着差压传感器的设备测量,图 7.5 给出了这种设备的原理图。全静压管有两个端口:一端通着全压;另一端通着静压。全压也称为驻点压力或者皮托压力,它是探测器顶端的压力,通着即将到来的气流。这种气流在顶端是停止的。因此,经过堵塞后,顶端的压强比周围流体的压强要高。静压仅仅是周围流体的外界压力。差压传感器中隔板两边的压强差引起隔板偏移,产生的隔板张力与压强差成正比。测量过这个张力,产生了表示压强差的电压输出。

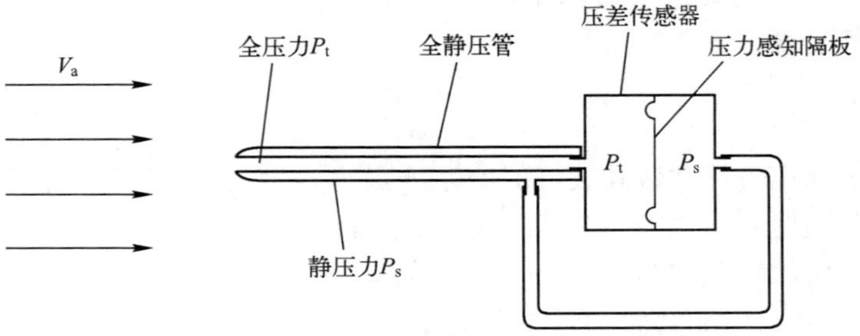

图 7.5 全静压管和差压传感器原理图(不按比例)

伯努利方程表明总压是静压和全压之和,有下面的方程:

$$P_t = P_s + \frac{\rho V_a^2}{2}$$

式中:ρ 为空气密度;V_a 为 MAV 的空速,对上面的方程移向,得到

$$\frac{\rho V_a^2}{2} = P_t - P_s$$

这是差压传感器测量的数量。用正确的校准方法,可以把传感器的电压输出转换成微控制器里表示压强的数,其单位为 N/m^2,建立差压传感器输出模型:

$$y_{\text{diffpres}} = \frac{\rho V_a^2}{2} + \beta_{\text{diffpres}} + \eta_{\text{diffpres}} \tag{7.10}$$

式中:β_{diffpres} 为与温度有关的偏压漂移;η_{diffpres} 为均值是零、方差是 $\sigma^2_{\text{diffpres}}$ 的高斯噪声。绝对压力传感器和差压传感器是由机载处理器以和主自动驾驶仪闭环系统相同更新率采样的模拟设备。

7.4 数字指南针

很久以来，地球的磁场一直被用作导航辅助设备，最早的磁罗盘大约起源于公元1世纪的中国。到了公元11世纪，指南针开始出现在欧洲；15世纪末，克里斯托弗·哥伦布和其他的探险家也开始使用指南针。地球的磁场继续为各种交通工具提供导航方式，包括无人驾驶机。

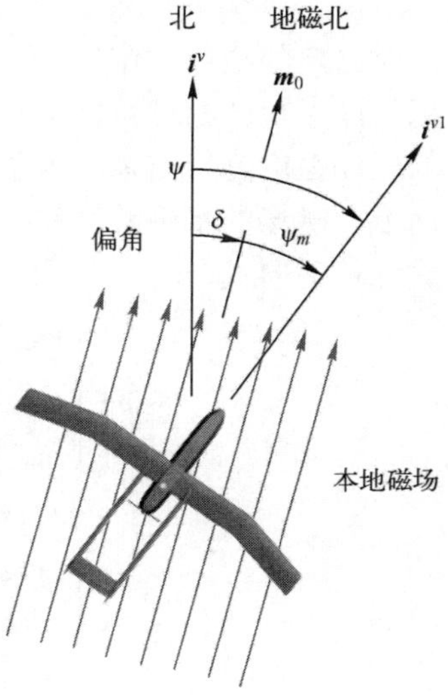

图 7.6　磁场和指南针测量

在赤道附近平行地球表面或者在极点的地球表面，地球周围的磁场和磁场的磁偶极子类似。除了极点附近外，地球的磁场指向地磁北极。指南针局部测量了磁场的方向，同时提供了相对磁北指示 ψ_m。这个参见图7.6。倾斜角 δ 是地理北极和地磁北极之间的夹角。

地球的磁场是三维的，它有随着地球表面位置变化的向北、向东和向下三个分量。例如，在美国犹他州的普若佛，磁场的向北分量为21 053nT，向东分量为4520T以及向下分量为47 689nT，倾斜角为12.12°。图7.7显示了地球表面的倾斜角以及磁北方向严重依赖于位置。倾斜角是磁场和水平面的夹角。在普若佛，倾斜角为65.7°。

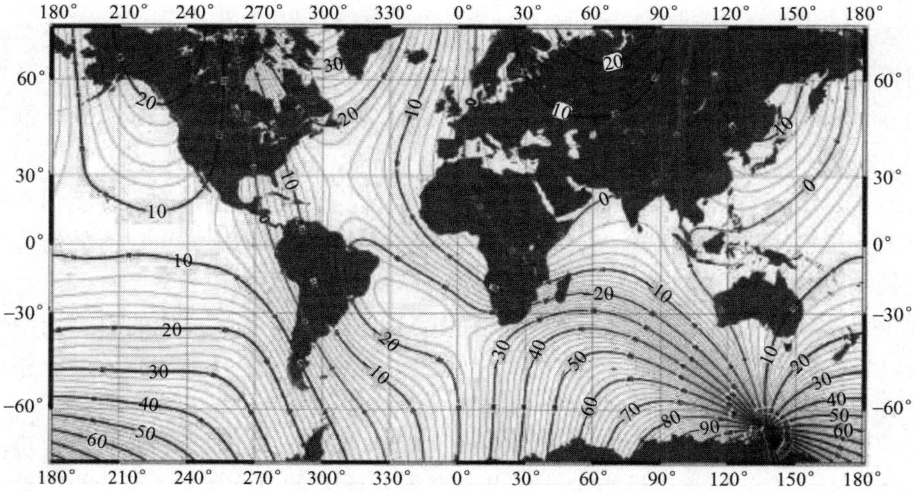

图 7.7　根据文献[32]改编的世界磁场模型，其中美国、英国的磁场减弱图

现代数字指南针用三轴磁力计测量三个正交轴的磁场。在无人机应用中，这些测量轴总是和飞机的机身对齐。如果飞机水平飞行，那么只需要测量两个感应轴的磁向，但是如果飞机倾斜，就需要测量飞机的另一个磁向。

从图 7.6 可以看出，方位角是倾斜角和磁航向测量的总和

$$\psi = \delta + \psi_m \tag{7.11}$$

对给定的经纬度位置，可以通过世界磁性模型计算它的倾斜角，世界磁性模型可从国家地球物理数据中心获得，见文献[32]。磁向可以通过沿着机身框架轴的磁场强度测量出来。为了做到这点，我们把磁场的机身框架测量投影到水平面上。磁场的水平分量和 $\boldsymbol{i}^{v1}$ 轴的夹角就是磁向。数学上，可以通过下面的表达式计算磁向：

$$\begin{aligned}
m_0^{v1} &= \begin{pmatrix} m_{0x}^{v1} \\ m_{0y}^{v1} \\ m_{0z}^{v1} \end{pmatrix} = \mathcal{R}_b^{v1}(\phi,\theta)\boldsymbol{m}_0^b \\
&= \mathcal{R}_{v2}^{v1}(\theta)\mathcal{R}_b^{v2}(\phi)\boldsymbol{m}_0^b \\
&= \begin{pmatrix} \cos\theta & 0 & \sin\theta \\ 0 & 1 & 0 \\ -\sin\theta & 0 & \cos\theta \end{pmatrix}\begin{pmatrix} 1 & 0 & 0 \\ 0 & \cos\phi & -\sin\phi \\ 0 & \sin\phi & \cos\phi \end{pmatrix}\boldsymbol{m}_0^b
\end{aligned}$$

$$\begin{pmatrix} m_{0x}^{v1} \\ m_{0y}^{v1} \\ m_{0z}^{v1} \end{pmatrix} = \begin{pmatrix} c_\theta & s_\theta s_\phi & s_\theta c_\phi \\ 0 & c_\phi & -s_\phi \\ -s_\theta & c_\theta s_\phi & c_\theta c_\phi \end{pmatrix}\boldsymbol{m}_0^b \tag{7.12}$$

而且

$$\psi_m = -\arctan2(m_{0y}^{v1}, m_{0x}^{v1}) \tag{7.13}$$

这些方程中，$\boldsymbol{m}_0^b$ 是一个包含机载磁场的机身测量框架的矢量。用两个参数的符号确定返回值的象限，可以看到，四象限的反正切函数 $\arctan2(y,x)$ 在 $[-\pi,\pi]$ 又回到反正切 y/x。当 $\boldsymbol{m}_0^b$ 投影到水平面上，产生的磁场水平分量为 m_{0x}^{v1} 和 m_{0y}^{v1}。注意水平飞行时（$\phi=\theta=0$），$m_0^{v1}=m_0^b$。

实际上，磁力计和数字指南针的应用很有挑战性，这主要是因为传感器对电磁干扰很敏感。在飞机上，精心部署传感器尤为关键，因为这样可以有效避免驱动控制、伺服系统、电源线的干扰。磁力计对来自于电源线和天气系统的干扰也很敏感。制造商在把磁力计、信号调节和微处理器包装成单芯片的数字指南针时，已经表明了这些挑战。这些数字指南针复杂性各异，全功能版本的数字指南针合并了来自于经度和纬度数据的倾斜补偿和自动倾斜计算。

为了创建一个用于仿真目的的传感器模型，根据倾斜角的不确定性，合理的数字指南针模型通常假设指南针给出一个带有误差的真实航向，所带的误差来源于倾斜角的不确定性和磁力计传感器的噪声。数学上，可以表示为

$$y_{mag} = \psi + \beta_{mag} + \eta_{mag} \tag{7.14}$$

式中：η_{mag}为高斯过程，其均值为零，方差为 σ^2_{mag}，偏差是 β_{mag}。数字指南针以采样率为 T_s 与自动驾驶仪的串行链路通信。

7.5 全球定位系统

全球定位系统是基于卫星的导航系统，它提供地球表面上或者地球表面附近物体的三维位置信息。导航星系统是由美国国防部发明的，自 1993 年以来，得到了充分的应用。对无人机的来讲，GPS 系统发展的可用性起到至为关键的作用。对于小无人机，它曾经是、以后依然会是一种关键的支撑技术。本节简单介绍 GPS 位置传感的简要描述，同时介绍用于合理仿真的 GPS 位置感知模型。

GPS 系统的核心是在 20190km 的高度上，24 个围绕着地球轨道连续运行的卫星的星群。卫星轨道的配置是设计出来的，因此，地球表面上的每一个点最少都由四个卫星观测的。通过测量最少四个卫星从地球表面或者地球附近到接收器的飞行时间，在三维空间，就可以确定接收器的位置。用无线电波信号的飞行时间来确定每一个卫星和接收器之间的距离。由于卫星时钟和接收器时钟存在着同步误差，根据飞行时间测量估计的距离称为伪距，以此区别于真正的距离。

由于卫星和接收器之间的时钟同步误差，因此我们需要四个独立的伪距测量来三角化接收器的位置，见图 7.8。为什么需要四个伪距测量？我们知道，在一条线上，根据一个已知位置的距离测量，可以定位这条线上的其他点。两个距离测量可以定位二维平面上的一个点，同样，三个波幅测量可以定位三维球面上的一个点。因此，为了解决三维平面以及一个接收器时钟补偿误差的定位问题，最少需要四个测量。四个不同卫星的几何学以及伪距测量形成的四个非线性代数方程有四个未知数：纬度、经度、GPS 接收器的高度以及接收器时钟时间补偿[33]。

7.5.1 GPS 测量误差

GPS 位置测量的精度通常由卫星伪距测量的精度和获取这些伪距测量的卫星几何学决定。卫星几何学的影响通常考虑到精度衰减因子（DOP）。伪距精度则受到每一个卫星飞行测量时间误差的影响。考虑到卫星的电磁信号以光速运行，小的定时误差可以导致明显的定位误差。例如，仅有 10ns 的定时误差导致的定位误差是 3m。以下章节简要介绍飞行过程中的误差源，具体信息详见参考文献[33,34]。

1. 星历表数据

卫星星历表是卫星轨道的数学描述。接收器位置的计算需要已知卫星的位置。伪距计算的星历表误差归结于卫星传输位置的不确定性。典型的距离误差

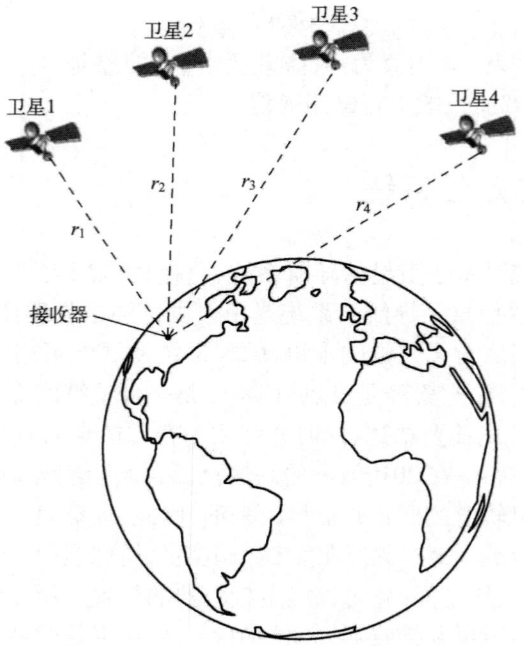

图 7.8　用来三角化接收器位置的四个卫星的伪距测量

通常为 1 ~5m。

2. 卫星时钟

GPS 卫星会用到铯和铷原子时钟，在漫长的一天，会产生 10ns 的误差，从而会导致 3.5m 的误差。考虑到时钟每 12 个小时自我更新一次，卫星时钟误差平均会导致 1 ~2m 的定位误差。

3. 电离层

电离层是地球大气层的最顶层，那里存在着大量的自由电子，会导致 GPS 信号传输的延迟。虽然接收器根据 GPS 信息，会校准延迟，但是，以光速运行通过电离层的误差是 GPS 测量的最大距离误差源。误差通常为 2 ~5m。

4. 对流层

对流层是地球大气层的最底层，从地球表面延伸到 7 ~20km 的高度。绝大部分的大气层都在对流层，同时，地球上几乎所有的天气活动都发生在对流层。对流层上的温度、压强和湿度变化都会影响到光速，因而会影响到飞行时间和伪距估计。通过对流层光速的不确定性会导致大约 1m 的距离误差。

5. 多路径信号接收

当一个 GPS 接收器接收到掩盖了真实信号的反射信号时，就会导致多路径误差。对于定位在大的反射平面附近的静态接收器，多路径误差尤为显著。很多情形下，多路径误差都是在 1m 以下。

6. 接收器测量

接收器测量误差源于求解卫星信号时间的先天性局限。信号跟踪和信号处理的改善导致的现代接收器可以计算出精度很高的信号时序,同时使距离误差小于0.5m。

来自于以上讨论的伪距误差源在统计学上被视为不相关的,因此可以用平方和的平方根相加获得。伪距测量的每一种误差源的累积效应叫作等效用户距离误差。帕金森[34]把这些误差描述为不同偏置和随机噪声的组合。表7.1给出了这些误差的大小。最近的出版物表明,随着误差模型和接收器技术的改进,近年来测量精度也得到了改进,大约为4.0m($1-\sigma$)[33]。

对单个卫星,上面描述的伪距误差源有助于等效用户波幅误差的距离估计。GPS系统的另一个定位误差源来自于用于计算接收器位置的卫星几何形状。这个卫星几何误差用称为精度衰减因子(DOP)的单因子表示[33]。DOP值描述了定位误差的增加归结于卫星在星座中的定位。一般情况下,一组可见的卫星:如果两两位置比较靠近,GPS位置估计就会导致较高的DOP值;如果两两比较分散,GPS位置估计就会导致较低的DOP值。

文献中,有很多不同的DOP术语定义。我们比较关注的是水平DOP(HDOP)和垂直DOP(VDOP)。HDOP描述了卫星几何在水平面上对GPS位置测量精度的影响,而VDOP则显示了卫星几何在垂直面上对GPS位置测量精度的影响。因为DOP依赖于可见卫星的数目和外形,因此它随时间连续变化。在露天场地,卫星基本都是可见的,名义上,HDOP值为1.3,VDOP值为1.8[33]。

GPS位置测量总的误差会考虑到UERE和DOP。东北面上,均方根误差的标准偏差为

$$\begin{aligned} E_{\mathrm{n-e,rms}} &= \mathrm{HDOP} \times \mathrm{UERE}_{\mathrm{rms}} \\ &= 1.3 \times 5.1\mathrm{m} \\ &= 6.6\mathrm{m} \end{aligned} \tag{7.15}$$

类似地,均方根高度误差的标准偏差为

$$\begin{aligned} E_{\mathrm{h,rms}} &= \mathrm{VDOP} \times \mathrm{UERE}_{\mathrm{rms}} \\ &= 1.8 \times 5.1\mathrm{m} \\ &= 9.2\mathrm{m} \end{aligned} \tag{7.16}$$

这些表达式表明,对于单个接收器位置测量,误差大小是可以估计的。正如表7.1所示,这些误差包含了统计上独立的慢变偏差和随机噪声。技术上,可以用差分GPS来减少GPS位置测量的偏差分量。

表7.1 标准伪距误差模型($1-\sigma$m)[34]

误差源	偏　差	随机值	总偏差
星历数据	2.1	0.0	2.1

（续）

误差源	偏　差	随机值	总偏差
卫星钟	2.0	0.7	2.1
电离层	4.0	0.5	4.0
对流层监控	0.5	0.5	0.7
多路径	1.0	1.0	1.4
接收器测量	0.5	0.2	0.5
UERE,rms	5.1	1.4	5.3
过滤的 UERE,rms	5.1	0.4	5.1

7.5.2 GPS 定位误差的瞬时特性

通过前面的讨论,已经可以很好地了解 GPS 测量中涉及的定位误差的均方差大小。为了仿真目的,不仅需要知道误差大小,还需要知道误差的动态特征。参考式(7.15),假设水平位置误差包括北向位置误差和东向位置误差,这两个误差相互独立但是大小相同,可以计算出北向误差和东向误差大小为 4.7m。北向、东向以及高度误差由一个随着随机噪声渐渐变化的误差组成。例如,基于 VDOP 为 1.8 和 UERE 值(见表 7.1),我们通过 GPS,可以近似地建立高度位置误差模型,它的均值为零,偏差为 9.2m,随机噪声分量为 0.7m。

为了建立具有瞬时特征的误差模型,我们按照文献[37]的方法,建立高斯马尔可夫过程的误差模型,这个模型为

$$v[n+1] = e^{-k_{GPS}T_s}v[n] + \eta_{GPS}[n] \tag{7.17}$$

式中:$v[n]$为待建立的误差模型;$\eta_{GPS}[n]$为零均值高斯白噪声;$1/k_{GPS}$为过程的时间常数;T_s 为采样时间。图 7.9 显示了根据式(7.17),采取高斯马尔可夫 GPS 高度误差模型导致的结果。在 12h 中,误差的标准偏差为 9.4m。误差噪声分量的标准偏差为 0.69m。上面的图显示了 12 个小时区间的误差,下面的图表明了 100s 时间段的误差。表 7.2 给出了建立了 GPS 误差模型的高斯马尔可夫过程参数。

表 7.2　高斯马尔可夫误差模型参数

	名义误差		模型参数		
方向	偏差	随机	Std. Dev. η_{GPS}(m)	$1/k_{GPS}$(s)	T_s(s)
北	4.7	0.4	2.1	16,000	1.0
东	4.7	0.4	2.1	16,000	1.0
高度	9.2	0.7	4.0	16,000	1.0

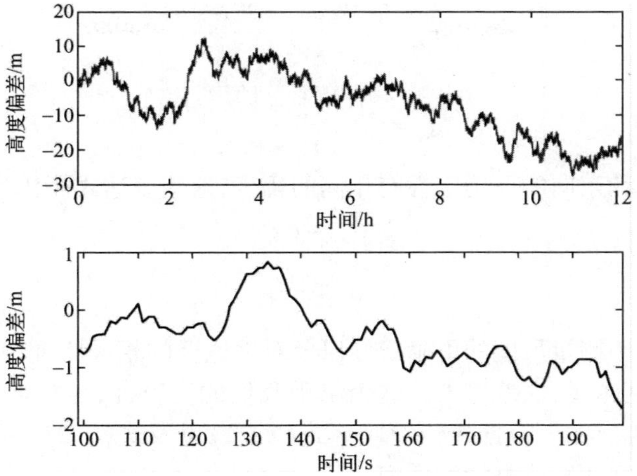

图 7.9 高斯马尔可夫模型的 GPS 高度位置误差示例

利用式(7.17)的误差模型和表 7.2 的参数,可以用 GPS 创建北向、东向和高度的位置误差模型:v_n,v_e 和 v_h。相应地,我们给出一个用于合理仿真目的 GPS 测量模型:

$$y_{GPS,n}[n] = p_n[n] + v_n[n] \tag{7.18}$$

$$y_{GPS,e}[n] = p_e[n] + v_e[n] \tag{7.19}$$

$$y_{GPS,h}[n] = -p_d[n] + v_h[n] \tag{7.20}$$

式中:p_n,p_e 和 h 分别为实际的地球坐标系和海平面高度;n 为采样索引。小 UAV 接收器测量 GPS 的频率通常为 1Hz。与小的 UAV 应用相配的新系统可以提供频率为 5Hz 的 GPS 测量。

7.5.3 GPS 速率测量

通过 GPS 卫星信号的载波相位多普勒测量,计算出的接收器速率标准偏差在 0.01~0.05m/s。很多现代的 GPS 接收器芯片提供速率信息作为输出数据包的一部分,此外,它们提供水平对地速度和地面上航迹的信息。通过 GPS 的北速率分量和东速率分量,可以计算出水平对地速度和航迹:

$$V_g = \sqrt{V_n^2 + V_e^2} \tag{7.21}$$

$$\chi = \arctan\left(\frac{V_n}{V_e}\right) \tag{7.22}$$

式中

$$V_n = V_a\cos\psi + \omega_n, V_e = V_a\sin\psi + \omega_e$$

利用不确定分析的基本原理,飞机相对地平面的飞行速度和路程测量的不确定性为

$$\sigma_{V_g}=\sqrt{\frac{V_n^2\sigma_{V_n}^2+V_e^2\sigma_{Ve}^2}{V_n^2+V_e^2}}$$

$$\sigma_\chi=\sqrt{\frac{V_n^2\sigma_{Ve}^2+V_e^2\sigma_{Vn}^2}{(V_n^2+V_e^2)^2}}$$

如果北向和东向的不确定性有相同的幅度,这些表达式简化为

$$\sigma_{V_g}=\sigma_V \tag{7.23}$$

$$\sigma_\chi=\frac{\sigma_V}{V_g} \tag{7.24}$$

注意到航迹测量尺度的不确定性以及对地速度的相反性,也就是速度越快,误差越小,速度越慢,误差越大。这个出乎我们的意料,因为对于一个静态的物体,航迹是不确定的。根据式(7.21)~式(7.22)以及式(7.23)~式(7.24),可以建立对地速度和航迹测量的模型:

$$y_{\mathrm{GPS},V_g}=\sqrt{(V_a\cos\psi+\omega_n)^2+(V_a\sin\psi+\omega_e)^2}+\eta_V \tag{7.25}$$

$$y_{\mathrm{GPS},\chi}=a\tan2(V_a\sin\psi+\omega_e,V_a\cos\psi+\omega_n)+\eta_\chi \tag{7.26}$$

式中:η_V 和 η_χ 为高斯过程,均值为零,方差为 $\sigma_{V_g}^2$ 和 σ_χ^2。

7.6 本章小结

本章介绍了通常用于小无人机上的传感器,同时提出了用于仿真,分析和观察设计目的的模型。仿真模型以传感器误差和它们高效的更新速率为特征。我们主要研究了用于飞机导航、制导和控制的传感器,包括加速器、速率陀螺、绝对压力传感器、微分压力传感器、磁力计和 GPS。第 13 章会讨论相机传感器。

注释和参考文献

由于体积小,而且质量轻,这些用于小无人驾驶机的加速度计、速率陀螺和压力传感器通常都是基于 MEMS 技术。文献[39,40,41]很好地概述了这些装置,一些文本介绍了 GPS 的发展,位置误差模型的细节知识参见文献[33,34,35,36]。如果对设备感兴趣,可以在制造商数据手册中找到传感器模型的特定信息。

7.7 设计项目

方案的目标是在 MAV 的仿真模型中加入传感器。

7.1 从网站下载与本章相关的文件,注意到我们在传感器上加了一个块,

它包含两个文件：sensor. m 和 gps. m。文件 sensor. m 建立所有的传感器以速率 T_s 更新的模型，gps. m 建立 GPS 传感器以速率 $T_{s,gps}$ 更新的模型。

7.2 用附录 H 所列的传感器参数，修改 sensor. m，仿真实现速率陀螺（式(7.5)），加速器（式(7.3)）和压力传感器（式(7.9)和式(7.10)）的输出。

7.3 用附录 H 所列的传感器参数，修改 gps. m，仿真实现 GPS 传感器（式(7.18)～式(7.20)）的位置测量输出和 GPS 传感器（式(7.25)～式(7.26)）的对地速度和航道输出。

7.4 用仿真的视野，观察每个传感器的输出，同时验证它的符号和大小以及波形形状的准确性。

第8章 状态估计

在第6章设计的自动驾驶仪假定了系统的状态如转动、倾斜是可以随时反馈的。然而MAV飞行控制的挑战之一就是传感器不能有效直接衡量转动和倾斜。因此,本章的目标描述一种技术,这种技术可以通过第7章中描述的传感器测量方法来估计小型或微型飞机的状态。因为速率陀螺可以衡量机身骨架转动的滚转速率,那么状态p,q和r可以通过低通滤波速率陀螺来重新获取。因此,我们通过在8.2节中讨论低通滤波器的数字化安装实施来开始本章。8.3节描述一种简单的状态估计机制,该机制基于数字反向传感器模型。然而,这种机制不能解释系统的动态性,因此它不能很好地应用于全部范围的飞行条件。于是,在8.4节中我们介绍了动态观测器理论作为我们讨论卡尔曼滤波器的铺垫。8.5节给出卡尔曼滤波器的数学来源。对那些不常见的随机过程,附录G提供了一个基本概念的综述,这些基本概念来自于概率理论,并且关注高斯随机过程。本章最后两节描述了卡尔曼滤波器的应用。8.6节设计了扩展的卡尔曼滤波器来估计MAV的滚转和俯仰姿态。在8.7节,扩展版的卡尔曼滤波器用来估计MAV的位置、对地速率、航迹和航向,以及风的速度和方向。

8.1 基准机动飞行

为了说明本章列举的不同的估计机制,我们将用一种包括所有状态的机动飞行。最初,微型飞机是处在机翼水平、在高度为100m的平衡飞行状态,空速为10m/s。这种机动定义空速指令为10m/s,高度和航向指令如图8.1所示。

用相同基准的机动飞行来估计本章所提到的不同估计量,就可以评价它们的相关性能。基准机动飞行同时指定飞机的纵向和横向运动,因此要让任何对敏感性有重大影响的估计量处于去耦动力学假设中。

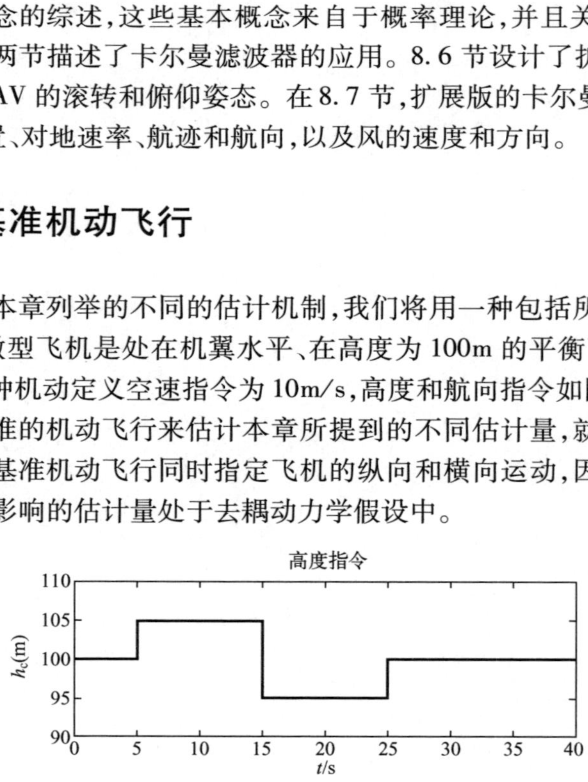

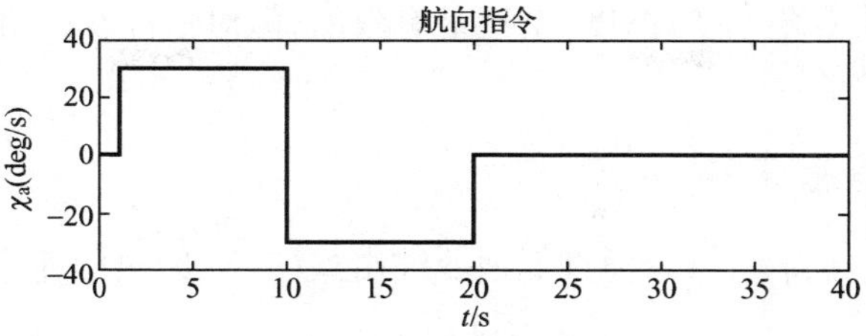

图 8.1　高度和航向指令，它们定义了机动性的基准，并用来评估和调整状态估计机制

8.2　低通滤波器

因为在本章中描述的某些估计机制需要低通滤波传感器信号，所以本部分描述了单极低通滤波器的数字化实现。在截止频率为 a 时，一种简单统一增益的低通滤波器的拉普拉斯变换表示如下：

$$Y(s) = \frac{a}{s+a}U(s)$$

式中：$U(s) = \mathcal{L}\{u(t)\}$，$u(t)$ 是滤波器的输入量；$Y(s) = \mathcal{L}\{y(t)\}$，$y(t)$ 是输出量。通过拉普拉斯逆变换得出

$$\dot{y} = -ay + au \tag{8.1}$$

众所周知，根据线性系统理论，式(8.1)的抽样数据结果如下：

$$y(t+T_S) = \mathrm{e}^{-aT_S}y(t) + a\int_0^{T_S}\mathrm{e}^{-a(T_S-\tau)}u(t)\mathrm{d}\tau$$

在取样周期中，假设 $u(t)$ 是常量，则结果表示为

$$\begin{aligned} y[n+1] &= \mathrm{e}^{-aT_S}y[n] + a\int_0^{T_S}\mathrm{e}^{-a(T_S-\tau)}\mathrm{d}\tau u[n] \\ &= \mathrm{e}^{-aT_S}y[n] + (1-\mathrm{e}^{-aT_S})u[n] \end{aligned} \tag{8.2}$$

如果让 $\alpha_{\mathrm{LPF}} = \mathrm{e}^{-aT_S}$，则得到其简单形式：

$$y[n+1] = \alpha_{\mathrm{LPF}}y[n] + (1-\alpha_{\mathrm{LPF}})u[n]$$

我们注意到该方程有着非常好的物理解释：y（过滤值）的新值是旧值 y 和 u（未过滤值）的加权平均值。如果 u 是含有噪声的，那么 $\alpha_{\mathrm{LPF}} \in [0,1]$ 应该接近 1。相反，如果 u 是相对无噪声的，那么 α 应该接近 0。

我们将用符号 LPF(·)来表达低通滤波器的运算。因此，$\hat{x} = \mathrm{LPF}(x)$ 就是 x 的低通滤波器版本。

8.3　逆推传感器模型状态估计

本节将基于逆推第 7 章提到的传感器模型，推导出最简单的可能状态估计

机制。这种方法对角速率、高度、空速是有效的,但对估计欧拉角、微型飞机的位置和航迹是无效的。

8.3.1 角速率

估计角速率 p,q,r,可以通过低通滤波由式(7.5)给出的速率陀螺信号:

$$\hat{p} = \mathrm{LPF}(y_{\mathrm{gyro},x}) \tag{8.3}$$

$$\hat{q} = \mathrm{LPF}(y_{\mathrm{gyro},y}) \tag{8.4}$$

$$\hat{r} = \mathrm{LPF}(y_{\mathrm{gyro},z}) \tag{8.5}$$

对于8.1节中讨论的基准飞行,p,q,r 的估计误差如图8.2所示。从图中可以看出,低通滤波陀螺测量值得到了可以接受的 p,q,r 估计值。

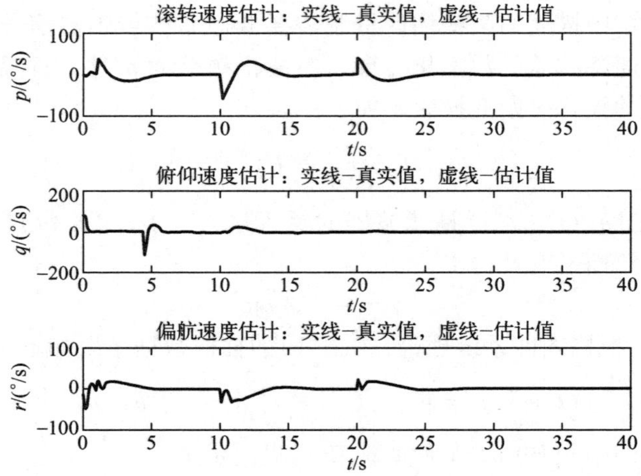

图8.2 通过低通滤波速率陀螺获得的角速率的估计误差

8.3.2 高度

从绝对压强传感器中可以得到高度的估计。把低通滤波器应用于式(7.9)再除以 pg,可以得到

$$\hat{h} = \frac{\mathrm{LPF}(y_{\mathrm{static\ pres}})}{pg} \tag{8.6}$$

8.3.3 空速

把低通滤波器应用于式(7.10)表示的压差传感器可以估计出空速,然后逆推可以得到

$$\hat{V}_a = \sqrt{\frac{2}{\rho}\mathrm{LPF}(y_{\mathrm{diff\ pres}})} \tag{8.7}$$

在 8.1 节中讨论的基准飞行，对高度和空速的估计如图 8.3 所示，且有实际数据。如图 8.3 所示，逆推传感器模型可以得出一个关于高度和空速的较为精确的模型。

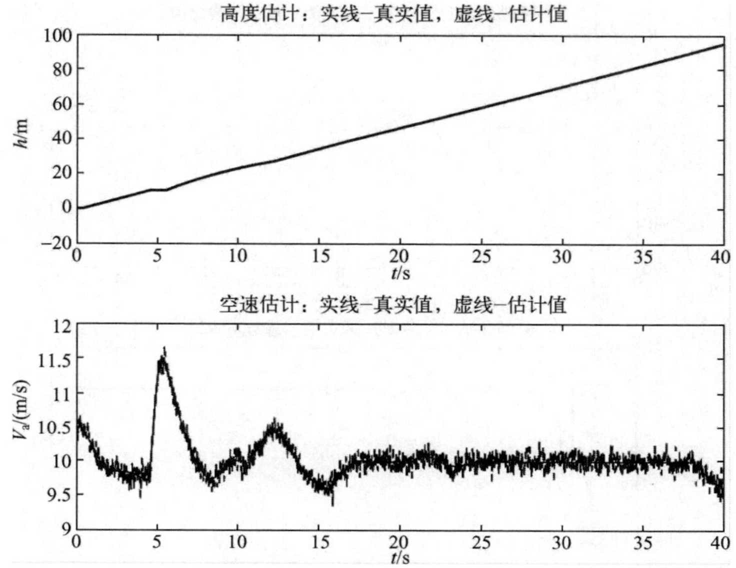

图 8.3　通过对压强低通滤波和逆推传感器模型得出的高度和空速的估计误差。对于高度和空速来说，该简单机制有很高的准确度

8.3.4　转动和倾斜角度

转动角度和倾斜角度是小型无人机中最难估计的变量。一种未加速飞行时的有效的简单机制可从式(7.1)中得出：

$$y_{\text{accel},x} = \dot{u} + q\omega - rv + g\sin\theta + \eta_{\text{accel},x}$$

$$y_{\text{accel},y} = \dot{v} + ru - p\omega - g\cos\theta\sin\phi + \eta_{\text{accel},y}$$

$$y_{\text{accel},z} = \dot{\omega} + pv - qu - g\cos\theta\cos\phi + \eta_{\text{accel},x}$$

在未加速飞行中有$\dot{u} = \dot{v} = \dot{\omega} = p = q = r = 0$，这意味着

$$\text{LPF}(y_{\text{accel},x}) = g\sin\theta$$

$$\text{LPF}(y_{\text{accel},y}) = -g\cos\theta\sin\phi$$

$$\text{LPF}(y_{\text{accel},z}) = -g\cos\theta\cos\phi$$

求解出 ϕ 和 θ，得出

$$\hat{\varphi}_{\text{accel}} = \arctan\left(\frac{\text{LPF}(y_{\text{accel},y})}{\text{LPF}(y_{\text{accel},z})}\right) \tag{8.8}$$

$$\hat{\theta}_{\text{accel}} = \arcsin\left(\frac{\text{LPF}(y_{\text{accel},x})}{g}\right) \tag{8.9}$$

在 8.1 节中提到的基准飞行中，滚转和俯仰角度的估计误差如图 8.4 所示。清楚的是，在加速过程中的估计误差是不可接受的。在 8.6 节中我们将用扩展卡尔曼滤波器来更为精确地估计滚转角度和俯仰角度。

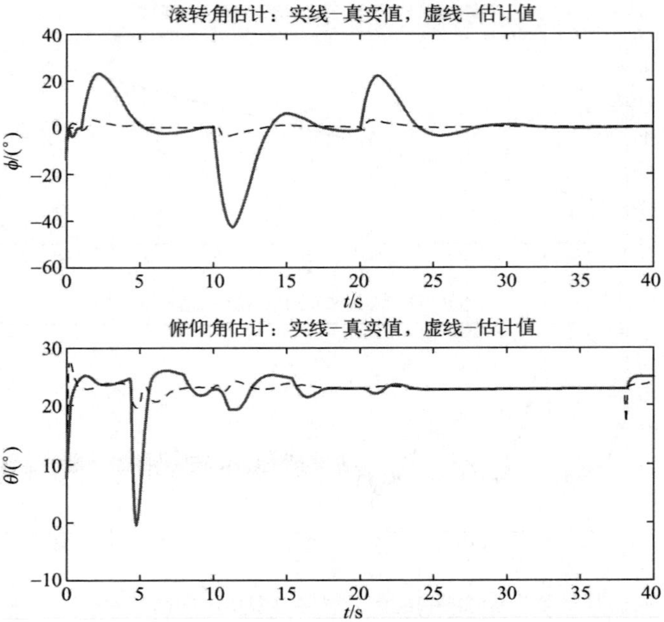

图 8.4　通过对加速度低通滤波和逆推传感器模型得出的滚转角度和俯仰角度的估计误差。因为此机制前提假设在加速存在的情况下非加速机动飞行，估计误差会相当大

8.3.5　位置、航线和对地速率

MAV 的位置可以通过低通滤波器方程式(7.18)和式(7.19)估计。由于多通路、时间、卫星几何学导致的偏差不会消失，对位置变量的估计如下：

$$\hat{p}_n = \mathrm{LPF}(y_{\mathrm{GPS},n}) \tag{8.10}$$

$$\hat{p}_e = \mathrm{LPF}(y_{\mathrm{GPS},e}) \tag{8.11}$$

同样地，微型飞机的航线角度、对地速率的估计也可以通过低通滤波方程式(7.26)和式(7.25)获得，具体如下：

$$\hat{\chi} = \mathrm{LPF}(y_{\mathrm{GPS},\chi}) \tag{8.12}$$

$$\hat{V}_g = \mathrm{LPF}(y_{\mathrm{GPS},V_g}) \tag{8.13}$$

低通滤波 GPS 信号的主要缺点是，由于抽样率比较低(通常是 1Hz)，在估计上有非常明显的延迟。在 8.7 节中描述的估计机制将解决这个问题。

8.1 节中提到的基准机动飞行，关于北向、东向位置、航线、对地速率的估计误差见图 8.5。巨大的估计误差很大程度上是因为 GPS 传感器只校正为 1Hz。

所以，单纯低通滤波作用的 GPS 数据不能得到满意的结果。

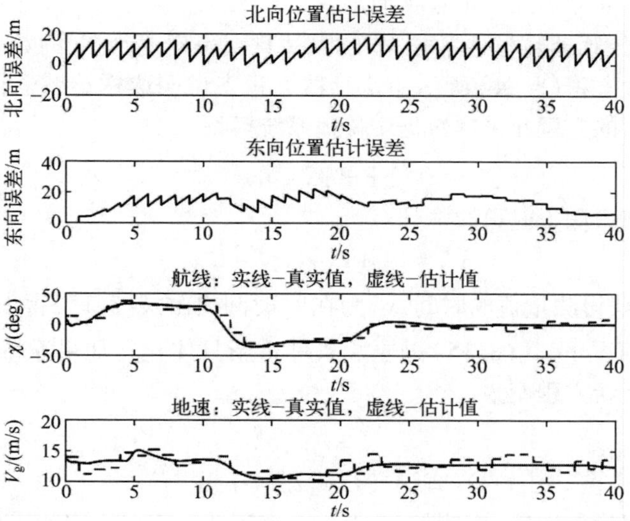

图 8.5　通过低通滤波作用的 GPS 传感器得到的北向、东向位置、航线和对地速率的估计误差

本节已经揭示了机体速率 p,q 和 r 的充分估计，高度与空速可以通过对传感器数据进行低通滤波处理获得。但是，估计滚转和俯仰的角度以及位置、航线和对地速率将需要更复杂的技术。尤其是一个简单的低通滤波器并不能解释系统潜在的力学原理。8.4 节将介绍动态观测器理论。最常用的动态观测器是卡尔曼滤波器，我们将在 8.5 节中进行推演。卡尔曼滤波器对状态估计的应用将在 8.6 节中进行介绍，其对位置、航线和对地速率估计的应用将在 8.7 节中进行介绍。

8.4　动态观测器理论

本节的目标是简要回顾一下动态观测器理论，该理论为我们接下来讨论卡尔曼滤波器做了铺垫。假设有一个线性的非时变系统用以下方程表示：

$$\dot{x} = Ax + Bu$$

$$y = Cx$$

该系统的连续时间观测器为以下方程：

$$\dot{\hat{x}} = \underbrace{A\hat{x} + Bu}_{\text{系统模型的拷贝}} + \underbrace{L(y - C\hat{x})}_{\text{基于测量数据的修正}} \tag{8.14}$$

式中：$\hat{x}$为 x 估计值。定义观测误差为$\tilde{x} = x - \hat{x}$。我们发现：

$$\dot{\tilde{x}} = (A - LC)\tilde{x}$$

这意味着如果 L 选定了，观测误差以指数方式递减至零，所以 $A-LC$ 的特征值就在开口向左的那一半复平面中。

实践中，传感器数据通常是采样的，并且在采样率为 T_S 的数字化硬件中处理。如何修改方程(8.14)所示的传感器方程来说明取样传感器读数？一种方法是应用下面的方程在采样数据中传播系统模型：

$$\dot{\hat{x}} = A\hat{x} + Bu \tag{8.15}$$

然后当获得测量时更改估计：

$$\hat{x}^+ = \hat{x}^- + L(y(t_n) - C\hat{x}^-) \tag{8.16}$$

式中：t_n 为是获得测量值的时间；$\hat{x}^-$ 为在 t_n 时间内由式(8.15)得出的状态估计。在给定 $\hat{x}^+$ 的情况下，式(8.15)以原始条件重新具体化。如果系统是非线性的，那么传导和更新方程变为

$$\dot{\hat{x}} = f(\hat{x}, u) \tag{8.17}$$

$$\hat{x}^+ = \hat{x}^- + L(y(t_n) - h(\hat{x}^-)) \tag{8.18}$$

观察过程形象地展示在图 8.6 中。注意到并不需要固定的采样率。

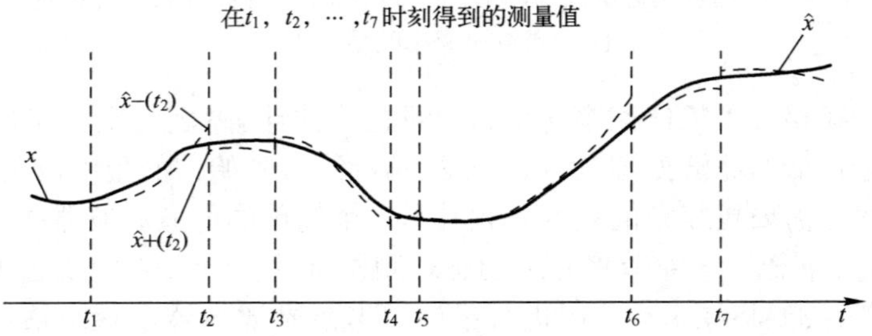

图 8.6　连续－离散动态观测器的时间轴。竖直虚线表示收到测量的取样时间。在测量中，用式(8.17)来传播状态。当测量收到时，用式(8.18)更新状态

连续－离散观测器的伪代码实现如算法 1 所示。在第 1 行，状态估计初始为零。如果得知其他信息，状态也可以相应地初始化。式(8.17)中的常微分方程应用欧拉积分法在采样数据间传播，如算法第 4 行～第 6 行循环所示。当收到测量时，用第 8 行的式(8.18)进行状态更新。

算法 1　连续－离散观测器

Algorithm 1　Continuous-Discrete Observer

1: Initialize: $\hat{x}=0$.

2: Pick an output sample rate T_{out} that is less than the sample rates of the sensors.

3: At each sample time T_{out}:

4: **for** $i=1$ to N **do** {Propagate the state equation.}

$$\hat{x} = \hat{x} + \left(\frac{T_{\text{out}}}{N}\right) f(\hat{x}, u)$$

end for

if A measurement has been received from sensor i **then** {Measurement Update}

$$\hat{x} = \hat{x} + L_i(y_i - h_i(\hat{x}))$$

end if

8.5 连续–离散卡尔曼滤波器推导

8.4 节讨论的动态观测的关键参数是观测器增益 L。本章后续内容要讨论的卡尔曼滤波器和扩展的卡尔曼滤波器是选择 L 的标准技术手段。如果过程和测量都是线性的，而且过程和测量噪声为零均值高斯白噪声且已知协方差矩阵，那么卡尔曼滤波器给出最佳增益，本节将定义最优性准则。卡尔曼滤波器有几种不同的形式，但对 MAV 特别有应用意义的形式是连续传递、离散测量的卡尔曼滤波器。

假设（线性）系统动力学如下：

$$\dot{\boldsymbol{x}} = \boldsymbol{A}\boldsymbol{x} + \boldsymbol{B}\boldsymbol{u} + \boldsymbol{\xi}$$
$$\boldsymbol{y}[n] = \boldsymbol{C}\boldsymbol{x}[n] + \boldsymbol{\eta}[n] \tag{8.19}$$

当 $\boldsymbol{y}[n] = \boldsymbol{y}(t_n)$ 是 y 的第 n 个样本时，$x[n] = x(t_n)$ 是 x 的第 n 个样本。$\boldsymbol{\eta}[n]$ 是时间 t_n 内的测量噪声，是一个均值为 0、协方差为 $\boldsymbol{R}$ 的高斯随机变量。$\boldsymbol{\xi}$ 是零均值、协方差为 $\boldsymbol{Q}$ 的高斯随机过程。随机过程 $\boldsymbol{\xi}$ 称为过程噪声，且代表了建模误差和系统干扰。随机变量 $\boldsymbol{\eta}$ 称为测量噪声，并代表传感器的噪声。协方差 $\boldsymbol{R}$ 通常通过传感器标定来估计，但协方差 $\boldsymbol{Q}$ 通常是未知的，因此产生一种系统增益，且该增益可以通过改进观测器来调整。注意，这里采样率不需要固定。

与式(8.15)和式(8.16)相似的是，连续–离散卡尔曼滤波器的形式如下：

$$\dot{\hat{\boldsymbol{x}}} = \boldsymbol{A}\hat{\boldsymbol{x}} + \boldsymbol{B}\boldsymbol{u}$$
$$\hat{\boldsymbol{x}}^{+} = \hat{\boldsymbol{x}}^{-} + \boldsymbol{L}(y(t_n) - \boldsymbol{C}\hat{\boldsymbol{x}}^{-})$$

定义估计误差为 $\tilde{\boldsymbol{x}} = \boldsymbol{x} - \hat{\boldsymbol{x}}$。时间 t 内的估计误差的协方差如下：

$$\boldsymbol{P}(t) \triangleq E\{\hat{\boldsymbol{x}}(t)\hat{\boldsymbol{x}}(t)^{\mathrm{T}}\} \tag{8.20}$$

注意 $\boldsymbol{P}(t)$ 是对称的、半正定的，因此它的特征值是非负实数。同样 $\boldsymbol{P}(t)$ 的小的特征值意味着小的方差，也意味着较小的平均估计误差。因此我们选择 $L(t)$ 来最小化 $\boldsymbol{P}(t)$ 的特征值。回顾下式：

$$\mathrm{tr}(\boldsymbol{P}) = \sum_{i=1}^{n} \lambda_i$$

式中：$\mathrm{tr}(\boldsymbol{P})$为$\boldsymbol{P}$的迹；$\lambda_i$为$\boldsymbol{P}$的特征值。因此，求$\mathrm{tr}(\boldsymbol{P})$的最小值能使估计误差最小化。卡尔曼滤波器就是通过找到L使$\mathrm{tr}(\boldsymbol{P})$最小化得到的。

1. 测量过程

对$\tilde{x}$微分，有

$$\begin{aligned}\dot{\tilde{\boldsymbol{x}}} &= \dot{\boldsymbol{x}} - \dot{\hat{\boldsymbol{x}}} \\ &= \boldsymbol{A}\boldsymbol{x} + \boldsymbol{B}\boldsymbol{u} + \boldsymbol{\xi} - \boldsymbol{A}\hat{\boldsymbol{x}} - \boldsymbol{B}\boldsymbol{u} \\ &= \boldsymbol{A}\tilde{\boldsymbol{x}} + \boldsymbol{\xi}\end{aligned}$$

已知初始条件$\tilde{x}_0$，求解微分方程，得到

$$\tilde{\boldsymbol{x}}(t) = \mathrm{e}^{\boldsymbol{A}t}\tilde{x}_0 + \int_0^t \mathrm{e}^{\boldsymbol{A}(t-\tau)}\boldsymbol{\xi}(\tau)\mathrm{d}\tau$$

计算误差协方差的变化：

$$\begin{aligned}\dot{\boldsymbol{P}} &= \frac{\mathrm{d}}{\mathrm{d}t}E\{\tilde{\boldsymbol{x}}\tilde{\boldsymbol{x}}^{\mathrm{T}}\} \\ &= \boldsymbol{E}\{\dot{\tilde{\boldsymbol{x}}}\tilde{\boldsymbol{x}}^{\mathrm{T}} + \tilde{\boldsymbol{x}}\dot{\tilde{\boldsymbol{x}}}^{\mathrm{T}}\} \\ &= E\{\boldsymbol{A}\,\tilde{\boldsymbol{x}}\tilde{\boldsymbol{x}}^{\mathrm{T}} + \xi\,\tilde{x}^{\mathrm{T}} + \tilde{\boldsymbol{x}}\tilde{\boldsymbol{x}}^{\mathrm{T}}\boldsymbol{A}^{\mathrm{T}} + \tilde{\boldsymbol{x}}\boldsymbol{\xi}^{\mathrm{T}}\} \\ &= \boldsymbol{A}\boldsymbol{P} + \boldsymbol{P}\boldsymbol{A}^{\mathrm{T}} + E\{\boldsymbol{\xi}\,\tilde{\boldsymbol{x}}^{\mathrm{T}}\} + E\{\tilde{\boldsymbol{x}}\boldsymbol{\xi}^{\mathrm{T}}\}\end{aligned}$$

计算$E\{\tilde{\boldsymbol{x}}\boldsymbol{\xi}^{\mathrm{T}}\}$：

$$\begin{aligned}E\{\tilde{\boldsymbol{x}}\boldsymbol{\xi}^{\mathrm{T}}\} &= E\{\mathrm{e}^{(\boldsymbol{A}-\boldsymbol{L}\boldsymbol{C})t}\tilde{x}_0\boldsymbol{\xi}^{\mathrm{T}}(t) + \int_0^t \mathrm{e}^{(\boldsymbol{A}-\boldsymbol{L}\boldsymbol{C})(t-\tau)}\boldsymbol{\xi}(\tau)\boldsymbol{\xi}^{\mathrm{T}}(\tau)\mathrm{d}\tau - \int_0^t \mathrm{e}^{(\boldsymbol{A}-\boldsymbol{L}\boldsymbol{C})(t-\tau)}\boldsymbol{L}\boldsymbol{\eta}(\tau)\boldsymbol{\xi}^{\mathrm{T}}(\tau)\mathrm{d}\tau\} \\ &= \int_0^t \mathrm{e}^{(\boldsymbol{A}-\boldsymbol{L}\boldsymbol{C})(t-\tau)}\boldsymbol{Q}\boldsymbol{\delta}(t-\tau)\mathrm{d}\tau \\ &= \frac{1}{2}\boldsymbol{Q}\end{aligned}$$

其中，$\frac{1}{2}$是因为我们只用了 delta 函数内区域的 1/2，因此$\boldsymbol{Q}$是对称的，同时我们有$\boldsymbol{P}$在测量中的变化如下：

$$\dot{\boldsymbol{P}} = \boldsymbol{A}\boldsymbol{P} + \boldsymbol{A}\boldsymbol{P}^{\mathrm{T}} + \boldsymbol{Q}$$

2. 测量时

在测量时，有

$$\begin{aligned}\tilde{\boldsymbol{x}}^{+} &= \boldsymbol{x} - \hat{\boldsymbol{x}}^{+} \\ &= \boldsymbol{x} - \hat{\boldsymbol{x}}^{-} - \boldsymbol{L}(\boldsymbol{C}\boldsymbol{x} + \boldsymbol{\eta} - \boldsymbol{C}\hat{\boldsymbol{x}}^{-}) \\ &= \tilde{\boldsymbol{x}}^{-} - \boldsymbol{L}\boldsymbol{C}\hat{\boldsymbol{x}}^{-} - \boldsymbol{L}\boldsymbol{\eta}\end{aligned}$$

还有

$$\boldsymbol{P}^{+} = E\{\tilde{\boldsymbol{x}} + \tilde{\boldsymbol{x}}^{+\mathrm{T}}\}$$

$$
\begin{aligned}
&= E\{(\tilde{\boldsymbol{x}}^- - \boldsymbol{LC}\tilde{\boldsymbol{x}} - \boldsymbol{L\eta})(\tilde{\boldsymbol{x}}^- - \boldsymbol{LC}\tilde{\boldsymbol{x}}^- - \boldsymbol{L\eta})^{\mathrm{T}}\} \\
&= E\{\tilde{\boldsymbol{x}}^-\tilde{\boldsymbol{x}}^{-\mathrm{T}} - \tilde{\boldsymbol{x}}^-\tilde{\boldsymbol{x}}^{-\mathrm{T}}\boldsymbol{C}^{\mathrm{T}}\boldsymbol{L}^{\mathrm{T}} - \tilde{\boldsymbol{x}}^-\boldsymbol{\eta}^{\mathrm{T}}\boldsymbol{L}^{\mathrm{T}} \\
&\quad - \boldsymbol{LC}\tilde{\boldsymbol{x}}^-\tilde{\boldsymbol{x}}^{-\mathrm{T}} + \boldsymbol{LC}\tilde{\boldsymbol{x}}^-\tilde{\boldsymbol{x}}^{-\mathrm{T}}\boldsymbol{C}^{\mathrm{T}}\boldsymbol{L}^{\mathrm{T}} + \boldsymbol{LC}\tilde{\boldsymbol{x}}^-\boldsymbol{\eta}^{\mathrm{T}}\boldsymbol{L}^{\mathrm{T}} \\
&\quad - \boldsymbol{L\eta}\tilde{\boldsymbol{x}}^{-\mathrm{T}} + \boldsymbol{L\eta}\tilde{\boldsymbol{x}}^{-\mathrm{T}}\boldsymbol{C}^{\mathrm{T}}\boldsymbol{L}^{\mathrm{T}} + \boldsymbol{L\eta\eta}^{\mathrm{T}}\boldsymbol{L}^{\mathrm{T}}\} \\
&= \boldsymbol{P} - \boldsymbol{P} - \boldsymbol{C}^{\mathrm{T}}\boldsymbol{L}^{\mathrm{T}} - \boldsymbol{LCP}^- + \boldsymbol{LCP}^-\boldsymbol{C}^{\mathrm{T}}\boldsymbol{L}^{\mathrm{T}} + \boldsymbol{LRL}^{\mathrm{T}}
\end{aligned} \tag{8.21}
$$

其中,我们用到的一个事实是 $\boldsymbol{\eta}$ 和 $\tilde{\boldsymbol{x}}^-$ 都是独立的,则

$$
E\{\tilde{\boldsymbol{x}}^-\boldsymbol{\eta}^{\mathrm{T}}\boldsymbol{L}^{\mathrm{T}}\} = E\{\boldsymbol{L\eta}\tilde{\boldsymbol{x}}^{-\mathrm{T}}\} = 0
$$

接下来的推导中需要以下矩阵关系:

$$
\frac{\partial}{\partial \boldsymbol{A}}\mathrm{tr}(\boldsymbol{BAD}) = \boldsymbol{B}^{\mathrm{T}}\boldsymbol{D}^{\mathrm{T}} \tag{8.22}
$$

$$
\frac{\partial}{\partial \boldsymbol{A}}\mathrm{tr}(\boldsymbol{ABA}^{\mathrm{T}}) = 2\boldsymbol{AB}, \boldsymbol{B} = \boldsymbol{B}^{\mathrm{T}} \tag{8.23}
$$

我们的目标是使 $\mathrm{tr}(\boldsymbol{P}^+)$最小化得到 $\boldsymbol{L}$ 的值。一个必要的条件是

$$
\frac{\partial}{\partial \boldsymbol{L}}\mathrm{tr}(\boldsymbol{P}^+) = -\boldsymbol{P}^-\boldsymbol{C}^{\mathrm{T}} - \boldsymbol{P}^-\boldsymbol{C}^{\mathrm{T}} + 2\boldsymbol{LCP}^-\boldsymbol{C}^{\mathrm{T}} + 2\boldsymbol{LR} = 0
$$

$$
\begin{aligned}
&\Rightarrow 2\boldsymbol{L}(\boldsymbol{R} + \boldsymbol{CP}^-\boldsymbol{C}^{\mathrm{T}}) = 2\boldsymbol{P}^-\boldsymbol{C}^{\mathrm{T}} \\
&\Rightarrow \boldsymbol{L} = \boldsymbol{P}^-\boldsymbol{C}^{\mathrm{T}}(\boldsymbol{R} + \boldsymbol{CP}^-\boldsymbol{C}^{\mathrm{T}})^{-1}
\end{aligned}
$$

代入式(8.21),得到

$$
\begin{aligned}
\boldsymbol{P}^+ &= \boldsymbol{P}^- + \boldsymbol{P}^-\boldsymbol{C}^{\mathrm{T}}(\boldsymbol{R} + \boldsymbol{CP}^-\boldsymbol{C}^{\mathrm{T}})^{-1}\boldsymbol{CP}^- - \boldsymbol{P}^-\boldsymbol{C}^{\mathrm{T}}(\boldsymbol{R} + \boldsymbol{CP}^-\boldsymbol{C}^{\mathrm{T}})^{-1}\boldsymbol{CP}^- \\
&\quad + \boldsymbol{P}^-\boldsymbol{C}^{\mathrm{T}}(\boldsymbol{R} + \boldsymbol{CP}^-\boldsymbol{C}^{\mathrm{T}})^{-1}(\boldsymbol{CP}^-\boldsymbol{C}^{\mathrm{T}} + \boldsymbol{R})(\boldsymbol{R} + \boldsymbol{CP}^-\boldsymbol{C}^{\mathrm{T}})^{-1}\boldsymbol{CP}^- \\
&= \boldsymbol{P}^- - \boldsymbol{P}^-\boldsymbol{C}^{\mathrm{T}}(\boldsymbol{R} + \boldsymbol{CP}^-\boldsymbol{C}^{\mathrm{T}})^{-1}\boldsymbol{CP}^- \\
&= (\boldsymbol{I} - \boldsymbol{P} - \boldsymbol{C}^{\mathrm{T}}(\boldsymbol{R} + \boldsymbol{CP}^-\boldsymbol{C}^{\mathrm{T}})^{-1})\boldsymbol{P}^- \\
&= (\boldsymbol{I} - \boldsymbol{LC})\boldsymbol{P}^-
\end{aligned}
$$

因此可以如下总结卡尔曼滤波器。在测量过程中,传播方程为

$$
\dot{\hat{\boldsymbol{x}}} = \boldsymbol{A}\hat{\boldsymbol{x}} + \boldsymbol{Bu}
$$

$$
\dot{\boldsymbol{P}} = \boldsymbol{AP} + \boldsymbol{PA}^{\mathrm{T}} + \boldsymbol{Q}
$$

式中:$\hat{\boldsymbol{x}}$为状态的估计值;$\boldsymbol{P}$ 为估计误差的对称协方差矩阵。当测量指令从第 i 个传感器收到时,根据以下方程更新状态估计和误差协方差:

$$
\boldsymbol{L}_i = \boldsymbol{P}^-\boldsymbol{C}_i^{\mathrm{T}}(\boldsymbol{R}_i + \boldsymbol{C}_i\boldsymbol{P}^-\boldsymbol{C}_i^{\mathrm{T}})^{-1}
$$

$$
\boldsymbol{P}^+ = (\boldsymbol{I} - \boldsymbol{L}_i\boldsymbol{C}_i)\boldsymbol{P}^-
$$

$$
\hat{\boldsymbol{x}}^+ = \hat{\boldsymbol{x}}^- + \boldsymbol{L}_i(\boldsymbol{y}_i(t_n) - \boldsymbol{C}_i\tilde{\boldsymbol{x}}^-)
$$

式中:$\boldsymbol{L}_i$ 称为传感器 i 的卡尔曼增益。

我们已经假设系统传播模型和测量模型是线性的。然而,在诸多应用中,包括第 9 章我们要讨论的应用,系统传播模型和测量模型是非线性的。换句话说,式(8.19)变为

$$
\dot{\boldsymbol{x}} = \boldsymbol{f}(\boldsymbol{x}, \boldsymbol{u}) + \boldsymbol{\xi}
$$

$$y[n]=h(x[n],u[n])+\eta[n]$$

在这种情况下,状态传导和更新法则应用的是非线性模型,但传导和更新模型的协方差误差运用 f 的雅可比矩阵作为 A,h 的雅可比矩阵作为 C。结果算法称为扩展卡尔曼滤波器(EKF)。EKF 的伪代码显示在算法 2 中。状态初始在第 1 行。$\hat{x}$的常微分方程的传播和用欧拉积分法得到的 P 在第4 行第8 行的循环中。第 i 个传感器的更新方程在第 9 行第 14 行给出。算法 2 在转动和倾斜角度估计方面的应用在 8.6 节中描述。算法 2 在位置、航向、对低速率、航线和风的估计方面的应用将在 8.7 节中描述。

算法2　连续 - 离散扩展卡尔曼滤波器

Algorithm 2 Continuous-Discrete Extended Kalman Filter

1: Initialize: $\hat{x}=0$.

2: Pick an output sample rate T_{out} which is much less than the sample rates of the sensors.

3: At each sample time T_{out}:

4: **for** $i=1$ to N **do** {Prediction Step}

5: $\quad \hat{x}=\hat{x}+\left(\frac{T_{out}}{N}\right)f(\hat{x},u)$

6: $\quad A=\frac{\partial f}{\partial x}(\hat{x},u)$

7: $\quad P=P+\left(\frac{T_{out}}{N}\right)(AP+PA^{T}+Q)$

8: **end for**

9: **if** Measurement has been received from sensor i **then** {Measurement Update}

10: $\quad C_i=\frac{\partial h_i}{\partial x}(\hat{x},u[n])$

11: $\quad L_i=PC_i^{T}(R_i+C_iPC_i^{T})^{-1}$

12: $\quad P=(I-L_iC_i)P$

13: $\quad \hat{x}=\hat{x}+L_i(y_i[n]-h(\hat{x},u[n]))$.

14: **end if**

8.6　姿态估计

本节描述 EKF 在估计 MAV 的滚转和俯仰角度的应用。为了应用 8.5 节推导出的连续 - 离散扩展卡尔曼滤波器来估计转动和倾斜角度,应用非线性传播模型：

$$\dot{\phi} = p + q\sin\phi\tan\theta + r\cos\phi\tan\theta + \xi_\phi$$

$$\dot{\theta} = q\cos\phi - r\sin\phi + \xi_\theta$$

式中：增加了噪声项 ξ_ϕ 和 ξ_θ 来表示 p、q、r 的噪声，且 $\xi_\phi \sim \mathcal{N}(0,Q_\phi)$，$\xi_\theta \sim \mathcal{N}(0,Q_\theta)$。

我们用加速计作为输出方程。从式(7.1)中得到加速计模型：

$$y_{\text{accel}} = \begin{pmatrix} \dot{u} + g\omega - rv + g\sin\theta \\ \dot{v} + ru - p\omega - g\cos\theta\sin\phi \\ \dot{\omega} + pv - qu - g\cos\theta\cos\phi \end{pmatrix} + \eta_{\text{accel}} \tag{8.24}$$

但是，我们没有方法直接测量 $\dot{u}$，$\dot{v}$，$\dot{\omega}$，u，v，ω。假设 $\dot{u} = \dot{v} = \dot{\omega} \approx 0$，由式(2.7)有

$$\begin{pmatrix} u \\ v \\ \omega \end{pmatrix} \approx V_a \begin{pmatrix} \cos\alpha\cos\beta \\ \sin\beta \\ \sin\alpha\cos\beta \end{pmatrix}$$

假设 $\alpha \approx 0$，$\beta \approx 0$，则得到

$$\begin{pmatrix} u \\ v \\ \omega \end{pmatrix} \approx V_a \begin{pmatrix} \cos\theta \\ 0 \\ \sin\theta \end{pmatrix}$$

代入式(8.24)中，得到

$$y_{\text{accel}} = \begin{pmatrix} qV_a\sin\theta + g\sin\theta \\ rV_a\cos\theta - pV_a\sin\theta - g\cos\theta\sin\phi \\ -qV_a\cos\theta - g\cos\theta\cos\phi \end{pmatrix} + \eta_{\text{accel}}$$

定义

$$\boldsymbol{x} = (\phi,\theta)^{\mathrm{T}}, \boldsymbol{u} = (p,q,r,v_a)^{\mathrm{T}}, \boldsymbol{\xi} = (\xi_\phi,\xi_\theta)^{\mathrm{T}}, \boldsymbol{\eta} = (\eta_\phi,\eta_\theta)^{\mathrm{T}}$$

给定

$$\dot{x} = f(\boldsymbol{x},\boldsymbol{u}) + \boldsymbol{\xi}$$

$$y = h(\boldsymbol{x},\boldsymbol{u}) + \boldsymbol{\eta}$$

式中

$$f(\boldsymbol{x},\boldsymbol{u}) = \begin{pmatrix} p + q\sin\phi\tan\theta + r\cos\phi\tan\theta \\ q\cos\phi - r\sin\phi \end{pmatrix}$$

$$h(\boldsymbol{x},\boldsymbol{u}) = \begin{pmatrix} qV_a\sin\theta + g\sin\theta \\ rV_a\cos\theta - pV_a\sin\theta - g\cos\theta\sin\phi \\ -qV_a\cos\theta - g\cos\theta\cos\phi \end{pmatrix}$$

卡尔曼滤波器的实现需要用到雅可比矩阵 $\frac{\partial f}{\partial \boldsymbol{x}}$ 和 $\frac{\partial h}{\partial \boldsymbol{x}}$。相应地得到

$$\frac{\partial f}{\partial \boldsymbol{x}}=\begin{pmatrix} q\cos\phi\tan\theta - r\sin\phi\tan\theta & \dfrac{q\sin\phi - r\cos\phi}{\cos^2\theta} \\ -q\sin\phi - r\cos\phi & 0 \end{pmatrix}$$

$$\frac{\partial h}{\partial \boldsymbol{x}}=\begin{pmatrix} 0 & qV_a\cos\theta + g\cos\theta \\ -g\cos\phi\cos\theta & -rV_a\sin\theta - pV_a\cos\theta + g\sin\phi\sin\theta \\ g\sin\phi\cos\theta & (qV_a + g\cos\phi)\sin\theta \end{pmatrix}$$

扩展的卡尔曼滤波器运用算法 2 实现。

对于 8.1 节中讨论的基准机动飞行，用算法 2 得出的滚转和俯仰角度的估计误差如图 8.7 所示。把图 8.7 与图 8.4 相对比可以看出，在加速飞行条件下，连续－离散的扩展卡尔曼滤波器能得到更好的结果。

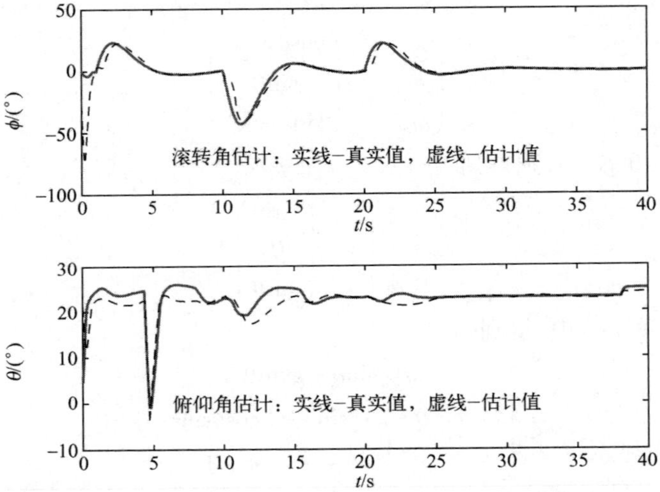

图 8.7　应用连续－离散扩展的卡尔曼滤波器来估计转动和倾斜角度的估计误差

8.7　GPS 平滑

本节将用 GPS 测量值来估计微型飞机的位置、对地速率、航线、风况和航向。假设航向角 $\gamma=0$，位置的变化给定如下：

$$\dot{p}_n = V_g\cos\chi$$

$$\dot{p}_e = V_g\sin\chi$$

对式(7.21)进行微分，得到对地速率的变化如下：

$$\begin{aligned}\dot{V}_g &= \frac{\mathrm{d}}{\mathrm{d}t}\sqrt{(V_a\cos\psi + \omega_e)^2 + (V_a\sin\psi + \omega_e)^2} \\ &= \frac{1}{V_g}[(V_a\cos\psi + \omega_n)(\dot{V}_a\cos\psi - V_a\psi\sin\psi + \dot{\omega}_n)\end{aligned}$$

$$+(V_a\sin\psi+\omega_e)(\dot{V}_a\sin\psi+V_a\psi\cos\psi+\dot{\omega}_e)]$$

假设风和空速是常量,得到

$$\dot{V}_g=\frac{(V_a\cos\psi+\omega_n)(-V_a\dot{\psi}\sin\psi)+(V_a\sin\psi+\omega_e)(V_a\dot{\psi}\cos\psi)}{V_g}$$

由式(5.15)得到χ 的变化为

$$\dot{\chi}=\frac{g}{V_g}\tan\phi$$

假设风速是常量,有

$$\dot{\omega}_n=0$$

$$\dot{\omega}_e=0$$

由式(5.9)得到 $\boldsymbol{\Psi}$ 的变化为

$$\dot{\psi}=q\frac{\sin\phi}{\cos\theta}+r\frac{\cos\phi}{\cos\theta} \tag{8.25}$$

定义状态为 $\boldsymbol{x}=(p_n,p_e,V_g,\chi,\omega_n,\omega_e,\psi)^{\mathrm{T}}$,输入量为 $\boldsymbol{u}=(V_a,q,r,\phi,\theta)^{\mathrm{T}}$,则在给定$\dot{x}=f(\boldsymbol{x},\boldsymbol{u})$时,非线性传播模型如下:

$$f(\boldsymbol{x},\boldsymbol{u})\triangleq\begin{pmatrix}V_g\cos\chi\\ V_g\sin\chi\\ \dfrac{(V_a\cos\psi+\omega_n)(-V_a\dot{\psi}\sin\psi)(V_a\sin\psi+\omega_e)(V_a\dot{\psi}\cos\psi)}{V_g}\\ \dfrac{g}{V_g}\tan\phi\\ 0\\ 0\\ q\dfrac{\sin\phi}{\cos\theta}+r\dfrac{\cos\phi}{\cos\theta}\end{pmatrix}$$

f 的雅可比矩阵如下:

$$\frac{\partial f}{\partial \boldsymbol{x}}=\begin{pmatrix}0&0&\cos x&-V_g\sin\chi&0&0&0\\ 0&0&\sin x&V_g\cos\chi&0&0&0\\ 0&0&-\dfrac{\dot{V}_g}{V_g}&0&-\dot{\psi}V_a\sin\psi&0&\dfrac{\partial\dot{V}_g}{\partial x}\\ 0&0&-\dfrac{g}{V_g^2}\tan\phi&0&0&\dot{\psi}V_a\cos\psi&0\\ 0&0&0&0&0&0&0\\ 0&0&0&0&0&0&0\\ 0&0&0&0&0&0&0\end{pmatrix}$$

其中$\dot{\psi}$在式(8.25)中给出。

对于测量来说,我们将用 GPS 信号来估计北向/东向位置、对地速率、航线。因为状态是不独立的,所以应用式(2.9)给出的风速三角关系。假设$\gamma=\gamma_a=0$,则有

$$
\begin{aligned}
V_a\cos\psi+\omega_n&=V_g\cos\chi\\
V_a\sin\psi+\omega_e&=V_g\sin\chi
\end{aligned}
$$

从上述表达式中,定义伪测量值:

$$
\begin{aligned}
y_{\mathrm{wind},n}&=V_a\cos\psi+\omega_n-V_g\cos\chi\\
y_{\mathrm{wind},e}&=V_a\sin\psi+\omega_e-V_g\sin\chi
\end{aligned}
$$

当伪测量值等于零时,结果测量模型如下:

$$
y_{\mathrm{GPS}}=h(\boldsymbol{x},\boldsymbol{u})+\eta_{\mathrm{GPS}}
$$

式中

$$
y_{\mathrm{GPS}}=(y_{\mathrm{GPS},n},y_{\mathrm{GPS},e},y_{\mathrm{GPS}},V_g,y_{\mathrm{GPS},\chi},y_{\mathrm{wind},n},y_{\mathrm{wind},e}),\boldsymbol{u}=\hat{V}_a
$$

同时:

$$
h(\boldsymbol{x},\boldsymbol{u})=\begin{pmatrix}p_n\\p_e\\V_g\\\chi\\V_a\cos\psi+\omega_n-V_g\cos\chi\\V_a\sin\psi+\omega_e-V_g\sin\chi\end{pmatrix}
$$

当雅可比矩阵给定如下:

$$
\frac{\partial h}{\partial \boldsymbol{x}}(\hat{\boldsymbol{x}},\boldsymbol{u})=\begin{pmatrix}1&0&0&0&0&0&0\\0&1&0&0&0&0&0\\0&0&1&0&0&0&0\\0&0&0&1&0&0&0\\0&0&-\cos\chi&V_g\sin\chi&1&0&-V_a\sin\psi\\0&0&-\sin\chi&-V_g\cos\chi&0&1&V_a\cos\psi\end{pmatrix}
$$

利用扩展卡尔曼滤波器来估计$p_n,p_e,V_g,\chi,\omega_n,\omega_e$和$\psi$可用算法 2 实现。

对于 8.1 节中讨论的基准机动飞行,应用算法 2 得到的对位置、航向的估计误差见图 8.8。把图 8.8 和图 8.5 相对比,可以看出连续-离散扩展卡尔曼滤波器比简单的低通滤波器能得出更好的结果。

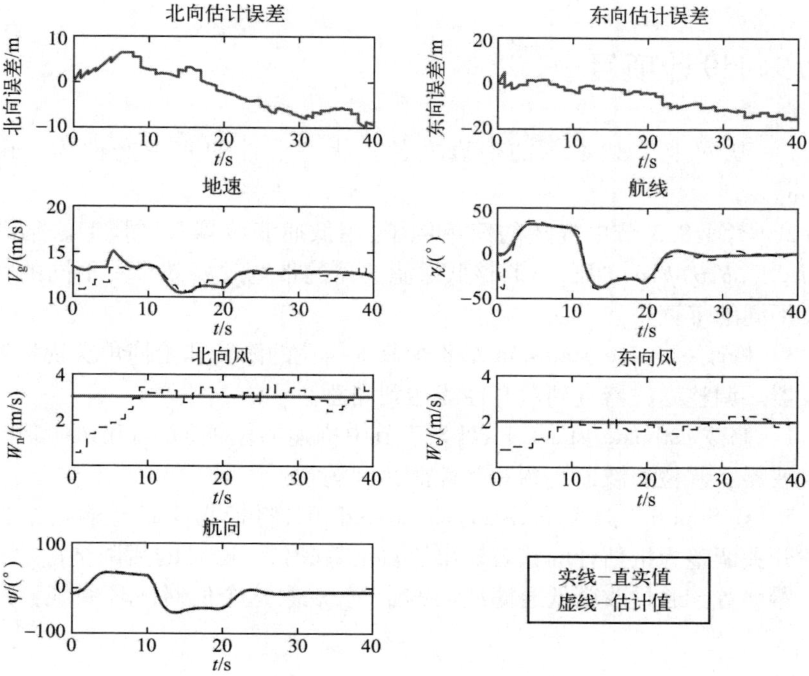

图 8.8 应用连续－离散卡尔曼滤波器得出的位置、
对地速率、航线、风和航向的估计误差

8.8 本章小结

本章揭示了如何用第 7 章讨论过的传感器估计第 6 章里讨论过的自动驾驶仪需要的状态。我们已经揭示了在机体框架 p,q 和 r 中的角速率可以通过对速率陀螺进行低通滤波处理进行估计。类似地,高度 h、空速 V_a 能通过对绝对压强传感器和压差传感器进行低通滤波处理和逆推传感器模型进行估计。剩余的状态必须用扩展的卡尔曼滤波器进行估计。8.6 节揭示了如何用一个双态的卡尔曼滤波器来预测滚转和俯仰的角度。在 8.7 节揭示了如何基于 GPS 测量值采用 7 状态的扩展卡尔曼滤波器来估计位置、对地速率、航线、风况和航向。

注释和参考文献

文献[42]首先介绍了卡尔曼滤波。还有一些很好的关于卡尔曼滤波的文献请参照文献[43,44,45,46]。本章的部分结果已经在文献[47,48]中讨论过。而文献[49,50,51]讨论了应用计算机视觉代替 GPS 来进行状态估计。

8.9 设计项目

8.1 从网上下载本章的仿真文件。状态估计的实现文件为 estimate_states. m。

8.2 实现 8.3 节中描述的简单例子,用低通滤波器和逆模型法估计状态 $p_n, p_e, h, V_a, \phi, \theta, \psi, p, q$ 和 r。调整低通滤波器的带宽观察效果。不同的状态可能需要不同的带宽。

8.3 修改 estimate_states. m 对 8.6 节中描述的滚转和俯仰角实现扩展卡尔曼滤波器。调整滤波器直到对其性能达到满意。

8.4 修改 estimate_states. m 对 8.7 节中描述的位置、方向和风实现扩展卡尔曼滤波器。调整滤波器直到对其性能达到满意。

8.5 在 Simulink 模型 mavsim_chap8. mdl 中,将把真实状态输送给自动驾驶仪的开关调整为把估计的状态输出给自动驾驶仪。必要的话调整自动驾驶仪和估计器增益。通过改变低通滤波器的带宽,观察这个值对闭环系统稳定性的影响。

第 9 章　制导系统的设计模型

如第 1 章所述，当系统的运动方程变得复杂时，往往需要开发在数学上明显有较少复杂性但仍然能抓住系统基本特征的设计模型。如果我们包括前 8 章讨论的所有元素，包括在第 3 章和第 4 章中开发的 6 自由度模型、第 6 章提出的自动驾驶仪、第 7 章提出的传感器以及在第 8 章提出的状态预估配置，则由此产生的模型非常复杂。本章对闭环 MAV 的性能进行近似，开发适合于 MAV 更高阶制导策略设计的降阶设计模型，并给出文献中常用的几种不同的模型。本章中提出的设计模型将在第 10 章 ~ 第 13 章中使用。

9.1　自动驾驶仪模型

本章中制导系统模型的建立使用了第 6 章提出的自动驾驶仪回路的高级表现。空速保持和滚转保持回路是由如下一阶模型表示：

$$\dot{v}_a = b_{V_a}(V_a^c - V_a) \tag{9.1}$$

$$\dot{\phi} = b_{\phi}(\phi^c - \phi) \tag{9.2}$$

式中：b_{V_a}和 b_{ϕ} 为正常数，取决于自动驾驶仪的实施和状态预估配置。利用第 6 章介绍的闭环传递函数，高度和航线保持回路以二阶模型来表示：

$$\ddot{h} = b_{\dot{h}}(\dot{h}_c - \dot{h}) + b_h(h^c - h) \tag{9.3}$$

$$\ddot{\chi} = b_{\dot{\chi}}(\dot{\chi}^c - \dot{\chi}) + b_{\chi}(\chi^c - \chi) \tag{9.4}$$

式中：$b_{\dot{h}}$、b_h、$b_{\dot{\chi}}$ 和 b_{χ} 也都是正常数，取决于自动驾驶仪的实施和状态预估配置。在随后的章节中解释了，一些制导系统模型也假定以飞行路径角 γ 和负载因子 n_{lf}来形成自动驾驶仪保持回路，其中负荷因子定义为升力除以重量。飞行轨迹角和负载因子的一阶自动驾驶回路由下式给出：

$$\dot{\gamma} = b_{\gamma}(\gamma^c - \gamma) \tag{9.5}$$

$$\dot{n}_{\mathrm{lf}} = b_n(n_{\mathrm{lf}}^c - n_{\mathrm{lf}}) \tag{9.6}$$

式中：b_{γ} 和 b_n 为正常数，取决于低级自动驾驶仪回路的实现。

9.2　受控飞行的运动模型

在获得降阶制导系统模型时，所进行的主要简化是消除运动的力和力矩平衡方程(涉及$\dot{u}$、$\dot{v}$、$\dot{w}$、$\dot{p}$、$\dot{q}$、$\dot{r}$),这样就消除了计算作用在机身上的复杂气动力的需求。这些通用方程组被来自于协调转向和加速爬升特定飞行条件下的更简单的运动方程组所替换。

按照图 2.10,飞机相对于惯性坐标系的速度矢量可以用航线角和航迹角(惯性参考)的方式表示为

$$\boldsymbol{V}_g^i = V_g\begin{pmatrix}\cos\chi\cos\gamma\\ \sin\chi\cos\gamma\\ -\sin\gamma\end{pmatrix}$$

因此,运动可以表示为

$$\begin{pmatrix}\dot{p}_{\mathrm{n}}\\ \dot{p}_{\mathrm{e}}\\ \dot{h}\end{pmatrix} = V_g\begin{pmatrix}\cos\chi\cos\gamma\\ \sin\chi\cos\gamma\\ \sin\gamma\end{pmatrix} \tag{9.7}$$

因为通常控制飞机的航向和空速,以 ψ 和 V_a 它来表示式(9.7)是有用的。参考风速三角形表达式(2.9),式(9.7)可写为

$$\begin{pmatrix}\dot{p}_{\mathrm{n}}\\ \dot{p}_{\mathrm{e}}\\ \dot{h}\end{pmatrix} = V_a\begin{pmatrix}\cos\psi\cos\gamma_a\\ \sin\psi\cos\gamma_a\\ -\sin\gamma_a\end{pmatrix} + \begin{pmatrix}w_{\mathrm{n}}\\ w_{\mathrm{e}}\\ -w_{\mathrm{d}}\end{pmatrix} \tag{9.8}$$

如果假设飞机保持在一个恒定的高度且风没有向下的分量,则运动表达式可简化为

$$\begin{pmatrix}\dot{p}_{\mathrm{n}}\\ \dot{p}_{\mathrm{e}}\\ \dot{h}\end{pmatrix} = V_a\begin{pmatrix}\cos\psi\\ \sin\psi\\ 0\end{pmatrix} + \begin{pmatrix}w_{\mathrm{n}}\\ w_{\mathrm{e}}\\ 0\end{pmatrix} \tag{9.9}$$

这是文献中常用的一个无人机模型。

9.2.1 协调转弯

在 5.2 节中给出的协调转弯状态描述为

$$\dot{\chi} = \frac{g}{V_g}\tan\phi\cos(\chi - \psi) \tag{9.10}$$

尽管协调转弯条件不会受到第 6 节中描述的自动驾驶仪回路的强制,其基本特性被这一模型捕获,即飞机必须倾斜转弯(相反的是滑动转弯)。

协调转弯条件也可以用航向和空速的方式表示。为了获得正确的表达,对式(2.9)两侧进行微分得到

$$
\begin{pmatrix} \cos\chi\cos\gamma & -V_g\sin\chi\cos\gamma & -V_g\cos\chi\sin\gamma \\ \sin\chi\cos\gamma & -V_g\cos\chi\cos\gamma & -V_g\sin\chi\cos\gamma \\ -\sin\gamma & 0 & -\cos\gamma \end{pmatrix}\begin{pmatrix} \dot{V}_g \\ \dot{\chi} \\ \dot{\gamma} \end{pmatrix}
$$

$$
= \begin{pmatrix} \cos\psi\cos\gamma_a & -V_a\sin\psi\cos\gamma_a & -V_a\cos\psi\sin\gamma_a \\ \sin\psi\cos\gamma_a & V_g\cos\psi\cos\gamma_a & -V_a\sin\psi\sin\gamma_a \\ -\sin\gamma_a & 0 & -\cos\gamma_a \end{pmatrix}\begin{pmatrix} \dot{V}_a \\ \dot{\psi} \\ \dot{\gamma}_a \end{pmatrix} \tag{9.11}
$$

在恒定飞行高度和风没有向下分量的条件下，γ、γ_a、$\dot{\gamma}$、$\dot{\gamma}_a$ 和 w_{d} 均为0，解得$\dot{V}_g$ 和$\dot{\psi}$以$\dot{V}_a$ 和$\dot{\chi}$表示，得到

$$
\dot{V}_g = \frac{\dot{V}_a}{\cos(\chi - \psi)} + V_g\dot{\chi}\tan(\chi - \psi) \tag{9.12}
$$

$$
\dot{\psi} = \frac{\dot{V}_a}{V_a}\tan(\chi - \psi) + \frac{V_g\dot{\chi}}{V_a\cos(\chi - \psi)} \tag{9.13}
$$

假设空速恒定，然后由式(9.13)和式(9.10)，可得到

$$
\dot{\psi} = \frac{g}{V_a}\tan\phi \tag{9.14}
$$

这就是熟悉的协调转弯表达式。需要注意的是这个公式在有风的条件下也是成立的。

9.2.2 加速爬升

为获得航迹角的动态变化，会考虑飞机沿圆弧爬升的上拉动作。在 $\boldsymbol{i}^b - \boldsymbol{k}^b$平面中的MAV的受力图如图9.1所示。由于机体以角度 ϕ 转动，升力矢量在 $\boldsymbol{i}^b - \boldsymbol{k}^b$平面的投影为 $F_{\mathrm{lift}}\cos\phi$。由于上拉机动而导致的向心力为 $mV_g\dot{\gamma}$。因此，由 $\boldsymbol{i}^b - \boldsymbol{k}^b$平面总的受力得到

$$
F_{\mathrm{lift}}\cos\phi = mV_g\dot{\gamma} + mg\cos\gamma \tag{9.15}
$$

求解$\dot{\gamma}$得到

$$
\dot{\gamma} = \frac{g}{V_g}\left(\frac{F_{\mathrm{lift}}}{mg}\cos\phi - \cos\gamma\right) \tag{9.16}
$$

负荷因子定义为作用于飞机上的升力与飞机重量的比值：$n_{\mathrm{lf}} \triangleq F_{\mathrm{lift}}/mg$。在机翼水平时，水平飞行的滚动角和航迹角为

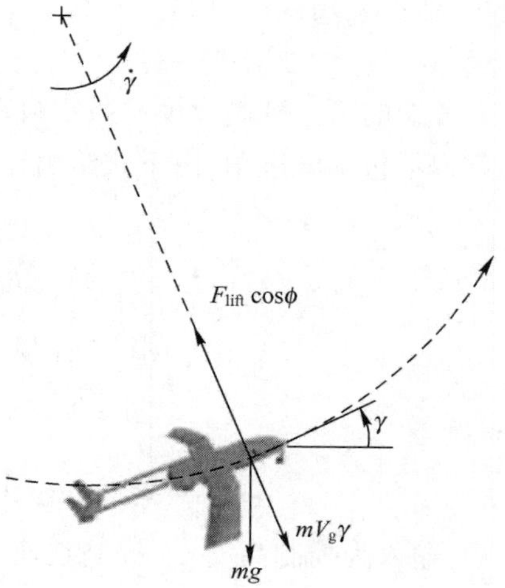

图9.1 上升机动的自由体受力图。飞机滚动角为 ϕ

零($\phi=\gamma=0$),负荷因子等于1。从控制的角度来看,考虑负荷因子是有用的,因为其代表着飞机在爬坡和转弯机动时经受的力。虽然负荷因子是一个无量纲数,但经常以飞机在飞行中经受的“g”的数量来提及。通过控制作为状态的负荷因子,可以确保给飞机的命令在其结构性能之内。考虑到负载因子的定义,式(9.16)变成

$$\dot{\gamma}=\frac{g}{V_g}(n_{\mathrm{lf}}\cos\phi-\cos\gamma) \tag{9.17}$$

必须指出,在恒定爬升时,$\dot{\gamma}=0$,负荷因子可表示为

$$n_{\mathrm{lf}}=\frac{\cos\gamma}{\cos\phi} \tag{9.18}$$

这一公式将在9.4节中使用。

9.3 运动制导模型

本节对MAV的几种不同运动制导模型进行总结。获得的制导模型假设有风存在。风很难使用运动模型来正确建模,因为它引入了作用在飞机上的气动力,在运动模型中以空速、攻角和侧偏角的方式表示,正如第4章所解释的。速度矢量可以用空速、航向和以空气为参考的航迹角的方式表示,如式(9.8)所示,或者以地面速度、航线和航迹角来表示,如式(9.7)所示。然而,我们通常控制速度、航向角和航迹角。因此,如果在模拟中,我们直接采用空速、航线角和航迹角,然后使用式(2.10)~式(2.12)来求解地面速度、航向和以空气为参考的航迹角。

考虑的第一种制导模型假定自动驾驶仪控制空速、高度、航向角。相应的运动方程不包括航迹角,由下式给出:

$$\begin{cases}\dot{p}_n=V_a\cos\psi+w_{\mathrm{n}}\\ \dot{p}_e=V_a\sin\psi+w_{\mathrm{e}}\\ \ddot{\chi}=b_{\dot{\chi}}(\dot{\chi}^c-\dot{\chi})+b_{\chi}(\chi^c-\chi)\\ \ddot{h}=b_{\dot{h}}(\dot{h}^c-\dot{h})+b_h(h^c-h)\\ \dot{V}_a=b_{V_a}(V_a^c-V_a)\end{cases} \tag{9.19}$$

式中:输入为控制高度h^c、控制空速V_a^c和控制航向角χ^c;Ψ由式(2.12)给出,其中$\gamma_a=0$。

另外,使用滚转角为输入控制参数也很常见,通过使用式(9.10)给出的协调转弯条件来控制航向。在这种情况下,运动方程变为

$$
\begin{cases}
\dot{p}_n = V_a\cos\psi + w_n \\
\dot{p}_e = V_a\sin\psi + w_e \\
\dot{\chi} = \dfrac{g}{V_g}\tan\phi \\
\ddot{h} = b_{\dot{h}}(\dot{h}^c - \dot{h}) + b_h(h^c - h) \\
\dot{V}_a = b_{V_a}(V_a^c - V_a) \\
\dot{\phi} = b_\phi(\phi^c - \phi)
\end{cases}
\tag{9.20}
$$

式中:ϕ^c 为滚动角控制量。

对于纵向运动,高度通常是通过航迹角来间接控制。在这种情况下,有

$$
\begin{cases}
\dot{p}_n = V_a\cos\psi\cos\gamma_a + w_n \\
\dot{p}_e = V_a\sin\psi\cos\gamma_a + w_e \\
\dot{h} = V_a\sin\gamma_a - w_d \\
\dot{\chi} = \dfrac{g}{V_g}\tan\phi\cos(\chi - \psi) \\
\dot{\gamma} = b_\gamma(\gamma^c - \gamma) \\
\dot{V}_a = b_{V_a}(V_a^c - V_a) \\
\dot{\phi} = b_\phi(\phi^c - \phi)
\end{cases}
\tag{9.21}
$$

式中:γ^c 为(惯性基准)航迹角控制量;γ_a、ψ 和 V_g 分别由式(2.10)~式(2.12)给出。

一些自动驾驶仪控制负荷因子而不是航迹角。由式(9.17),代表这种情况的运动模型由下式给出:

$$
\begin{cases}
\dot{p}_n = V_a\cos\psi\cos\gamma_a + w_n \\
\dot{p}_e = V_a\sin\psi\cos\gamma_a + w_e \\
\dot{h} = V_a\sin\gamma_a - w_{\mathrm{d}} \\
\dot{\chi} = \dfrac{g}{V_g}\tan\phi \\
\dot{\gamma} = \dfrac{g}{V_g}(n_{\mathrm{lf}}\cos\phi - \cos\gamma) \\
\dot{V}_a = b_{V_a}(V_a^c - V_a) \\
\dot{\phi} = b_\phi(\phi^c - \phi) \\
\dot{n}_{\mathrm{lf}} = b_n(n_{\mathrm{lf}}^c - n_{\mathrm{lf}})
\end{cases}
\tag{9.22}
$$

式中:n_{lf}^c为负荷因子控制量;V_g 和 γ_a 分别由式(2.10)和式(2.11)给出。

9.4 动态制导模型

9.3 节得到的降阶制导模型是基于位置和速度之间的运动关系。此外，还使用了一阶微分方程来对控制状态的闭环响应建模。这些公式中，利用了协调转弯来消除运动方程中的升力条件。此外，还假设空速是一个受控量，因此没有沿体坐标系 $\boldsymbol{i}_b$ 轴来进行力平衡分析。本节将给出在文献中经常遇到的另一套运动方程，利用了受力图中的关系。在这些动态方程中升力、阻力和推力是显而易见的。

以航迹角 γ 和横倾角 ϕ 爬升的 MAV 的受力图如图 9.2 所示。沿 $\boldsymbol{i}_b$ 轴应用牛顿第二定律并重新排列得到

$$\dot{V}_g=\frac{F_{\text{thrust}}}{m}-\frac{F_{\text{drag}}}{m}-g\sin\gamma$$

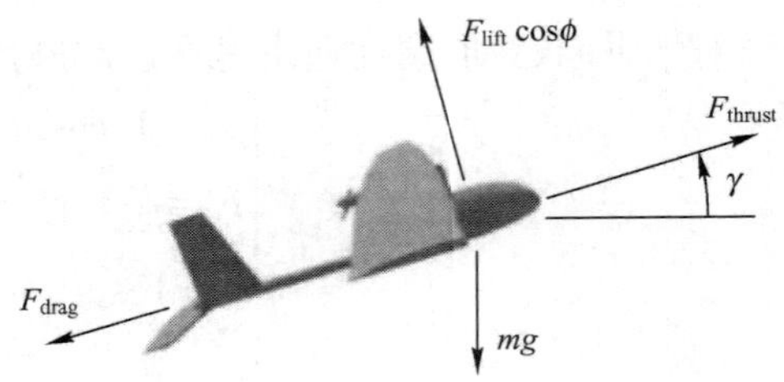

图 9.2 UAV 的受力图指出了沿 $\boldsymbol{i}_b$ 轴的外力，假定 UAV 滚动角为 ϕ

式中：F_{thrust} 为推力；F_{drag} 为阻力。需要注意的是，由第 5 章中的完整非线性运动方程式(5.34)进行传递函数获取过程中正好得到了这个公式。航线角能以升力的形式表示，结合式(9.10)中的协调转弯以及负荷因子的公式(9.18)，可得到

$$\dot{\chi}=\frac{g}{V_g}\tan\phi\cos(\chi-\psi)=\frac{g\sin\phi\cos(\chi-\psi)}{V_g\cos\gamma}n_{\text{lf}}=\frac{F_{\text{lift}}\sin\phi\cos(\chi-\psi)}{mV_g\cos\gamma}$$

同样，式(9.15)以升力表示了航迹角。

结合这些动力学方程和笛卡儿位置和速度相关的运动方程，得到如下运动方程：

$$\begin{cases}\dot{p}_{\text{n}}=V_g\cos\chi\cos\gamma\\ \dot{p}_{\text{e}}=V_g\sin\chi\cos\gamma\\ \dot{h}=V_a\sin\gamma\\ \dot{V}_g=\dfrac{F_{\text{thrust}}}{m}-\dfrac{F_{\text{drag}}}{m}-g\sin\gamma\\ \dot{\chi}=\dfrac{F_{\text{lift}}\sin\phi\cos(\chi-\psi)}{mV_g\cos\gamma}\\ \dot{\gamma}=\dfrac{F_{\text{lift}}}{mV_g}\cos\phi-\dfrac{g}{V_g}\cos\gamma\end{cases}\tag{9.23}$$

式中：ψ 由式(2.12)给出。控制变量为推力、升力系数和横倾角 $[F_{\text{thrust}},C_L,\phi]^{\text{T}}$。

升力和阻力由下式给出：

$$F_{\text{lift}} = \frac{1}{2}\rho V_a^2 SC_L$$

$$F_{\text{drag}} = \frac{1}{2}\rho V_a^2 SC_D$$

式中：$C_D = C_{D_0} + KC_L^2$[52]。诱导阻力因子 K 可以由气动效率决定，气动效率定义为

$$E_{\max} \triangleq \left(\frac{F_{\text{lift}}}{F_{\text{drag}}}\right)_{\max}$$

零升力阻力系数 C_{D_0} 由下式确定：

$$K = \frac{1}{4E_{\max}^2 C_{D_0}}$$

这种点质量模型的普及可能是由于这样的事实：这种模型对飞机在驾驶仪通常控制的输入下的响应特性建模，这些输入包括发动机推力、升力面上的升力和高度指示器上观察到的横倾角。在没有风的情况下，$V_g = V_a$，$\gamma = \gamma_a$ 和 $\chi = \psi$，因此式(9.22)可以表示为

$$\begin{cases} \dot{p}_n = V_a\cos\psi\cos\gamma \\ \dot{p}_e = V_a\sin\psi\cos\gamma \\ \dot{h} = V_a\sin\gamma \\ \dot{V}_g = \dfrac{F_{\text{thrust}}}{m} - \dfrac{F_{\text{drag}}}{m} - g\sin\gamma \\ \dot{\chi} = \dfrac{F_{\text{lift}}}{mV_a}\dfrac{\sin\phi}{\cos\gamma} \\ \dot{\gamma} = \dfrac{F_{\text{lift}}}{mV_a}\cos\phi - \dfrac{g}{V_a}\cos\gamma \end{cases} \tag{9.24}$$

9.5 本章小结

本章的目的是为制导回路提出高水平的设计模型。制导模型是从 6 自由度模型、运动学关系和力平衡方程获得的。式(9.19)～式(9.22)给出了运动设计模型。文献中经常发现的动态设计模型如式(9.24)所示。

注释和参考文献

本章讨论的制导模型的开发所需支持材料参见文献[2,25,22,52]。以空气为参考的航迹角来自从 www.boeing.com 获得的波音循环。9.2.2 节中加速

爬升的来源借鉴了文献[2]中第227~228页的讨论。

9.6 设计项目

本章作业的目的是预估自动驾驶仪常数 b_*，并在全仿真模型完成前开发一个可用于试验和调试后续章节讨论的制导算法的降阶 Simulink 模型。工作主要集中式(9.19)和式(9.20)给出的模型。

9.1 创建一个 Simulink S-函数，实现式(9.19)给出的模型并插入到 MAV 模拟器中。对于不同的 χ^c、h^c、V_a^c 输入，比较两个模型的输出，并调整自动驾驶仪的系数 b_{V_a}、$b_{\dot{h}}$、b_h、$b_{\dot{\chi}}$、b_χ，以获得类似的行为特性。可能需要重新调整第8章得到的自动驾驶仪增益，并利用网站上的 Simulink 文件 mavsim_chap9.mdl 和 MATLAB 函数 guidance_model.M。

9.2 修改自动驾驶仪的功能，使用受控的滚动角 ϕ^c 作为输入，而不是受控的航向 χ^c。创建一个实现了式(9.20)给出模型的 Simulink S-函数，并插入到 MAV 模拟器中。对于不同的 ϕ^c、h^c、V_a^c 输入，比较两个模型的输出，并调整自动驾驶仪系数 b_* 以获得类似的行为。可能需要重新调整第8章得到的自动驾驶仪增益。利用零风条件下的模拟，找到在滚动角控制为 $\phi^c=30°$ 时可行的 MAV 最小转弯半径 R_{min}。

第10章　直线和轨道跟踪

本章将开发追踪直线段和恒定高度圆轨道的制导规律。第11章将讨论直线和圆轨道跟踪的综合以跟踪更复杂的路径,而第12章将描述通过障碍区域的路径规划技术。对于图1.1和图1.2所示结构的情况下,本章介绍了路径追踪模块的算法。在直线段和圆轨道追踪的主要挑战是几乎总存在风。对于小型无人驾驶飞机,风速一般为所需空速的20%~60%。有效的路径跟随策略必须克服这种一直存在的干扰效应。对于大多数固定翼微型飞机,最小转弯半径在10~50m范围。这对可被追踪路径的空间频率设置了基本限制。因此,路径跟随算法能利用微型飞机的充分能力是很重要的。

轨迹跟踪概念中隐含的是控制车辆在特定的时间位于特定的位置,且位置通常随时间而改变,从而使车辆按所需的方式移动。对于固定翼飞机,预期位置是不断移动的(在预期地面速度下)。对于MAV,如果不能正确考虑诸如风造成的那些干扰,跟踪一个移动点的方法可能导致明显的问题。如果MAV飞入强风中(相对于其控制的地面速度),轨迹点的进展必然相应变慢。同样,如果MAV顺风飞入风中,跟踪点的速度必然增加,使其免于超过预期位置。考虑到风的扰动经常变化且往往不容易预测,除了平静条件外,轨迹跟踪在其他条件下都是一个挑战。

不使用轨迹跟踪的方法,本章重点介绍路径跟随,其目的是在要经过的路径上而不是在特定的时间的某一个点上。对路径跟随,就去掉了问题的时间依赖性。本章将假设受控的飞机由式(9.19)给出的制导模型进行建模。目标是开发一个存在风的情况下准确路径跟随的方法。对于一个给定的机身,存在一个最佳的空速,此时飞机机身在空气动力学上最有效率,并节约MAV保持这个速度时的燃料。因此,本章将假设MAV以恒定的空速 V_a 运动。

10.1　直线路径跟随

在三维空间直线路径由两个矢量来描述,即

$$P_{\text{line}}(\boldsymbol{r},\boldsymbol{q}) = \{x \in \mathbf{R}^3 : x = \boldsymbol{r} + \lambda\boldsymbol{q}, \lambda \in \mathbf{R}\}$$

式中:$\boldsymbol{r} \in \mathbf{R}^3$,是路径的初始值;$\boldsymbol{q} \in \mathbf{R}^3$,方向代表所需前进方向的一个单位矢量。

$P_{\text{line}}(\boldsymbol{r},\boldsymbol{q})$的俯视或横向视图如图10.1所示,其侧面或纵视图如图10.2所

示。从北测量，$P_{\text{line}}(\boldsymbol{r},\boldsymbol{q})$ 的航线角由下式给出：

$$\chi_q \triangleq \arctan2 \frac{q_e}{q_n} \tag{10.1}$$

式中：$\boldsymbol{q}=[q_n \quad q_e \quad q_d]^{\mathrm{T}}$，表示单位方向矢量的向北、向东和向下的分量。

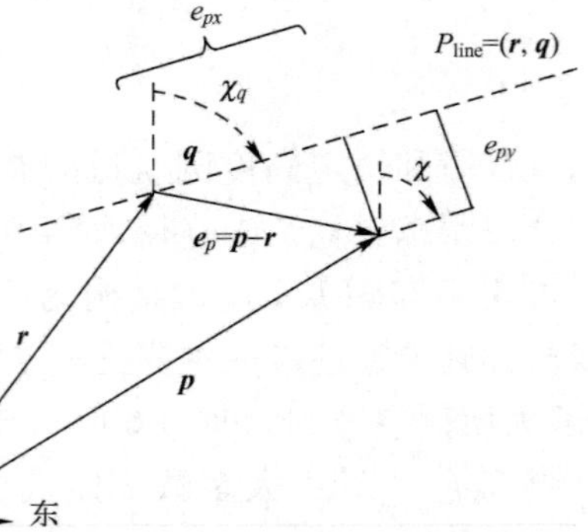

图 10.1　由 $(\boldsymbol{p},\chi)$ 给出的 MAV 配置以及 $P_{\text{line}}(\boldsymbol{r},\boldsymbol{p})$ 给出的直线

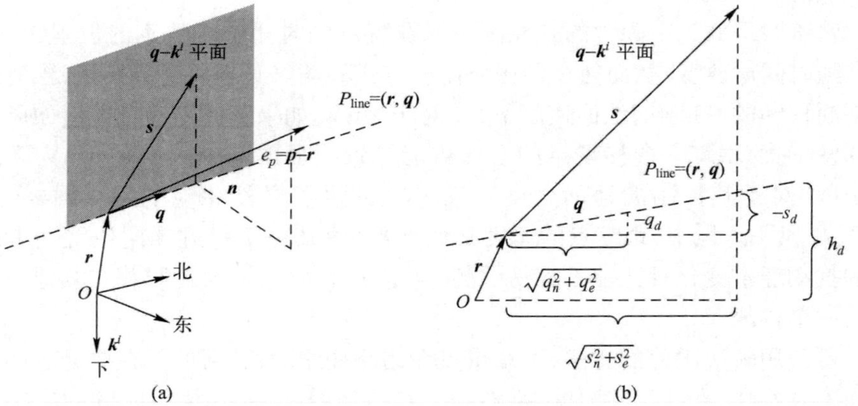

图 10.2　所需高度的计算是直线路径后，在纵向方向

相对于直接路径的机身的路径跟随问题是最容易解决的。选择 $\boldsymbol{r}$ 为机身的中心，x 轴与 $\boldsymbol{q}$ 的投影在北东平面上，z 轴对准惯性 z 轴，与选定的 y 轴创建右手坐标系，则有

$$\boldsymbol{R}_i^P \triangleq \begin{pmatrix} \cos\chi_q & \sin\chi_q & 0 \\ -\sin\chi_q & \cos\chi_q & 0 \\ 0 & 0 & 1 \end{pmatrix}$$

为惯性系到路径坐标系的转换矩阵，而

$$\boldsymbol{e}_p = \begin{pmatrix} e_{px} \\ e_{py} \\ e_{pz} \end{pmatrix} \triangleq \boldsymbol{R}_i^p(\boldsymbol{p}^i - \boldsymbol{r}^i)$$

为路径坐标系中表示的相对路径误差。北东惯性平面中的相对误差动态变化在路径坐标系中表示为

$$\begin{pmatrix} \dot{e}_{px} \\ \dot{e}_{py} \end{pmatrix} = \begin{pmatrix} \cos\chi_q & \sin\chi_q \\ -\sin\chi_q & \cos\chi_q \end{pmatrix} \begin{pmatrix} V_g\cos\chi \\ V_g\sin\chi \end{pmatrix}$$

$$= V_g \begin{pmatrix} \cos(\chi - \chi_q) \\ \sin(\chi - \chi_q) \end{pmatrix} \tag{10.2}$$

对于路径跟随,希望通过控制航线角来调节交径误差 e_{py} 为 0。这样相应的动力学方程为

$$\dot{e}_{py} = V_g \sin(\chi - \chi_q) \tag{10.3}$$

$$\ddot{\chi} = b_{\dot{\chi}}(\dot{\chi}^c - \dot{\chi}) + b_{\chi}(\chi^c - \chi) \tag{10.4}$$

侧面的直线路径跟随问题是在知道 χ_q 时选择 χ^c 使得 $e_{py} \to 0$。

纵向上直线路径跟随的几何形状如图 10.2 所示。为计算所需高度,有必要将相对路径误差矢量投影到包含路径方向矢量的垂直平面内,如图 10.2(a)所示。用 $\boldsymbol{s}$ 来表示 $\boldsymbol{e}_p$ 的投影。参考图 10.2(b)中包含路径的垂直平面,利用相似三角形,可得到下列关系:

$$\frac{-s_d}{\sqrt{s_n^2 + s_e^2}} = \frac{-q_d}{\sqrt{q_n^2 + q_e^2}}$$

相对误差矢量的投影 $\boldsymbol{s}$ 定义为

$$\boldsymbol{s}^i = \begin{pmatrix} s_n \\ s_e \\ s_d \end{pmatrix}$$

$$= \boldsymbol{e}_p^i - (\boldsymbol{e}_p^i \cdot \boldsymbol{n})\boldsymbol{n}$$

式中

$$\boldsymbol{e}_p^i = \begin{pmatrix} e_{pn} \\ e_{pe} \\ e_{pd} \end{pmatrix} \triangleq \boldsymbol{p}^i - \boldsymbol{r}^i = \begin{pmatrix} p_n - r_n \\ p_e - r_e \\ p_d - r_d \end{pmatrix}$$

$\boldsymbol{q} - \boldsymbol{k}^i$ 平面法线方向单位矢量由下式计算:

$$\boldsymbol{n} = \frac{\boldsymbol{q} \times \boldsymbol{k}^i}{\| \boldsymbol{q} \times \boldsymbol{k}^i \|}$$

由式 10.2(b),飞机在跟随直线 $P_{\text{line}}(\boldsymbol{r},\boldsymbol{q})$ 的 $\boldsymbol{p}$ 点所需的高度为

$$h_d(\boldsymbol{r},\boldsymbol{p},\boldsymbol{q}) = -r_d + \sqrt{s_n^2 + s_e^2}\left(\frac{q_d}{\sqrt{q_n^2 + q_e^2}}\right) \tag{10.5}$$

由于高度动态变化为

$$\ddot{h} = b_{\dot{h}}(\dot{h}^c - \dot{h}) + b_h(h^c - h) \tag{10.6}$$

纵向直线路径跟随的问题是选择 h^c 使得 $h \to h_d(\boldsymbol{r},\boldsymbol{p},\boldsymbol{q})$。

10.1.1 直线跟随的纵向制导策略

本节将给出位置点路径的高度部分的纵向制导规律。对式(10.5)规定的所需高度和式(10.6)给出的动力学建模,可以证明:使得 $h^c = h_d(\boldsymbol{r},\boldsymbol{p},\boldsymbol{q})$ 并利用图6.20的高度状态机,将得到良好的路径跟随性能,且直线路径上高度稳态误差为零。

对于高度状态机,假定在爬升和下降区域的控制规律将导致 MAV 上升或下降到高度保持区。在高度保持区,使用俯仰姿态来控制 MAV 的高度,如图6.16所示。假设连续闭环已正确实施,外回路动力学的简化表示如图6.17所示,其传递函数为

$$\frac{h}{h^c} = \frac{b_{\dot{h}} s + b_h}{s^2 + b_{\dot{h}} s + b_h}$$

定义高度误差为

$$e_h \triangleq h - h_d(\boldsymbol{r},\boldsymbol{p},\boldsymbol{q}) = h - h^c$$

可得到

$$\begin{aligned}\frac{e_h}{h^c} &= 1 - \frac{h}{h^c}\\ &= \frac{s^2}{s^2 + b_{\dot{h}} s + b_h}\end{aligned}$$

应用终值定理,可得到

$$\begin{aligned}e_{h,ss} &= \lim_{s \to 0} s \frac{s^2}{s^2 + b_{\dot{h}} s + b_h} h^c\\ &= 0, \text{对 } h^c = \frac{H_0}{s}, \frac{H_0}{s^2}\end{aligned}$$

第6章的分析还表明,恒定的扰动会被移除。因此,如果不超过 MAV 的物理能力且扰动为零或者幅度恒定,利用高度状态机,可以跟踪恒定高度和倾斜直线路径,且具有零稳态高度误差。

10.1.2 直线跟随的侧向制导策略

本节的目的是选择式(10.4)中的受控航线角 χ^c,使得式(10.3)中的 e_{py} 逐渐变为0。本节中的策略是对 MAV 朝路径移动中相对于直线路径的每个空间点,构建一个所需要的航线角。每个点所需的一组航向角称为矢量场,因为所需的航线角确定了一个相同幅度的矢量(相对于直线)。直线路径跟随的矢量场实例如图10.3所示。目的是构建矢量场,这样当 e_{py} 相当大时,MAV 会直接以航线角 $\chi^{\infty} \in (0, \frac{\pi}{2})$ 接近路径。所以,当 e_{py} 接近0时,所需的航向也接近零。为此,

定义 MAV 所需的航线为

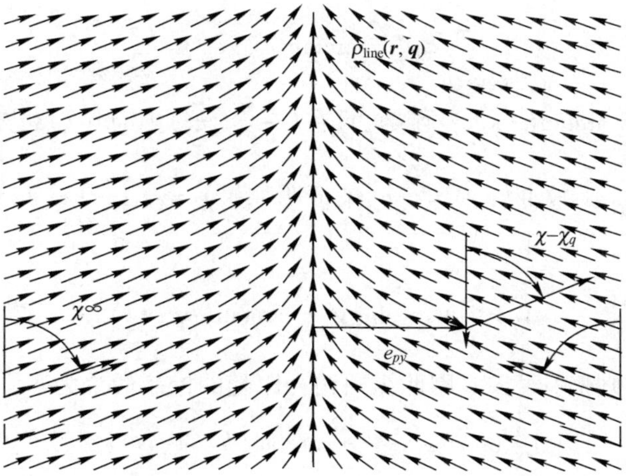

图 10.3　直线路径跟随的矢量场

（远离航点路径时，矢量场与路径垂直方向成χ^∞）

$$\chi_d(e_{py}) = -\chi^\infty \frac{2}{\pi}\arctan(k_{path}e_{py}) \tag{10.7}$$

式中：k_{path}为影响χ^∞到 0 之间的过渡速率的一个正常数。k_{path}的选择影响转换速率如图 10.4 所示。k_{path}的巨大值会导致短促、不连贯的转换，而 k_{path}的小值在所需航向上引起长期的平稳过渡。

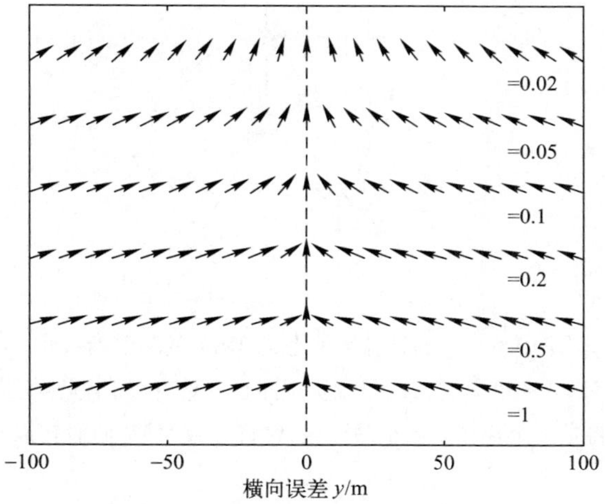

图 10.4　不同 k_{path}值的矢量场

（k_{path}的巨大值会产生χ^∞到 0 之间不连贯的转换，而 k_{path}的小值会得到平稳过渡）

如果χ^{∞}被限制在$(0,\frac{\pi}{2}]$范围内,显然对所有e_{py},有

$$-\frac{\pi}{2}<\chi^{\infty}\frac{2}{\pi}\arctan(k_{\text{path}}e_{py})<\frac{\pi}{2}$$

因此,由于arctan(·)为奇函数,且在$(-\frac{\pi}{2},\frac{\pi}{2})$内sin(·)也是奇函数,可以使用李雅普诺夫函数$W(e_{py})=\frac{1}{2}e_{py}^{2}$来证明如果$\chi=\chi_q+\chi^{d}(e_{py})$,那么$e_{py}$逐渐趋向于0。由于

$$\dot{W}=-V_a e_{py}\sin\left(\chi^{\infty}\frac{2}{\pi}\arctan(k_{\text{path}}e_{py})\right)$$

对$e_{py}\neq 0$,则$\dot{W}$小于零。因此纵向路径跟随的控制命令为

$$\chi^{c}(t)=\chi_q-\chi^{\infty}\frac{2}{\pi}\arctan(k_{\text{path}}e_{py}(t)) \tag{10.8}$$

在进入轨道跟随前,注意到如果使用式(10.1)直接计算χ_q,其中arctan2函数返回$\pm\pi$之间的一个角度,则使用式(10.8)可能得到不理想的结果式(10.1)。作为一个例子,考虑图10.5所示的情况下,其中χ_q是一个比π稍小的正数。由于目前的航向为负,式(10.8)将使得MAV向右转以对齐航点路径。作为另一个选择,如果χ_q用略小于$-\pi$的负角表示,然后MAV将向左转以对齐航点路径。为了缓解这一问题,χ_q应按下式计算:

$$\chi_q=\arctan2(q_e,q_n)+2\pi m$$

式中:$M\in N$,应按$-\pi\leqslant\chi_q-\chi\leqslant\pi$选择;arctan2为四象限的反正切函数。

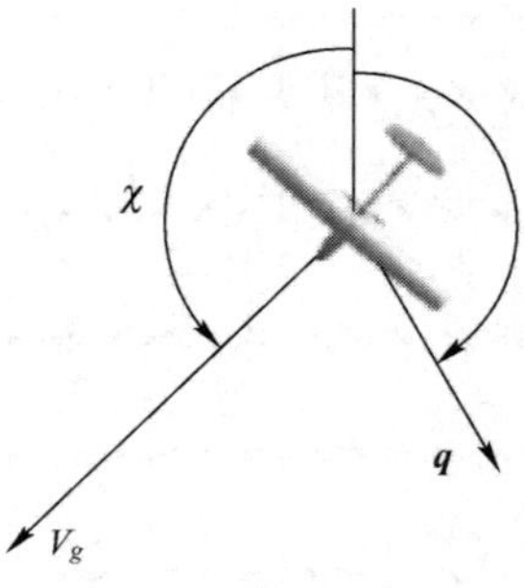

图10.5 χ_q的计算需要考虑MAV的当前航线角

(在这种情况下,MAV应该向左转以与位置点路径一致,但如果χ_q值使用arctan2计算,得到的角度将是一个比$+\pi$稍小的正数,这将导致MAV向右转以与路径一致)

10.2 轨道跟随

轨道路径是由中心$c\in\mathbb{R}^3$、半径$\rho\in\mathbb{R}$和方向$\lambda\in\{-1,1\}$来描述,即

$$\boldsymbol{P}_{\text{orbit}}(\boldsymbol{c},\rho,\lambda)=\{r\in\mathbb{R}^3:r=\boldsymbol{c}+\lambda\rho(\cos\varphi,\sin\varphi,0)^{\mathrm{T}},\varphi\in[0,2\pi)\}$$

式中：$\lambda=1$ 表示顺时针轨道，$\lambda=-1$ 表示逆时针轨道。假设轨道的中心以惯性坐标表示，这样 $\boldsymbol{c}=(c_n,c_e,c_d)^{\mathrm{T}}$表示，$-c_{\mathrm{d}}$代表轨道所需的高度。为保持高度，令 $h^c=c_d$。

轨道路径自上而下的视图如图 10.6 所示。轨道跟随的制导策略最好在极坐标系中获得。设 d 为从轨道所需的中心到 MAV 的横向距离，φ 是相对位置的相位角，如图 10.6 所示。恒定高度飞机在极坐标系中的动力学方程可通过在北和东方向上 MAV 运动描述的微分方程的旋转得到：

$$\begin{pmatrix}\dot{p}_n\\ \dot{p}_e\end{pmatrix}=\begin{pmatrix}V_g\cos\chi\\ V_g\sin\chi\end{pmatrix}$$

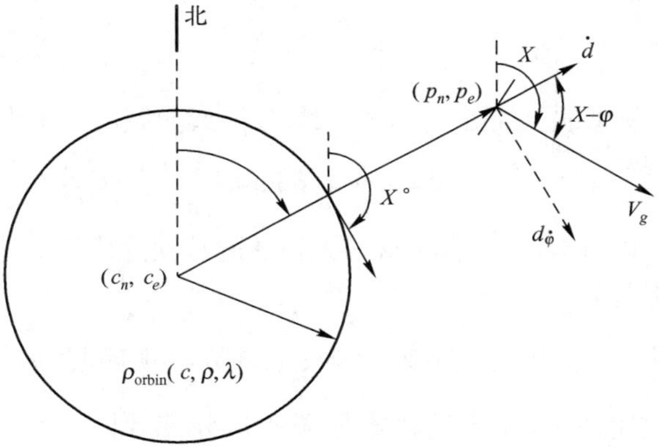

图 10.6　中心(c_n,c_e)、半径ρ 的轨道路径。从轨道中心到 MAV 的距离为 d，MAV 相对于轨道的角位置为 φ

通过相位角 φ，这样代表 MAV 在轨道法线和切线方向上运动的方程为

$$\begin{aligned}\begin{pmatrix}\dot{\mathrm{d}}\\ \mathrm{d}\dot{\varphi}\end{pmatrix}&=\begin{pmatrix}\cos\varphi & \sin\varphi\\ -\sin\varphi & \cos\varphi\end{pmatrix}\begin{pmatrix}\dot{p}_n\\ \dot{p}_e\end{pmatrix}\\ &=\begin{pmatrix}\cos\varphi & \sin\varphi\\ -\sin\varphi & \cos\varphi\end{pmatrix}\begin{pmatrix}V_g\cos\chi\\ V_g\sin\chi\end{pmatrix}\\ &=\begin{pmatrix}V_g\cos(\chi-\varphi)\\ V_g\sin(\chi-\varphi)\end{pmatrix}\end{aligned}$$

这些表达式也可由图 10.6 所示的形状获得。因此，得到极坐标系下 MAV 的动力学方程为

$$\dot{d}=V_g\cos(\chi-\varphi)\tag{10.9}$$

$$\dot{\varphi}=\frac{V_g}{d}\sin(\chi-\varphi)\tag{10.10}$$

$$\ddot{\chi} = -b_{\dot{\chi}}\dot{\chi} + b_{\chi}(\chi^c - \chi) \tag{10.11}$$

如图 10.6 所示，对顺时针轨道，当 MAV 位于轨道上时所需的航线角由 $\chi^0 = \varphi + \pi/2$ 给出。同样，对逆时针轨道，所需角度由 $\chi^0 = \varphi + \pi/2$ 给出。因此，一般情况下有

$$\chi^0 = \varphi + \lambda \frac{\pi}{2}$$

控制目标是在有风的情况下获得对轨道半径 ρ 的 $d(t)$ 以及从 χ^0 获得航线角 $\chi(t)$。

采用的轨道跟随方法类似于 10.1.2 节中给出的想法。策略是构造一个理想的航向场将 MAV 移动到轨道 $P_{\text{orbit}}(\boldsymbol{c},\rho,\lambda)$。当 MAV 与轨道中心的距离很大时，MAV 朝向轨道中心飞行是可取的。换句话说，当 $d \gg \rho$ 时，理想的航线是

$$\chi_d \approx \chi^0 + \lambda \frac{\pi}{2}$$

当 $d = \rho$ 时，理想的航线是 $\chi_d = \chi^0$。因此，候选的航向场由下式给出：

$$\chi_d(d-\rho,\lambda) = \chi^0 + \lambda \arctan\left(k_{\text{orbit}}\left(\frac{d-\rho}{\rho}\right)\right) \tag{10.12}$$

式中：k_{orbit} 是大于 0 的常数，表征从 $\lambda\pi/2$ 到 0 的转换速率。这个 χ_d 的表达式对 $d \geqslant 0$ 的所有值都有效。

可以再次使用李雅普诺夫函数 $W = \frac{1}{2}(d-\rho)^2$ 来证明：如果 $\chi = \chi_d$，那么目标的追踪是令人满意的。沿系统轨迹对 W 求微分，得到

$$\dot{W} = -V_g(d-\rho)\sin\left(\arctan\left(k_{\text{orbit}}\left(\frac{d-\rho}{\rho}\right)\right)\right)$$

上式明显是负值，因为对所有的 $d > 0$，得到的 sin 函数的参数都在 $(-\pi/2, \pi/2)$ 范围内，这意味着 d 以渐近线趋向于 ρ。因此，轨道跟随的航向命令由下式给出：

$$\chi^c(t) = \varphi + \lambda\left[\frac{\pi}{2}\arctan\left(k_{\text{orbit}}\left(\frac{d-\rho}{\rho}\right)\right)\right] \tag{10.13}$$

类似于路径角 χ_q 的计算，如果在轨道上计算的角位置 φ 在 $\pm\pi$ 之间，则在 MAV 从 $\varphi = \pi$ 到 $\varphi = -\pi$ 转换时，受控的航向会有一个 2π 的突变。为了缓解这一问题，φ 应按下式计算：

$$\varphi = \operatorname{arctan2}(p_e - c_e, p_d - c_d) + 2\pi m$$

式中：$m \in \mathcal{N}$，应使得 $-\pi \leqslant \varphi - \chi \leqslant \pi$。

10.3 本章小结

本章介绍了存在风的情况下跟随直线路径和圆轨道的算法。想法是建立一

个指导 MAV 沿路径运动的航向场,因此明显不同于轨迹跟踪,控制飞机跟随随时间变化的位置。本章给出的算法总结在算法 3 和算法 4 中。

Algorithm 3 Straight-line Following：$[h^c,\chi^c]$ = followStraightLine(r,q,p,χ)

Input：Path definition $r = (r_n,r_e,r_d)^T$ and $q = (q_n,q_e,q_d)^T$, MAV position $p = (p_n,p_e,p_d)^T$, course χ, gains χ_∞, k_{path}, sample rate T_s.

1：Compute commanded altitude using equation (10.5).
2：$\chi_q \leftarrow \arctan2(q_e,q_n)$
3：while $\chi_q - \chi < -\pi$ do
4：$\chi_q \leftarrow \chi_q + 2\pi$
5：end while
6：while $\chi_q - \chi > \pi$ do
7：$\chi_q \leftarrow \chi_q - 2\pi$
8：end while
9：$e_{py} \leftarrow -\sin\chi_q(p_n - r_n) + \cos\chi_q(p_e - r_e)$
10：Compute commanded course angle using equation (10.8).
11：return h^c,χ^c

Algorithm 4 Circular Orbit Following：$[h^c,\chi^c]$ = followOrbit(c,ρ,λ,p,χ)

Input：Orbit center $c = (c_n,c_e,c_d)^T$, radius ρ, and direction λ, MAV position $p = (p_n,p_e,p_d)^T$, course χ, gains k_{orbit}, sample rate T_s.

1：$h^c \leftarrow c_d$
2：$d \leftarrow \sqrt{(p_n - c_n)^2 + (p_e - c_e)^2}$
3：$\varphi \leftarrow \arctan2(p_e - c_e, p_n - c_n)$
4：while $\varphi - \chi < -\pi$ do
5：$\varphi \leftarrow \varphi + 2\pi$
6：end while
7：while $\varphi - \chi > \pi$ do
8：$\varphi \leftarrow \varphi - 2\pi$
9：end while
10：Compute commanded course angle using equation (10.13).
11：return h^c,χ^c

注释和参考文献

10.1 节和 10.2 节中所描述的方法是文献[29,53,54]所描述方法的变形,并基于矢量场的概念,在到路径的距离基础上计算出所需的航向。文献[55]对文献[53]的方法进行了很好的扩展,获得了矢量场方法的通用稳定条件。重点是完全位于轨道上,但也可产生拉长的卵形轨道和椭圆轨道。文献[55]中基于李雅普诺夫函数的方法,可以扩展到直线。

矢量场的概念与势场类似,已被广泛用作机器人路径规划的工具(参见文献[56])。文献[57]也建议势场可用于障碍和碰撞躲避应用的 UAV 导航。文献[57]的方法提供了一种方式,使得 UAV 群体能使用势场梯度在人口稠密地区航行,更接近其目标。矢量场与势场也有差别,不需要代表电势梯度。相反,矢量场直接指出了所需的行进方向。

已经提出了 UAV 航迹跟踪的几种方法。文献[58]提出了一种弯曲轨迹的紧密跟踪方法。对直线路径,该方法近似于 PD 控制。对曲线路径,加入了一个额外的超前控制元件以提高跟踪能力。该方法可适应加入考虑诸如风扰的适应元件。这种方法得到了飞行实验的验证。

文献[59]介绍了一种开发自主飞机轨迹追踪导航和控制算法的综合方法。这种方法建立在增益调度理论上,产生定义在惯性参考系中的轨迹追踪控制器。小型 UAV 的模拟说明了该方法。文献[26]提出了一种 UAV 的路径跟随方法,在 UAV 和观测目标间提供恒定的视线。

10.4 设计项目

这个任务的目标是实现算法 3 和算法 4。从本书的网站下载本章的示例代码,注意加入标记为 PathManager 和 PathFollower 的两个模块。路径管理器的输出是

$$y_{\text{manager}} = \begin{pmatrix} \text{flag} \\ V_a^d \\ \boldsymbol{r} \\ \boldsymbol{q} \\ \boldsymbol{c} \\ \rho \\ \lambda \end{pmatrix}$$

式中:flag = 1 表示应跟随 $P_{\text{line}}(\boldsymbol{r},\boldsymbol{q})$;flag = 2 表示应跟随 $P_{\text{orbit}}(\boldsymbol{c},\rho,\lambda)$;$V_a^d$ 为所需的空速。

10.1 修改 path_follow.m 实现算法 3 和算法 4。通过修改 path_manager_chap10.M，在式(9.18)给出的制导模型中测试直线和轨道跟随算法。实例 Simulink 示意图在 mavsim_chap10_model.mdl 中给出。测试恒定大风下的设计(例如，$w_n=3, w_e=-3$)。调整增益以得到可接受的性能。

提示：7.5 节中讨论的 GPS 仿真模型包含一个不可观测的偏差。这种偏差在模拟中会出现。评估和调试路径跟随算法，可能需要关闭高斯－马尔可夫偏差发生器。

10.2 实施 MAV 的全 6 自由度模拟的路径跟随算法。实例 Simulink 示意图在 mavsim_chap10.mdl 中给出。测试恒定大风下的设计(例如，$w_n=3, w_e=-3$)。如果有必要，调整增益以得到可接受的性能。

第 11 章　路径管理器

第 10 章开发了跟随直线路径和圆轨道的制导策略。本章的目的是描述两个简单的策略，将直线路径和轨迹结合成对 MAV 自主操作有用的综合路径的普通类型。11.1 节给出如何应用直线和轨道制导策略来跟随一系列航点。在 11.2 节中，直线和轨道制导策略将用于合成 Dubins 路径，即轨道制导策略用于合成 Dubins 路径，路径具有固定的高度、转向约束下恒定速度，是两种配置间时间最优的路径。参考图 1.1 和图 1.2 所示的结构，本章介绍了路径管理器。

11.1　位置点间的转换

定义一个航点的有序序列作为路径：

$$\mathcal{W} = \{\boldsymbol{w}_1, \boldsymbol{w}_2, \cdots, \boldsymbol{w}_N\} \tag{11.1}$$

式中：$\boldsymbol{w}_i = (w_{n,i}, w_{e,i}, w_{d,i})^{\mathrm{T}} \in R^3$。

本节对一个位置段到另一个的切换的问题进行了定位。考虑图 11.1 的情形，描绘了 MAV 跟踪直线段 $\overline{\boldsymbol{w}_{i-1}\boldsymbol{w}_1}$。直观地说，当飞机到达 $\boldsymbol{w}_i$ 时，希望切换制导算法，这样会跟踪直线段 $\overline{\boldsymbol{w}_i\boldsymbol{w}_{i+1}}$。确定 MAV 是否已到达 $\boldsymbol{w}_i$ 的最佳方法是什么？一个可能的策略是当飞机进入围绕 $\boldsymbol{w}_i$ 的球时进行切换。换句话说，制导算法将在下式满足时第一时间内切换：

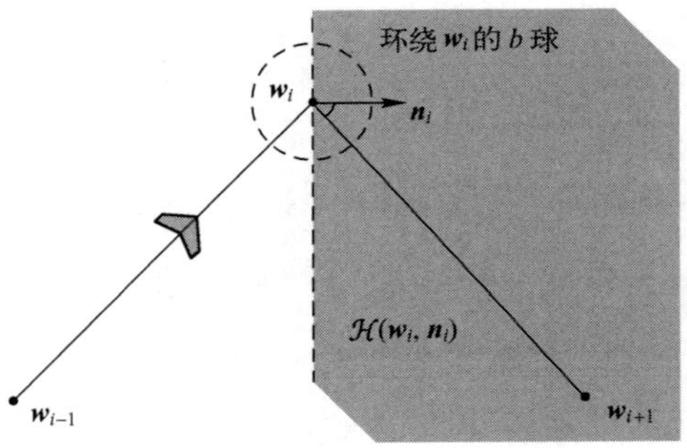

图 11.1　从一个直线段过渡到另一个时，需要一个标准来指示飞机已经完成第一直线段。一个可能的选择是当飞机进入围绕 $\boldsymbol{w}_i$ 的球时进行切换。更好的选择是飞机进入半平面 $\mathcal{H}(\boldsymbol{w}_i, \boldsymbol{n}_i)$

$$\|\boldsymbol{p}(t)-\boldsymbol{w}_i\|\leqslant b$$

式中：b 为球的尺寸；$p(t)$ 为飞机的位置。

然而，如果有干扰（如风），如果 b 选得太小或者从 $\boldsymbol{w}_{i-1}$ 到 $\boldsymbol{w}_i$ 的线段很短，跟踪算法已经没有时间来收敛，这样 MAV 可能永远无法进入 $\boldsymbol{w}_i$ 周围的 b 球。

更好的方法之一不是对跟踪误差敏感，而是使用一个半平面作为切换准则。给定一个点 $\boldsymbol{r}\in R^3$ 和法向量 $\boldsymbol{n}\in R^3$，定义半平面为

$$\mathcal{H}(\boldsymbol{r},\boldsymbol{n})\triangleq\{\boldsymbol{p}\in R^3:(\boldsymbol{p}-\boldsymbol{r})^{\mathrm{T}}\boldsymbol{n}\geqslant 0\}$$

参考图 11.1，可以定义指向直线 $\overline{\boldsymbol{w}_i\mathrm{w}_{i+1}}$ 方向的单位矢量为

$$\boldsymbol{q}_i\triangleq\frac{\boldsymbol{w}_{i+1}-\boldsymbol{w}_i}{\|\boldsymbol{w}_{i+1}-\boldsymbol{w}_i\|}\tag{11.2}$$

因此，分割线段 $\overline{\boldsymbol{w}_{i-1}\boldsymbol{w}_i}$ 和 $\overline{\boldsymbol{w}_i\boldsymbol{w}_{i+1}}$ 的三维半平面的单位法线为

$$\boldsymbol{n}_i\triangleq\frac{\boldsymbol{q}_{i-1}+\boldsymbol{q}_i}{\|\boldsymbol{q}_{\mathrm{i}-1}+\boldsymbol{q}_i\|}$$

MAV 追踪从 $\boldsymbol{w}_{i-1}$ 到 $\boldsymbol{w}_i$ 的直线段，直至进入 $\mathcal{H}(\boldsymbol{w}_i,\boldsymbol{n}_i)$，此时它会转换为追踪从 $\boldsymbol{w}_i$ 到 $\boldsymbol{w}_{i+1}$ 的直线路径。

算法 5 给出了跟随式（11.1）中航点系列的一种简单算法。该算法第一次执行时，第二行指定航点指针初始化为 $i=2$。将控制 MAV 跟随直线段 $\overline{\boldsymbol{w}_{i-1}\boldsymbol{w}_i}$。索引 i 是一个静态变量，在算法从一次执行到下一次执行时保留其值。第 4 行和第 5 行定义了当前位置点线段的 $\boldsymbol{r}$ 和 $\boldsymbol{q}$。第 6 行定义了沿下一位置点路径的单位矢量，第 7 行是一个垂直于分割 $\overline{\boldsymbol{w}_{i-1}\boldsymbol{w}_i}$ 和 $\overline{\boldsymbol{w}_{\mathrm{i}}\boldsymbol{w}_{i+1}}$ 半平面的矢量。第 8 行将检查 MAV 是否到达定义下一个航点段的半平面。如果已经到达，那么第 9 行将增加指针直至到达最后一个航点段。

算法 5 产生的路径如图 11.2 所示。算法 5 的优点是非常简单的，MAV 在到达航点之前就过渡到下一段直线路径。然而，图 11.2 所示的路径中直线段之间的过渡既不光滑也不平衡。另一个方法是在航点之间插入一个倒角来平滑过渡，如图 11.3 所示。图 11.3 所示路径的缺点是 MAV 不直接通过有时可能需要的航点 $\boldsymbol{w}_i$。

Algorithm 5 Follow Waypoints：$(\boldsymbol{r},\boldsymbol{q})=\mathrm{followWpp}(\mathcal{W},\boldsymbol{p})$

Input：Waypoint path $\mathcal{W}=\{\boldsymbol{w}_1,\boldsymbol{w}_2,\cdots,\boldsymbol{w}_N\}$，MAV position $\boldsymbol{p}=(p_n,p_e,p_d)^{\mathrm{T}}$.

Require：$N\geqslant 3$

1：if New waypoint path $\mathcal{W}$ is received then

2：Initialize waypoint index：$i\leftarrow 2$

3：end if

$$\boldsymbol{r} \leftarrow \boldsymbol{w}_{i-1}$$

$$\boldsymbol{q}_{i-1} \leftarrow \frac{\boldsymbol{w}_i - \boldsymbol{w}_{i-1}}{\| \boldsymbol{w}_i - \boldsymbol{w}_{i-1} \|}$$

$$\boldsymbol{q}_i \leftarrow \frac{\boldsymbol{w}_{i+1} - \boldsymbol{w}_i}{\| \boldsymbol{w}_{i+1} \boldsymbol{w}_i \|}$$

$$\boldsymbol{n}_i \leftarrow \frac{\boldsymbol{q}_{i-1} + \boldsymbol{q}_i}{\| \boldsymbol{q}_{i-1} + \boldsymbol{q}_i \|}$$

if $\boldsymbol{p} \in \mathcal{H}(\boldsymbol{w}_i, \boldsymbol{n}_i)$ then

Increment $i \leftarrow (i+1)$ until $i = N-1$

end if

return $\boldsymbol{r}, \boldsymbol{q} = \boldsymbol{q}_{i-1}$ at each time step

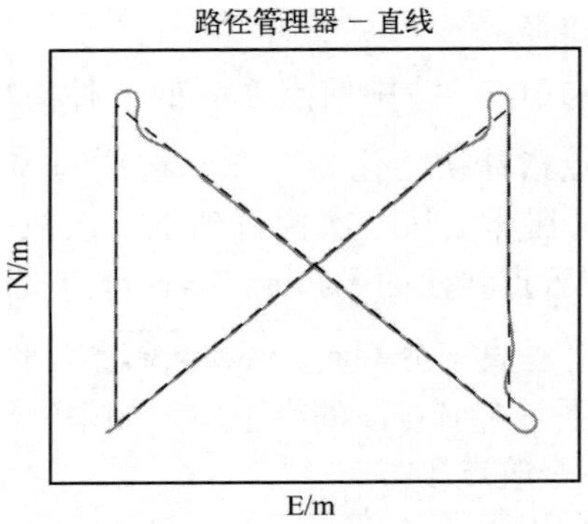

图 11.2　使用路径跟随算法 5 给出的方法生成的路径。MAV 遵循直线路径直到到达航点,然后进入到下一个直线段

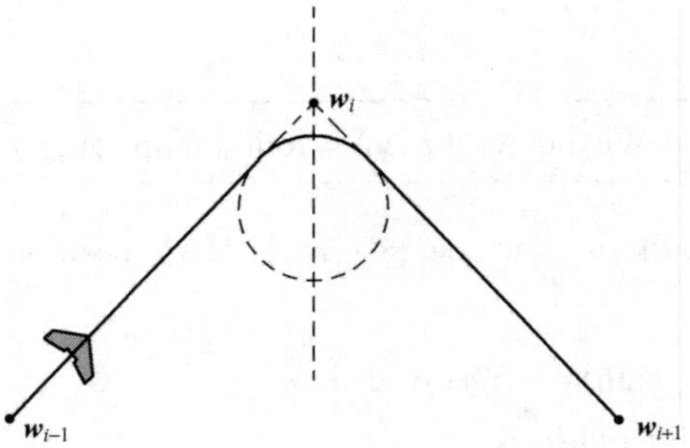

图 11.3　从直线路径$\overline{\boldsymbol{w}_{i-1}\boldsymbol{w}_i}$到$\overline{\boldsymbol{w}_i\boldsymbol{w}_{i+1}}$的过渡可通过插入圆角来平滑

本节的余下内容将重点放在如图 11.3 所示的平滑路径上。过渡附近的几何形状如图 11.4 所示。单位矢量 $\boldsymbol{q}_i$与式(11.2)定义的航点 $\boldsymbol{w}_i$和 $\boldsymbol{w}_{i+1}$之间的直线平行,$\overline{\boldsymbol{w}_{i-1}\boldsymbol{w}_i}$和$\overline{\boldsymbol{w}_i\boldsymbol{w}_{i+1}}$之间的角度由下式给出:

$$\varrho \triangleq \arccos(-\boldsymbol{q}_{i-1}^{\mathrm{T}}\boldsymbol{q}_i) \tag{11.3}$$

如果圆角的半径为 R,如图 11.4 所示,则航点 $\boldsymbol{w}_i$与圆角横切直线$\overline{\boldsymbol{w}_i\boldsymbol{w}_{i+1}}$之间的距离为 $R/\tan\dfrac{\varrho}{2}$,航点 $\boldsymbol{w}_i$和圆角圆心之间的距离是 $R/\sin\dfrac{\varrho}{2}$。因此,$\boldsymbol{w}_i$与圆角边缘的距离沿 ϱ 的二等分线为 $R/\sin\dfrac{\varrho}{2}-R$。

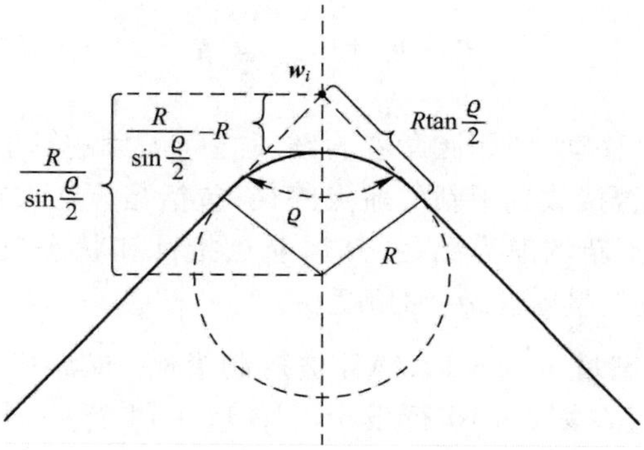

图11.4　航点段之间插入圆角的几何形状示意图

为使用第 10 章中描述的路径跟随算法实现圆角机动,遵循直线段$\overline{\boldsymbol{w}_{i-1}\boldsymbol{w}_i}$直到进入半平面 $\mathcal{H}_1$,如图 11.5 所示。然后沿着半径为 R 的右手轨道运动直至进入如图 11.5 所示的半平面 $\mathcal{H}_2$,指出了所跟随的直线段$\overline{\boldsymbol{w}_i\boldsymbol{w}_{i+1}}$。

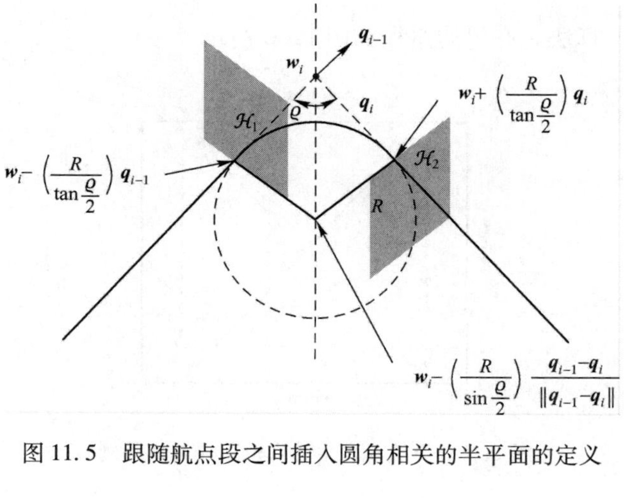

图 11.5　跟随航点段之间插入圆角相关的半平面的定义

如图 11.5 所示，圆角中心由下式给出：

$$\boldsymbol{c}=\boldsymbol{w}_i+\left(\frac{R}{\sin\frac{\varrho}{2}}\right)\frac{\boldsymbol{q}_{i-1}+\boldsymbol{q}_i}{\|\boldsymbol{q}_{i-1}+\boldsymbol{q}_i\|}$$

类似地，半平面 $\mathcal{H}_1$ 由下列位置及法向矢量 $\boldsymbol{q}_{i-1}$ 定义：

$$\boldsymbol{r}_1=\boldsymbol{w}_i-\left(\frac{R}{\tan\frac{\varrho}{2}}\right)\boldsymbol{q}_{i-1}$$

半平面 $\mathcal{H}_2$ 由下列位置及法向矢量 $\boldsymbol{q}_i$ 定义：

$$\boldsymbol{r}_2=\boldsymbol{w}_i+\left(\frac{R}{\tan\frac{\varrho}{2}}\right)\boldsymbol{q}_i$$

沿航点路径 $\mathcal{W}$ 移动、使用圆角在直线段之间平滑的算法参见算法 6。第 1 行的 If 语句检测是否接收到了新的航点路径，包括当算法实例化的情况。如果路径管理器接收到了新的航点路径，然后航点指针和状态机在第 2 行初始化。第 4 ~6 行计算单位矢量 $\boldsymbol{q}_{i-1}$、$\boldsymbol{q}_i$ 和角度 ϱ 。

当状态机中状态量 state = 1，MAV 被控制沿 $\overline{\boldsymbol{w}_{i-1}\boldsymbol{w}_i}$ 跟随直线路径，其参数为 $\boldsymbol{r}=\boldsymbol{w}_{i-1}$、$\boldsymbol{q}=\boldsymbol{q}_{i-1}$，在第 8 ~ 10 行设定。第 11 ~ 14 行检测 MAV 是否已过渡进入图 11.5 中的 $\mathcal{H}_1$ 半平面。如果飞机已经过渡进入 $\mathcal{H}_2$，那么状态机更新为 state = 2。

当状态机中状态量 state = 2 时，MAV 被控制跟随定义圆角的轨道。第 17 ~ 19 行设定了轨道的中心、半径和方向。在第 19 行，$\boldsymbol{q}_{i-1,\mathrm{n}}$ 和 $\boldsymbol{q}_{i-1,\mathrm{e}}$ 代表 $\boldsymbol{q}_{i-1}$ 的北向和东向分量。第 21 ~ 24 行检测 MAV 是否已过渡进入图 11.5 中的 $\mathcal{H}_2$ 半平面。如果 MAV 已经过渡进入 $\mathcal{H}_2$，则航点指针递增，状态机切换到 state = 1 以跟踪线段 $\overline{\boldsymbol{w}_i\boldsymbol{w}_{i+1}}$。算法 6 产生的路径如图 11.6 所示。

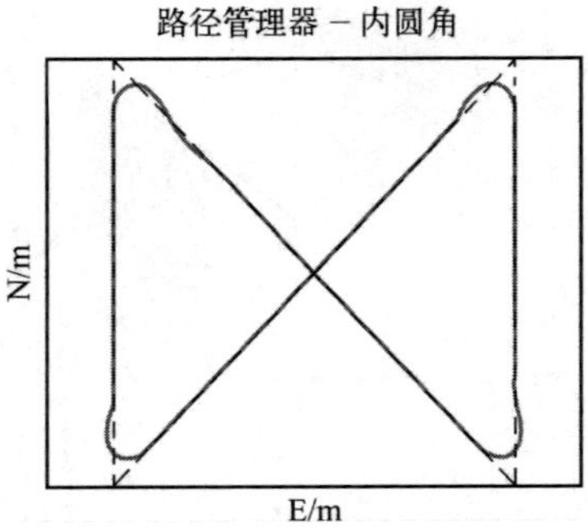

图 11.6　算法 6 产生的飞行路径类型示例

Algorithm 6 Follow Waypoints with Fillets: $(\text{flag}, \boldsymbol{r}, \boldsymbol{q}, \boldsymbol{c}, \rho, \lambda) = \text{followWppFillet}(\mathcal{W}, \boldsymbol{p}, R)$

Input: Waypoint path $\mathcal{W} = \{\boldsymbol{w}_1, \cdots, \boldsymbol{w}_N\}$, MAV position $\boldsymbol{p} = (p_n, p_e, p_d)^{\mathrm{T}}$, fillet radius R.

Require: $N \geqslant 3$

if New waypoint path $\mathcal{W}$ is received then

Initialize waypoint index: $i \leftarrow 2$, and state machine: state $\leftarrow 1$.

end if

$\boldsymbol{q}_{i-1} \leftarrow \dfrac{\boldsymbol{w}_i - \boldsymbol{w}_{i-1}}{\|\boldsymbol{w}_i - \boldsymbol{w}_{i-1}\|}$

$\boldsymbol{q}_i \leftarrow \dfrac{\boldsymbol{w}_{i+1} - \boldsymbol{w}_i}{\|\boldsymbol{w}_{i+1} - \boldsymbol{w}_i\|}$

$\varrho \leftarrow \arccos(-\boldsymbol{q}_{i-1}^{\mathrm{T}} \boldsymbol{q}_i)$

if state $= 1$ then

flag $\leftarrow 1$

$\boldsymbol{r} \leftarrow \boldsymbol{w}_{i-1}$

$\boldsymbol{q} \leftarrow \boldsymbol{q}_{i-1}$

$z = \boldsymbol{w}_i - \left(\dfrac{R}{\tan\frac{\varrho}{2}}\right)\boldsymbol{q}_{i-1}$

if $\boldsymbol{p} \in \mathcal{H}(z, \boldsymbol{q}_{i-1})$ then

state $\leftarrow 2$

end if

else if state $= 2$ then

flag $\leftarrow 2$

$\boldsymbol{c} \leftarrow \boldsymbol{w}_i + \left(\dfrac{R}{\sin\frac{\varrho}{2}}\right)\dfrac{\boldsymbol{q}_{i-1} + \boldsymbol{q}_i}{\|\boldsymbol{q}_{i-1} + \boldsymbol{q}_i\|}$

$\rho \leftarrow R$

$\lambda \leftarrow \text{sign}(q_{i-1,\mathrm{n}} q_{i,\mathrm{e}} - q_{i-1,\mathrm{e}} q_{i,\mathrm{n}})$

$z = \boldsymbol{w}_i + \left(\dfrac{R}{\tan\frac{\varrho}{2}}\right)\boldsymbol{q}_i$

if $\boldsymbol{p} \in \mathcal{H}(z, \boldsymbol{q}_i)$ then

$i \leftarrow (i+1)$ until $i = N - 1$.

state $\leftarrow 1$

end if

end if

return flag, $\boldsymbol{r}, \boldsymbol{q}, \boldsymbol{c}, \rho, \lambda$.

算法6给出的圆角方法的缺点是在插入圆角时路径长度变化。对于某些应用,如文献[60]讨论的协作时机的问题,对路径长度或者遍历一定量航点所需时间的高质量的预估很重要。本节将对插入圆角后的路径长度给出表达式。

为了精确,将

$$|\mathcal{W}| \triangleq \sum_{i=2}^{N} \| \boldsymbol{w}_i - \boldsymbol{w}_{i-1} \|$$

定义为航点路径$\mathcal{W}$的长度。定义$|\mathcal{W}|_F$为圆角修正后的航点路径的长度,由算法6得到。从图11.4中可以看出,修正后的路径经过的圆角长度为$R(\varrho_i)$。此外,很明显,加入圆角后从$|\mathcal{W}|$移除的直线段长度为$2R/\tan\frac{\varrho}{2}$。因此有

$$|\mathcal{W}|_F = |\mathcal{W}| + \sum_{i=2}^{N} \left(R(\varrho_i) - 2R/\tan\frac{\varrho_i}{2} \right) \tag{11.4}$$

式中:ϱ_i由式(11.3)给出。

11.2 Dubins路径

11.2.1 Dubins路径定义

本节主要针对Dubins路径,而不是航点路径,目标是从一个配置(位置和航向)过渡到另一个配置。在文献[61]中,对于具有下列动力学方程的飞机作了介绍:

$$\dot{p}_n = V\cos\vartheta$$
$$\dot{p}_e = V\sin\vartheta$$
$$\dot{\vartheta} = u$$

式中:V为常数;$u \in [-\bar{u}, \bar{u}]$。两个不同配置之间的时间最优路径由一段圆弧跟着一段直线,结尾再由一段圆弧到达最终配置,其中圆弧的直径为$V/\bar{u}$。这些turn-straight-turn路径是配置之间优化过渡的几类Dubins路径之一。对无人驾驶飞机的情况,注意力会限制在固定高度恒定地速的情况。

定义Dubins路径的圆弧的半径将以符号R表示,这里假设R至少与无人机的最小转弯半径一样大。在本节中,MAV配置由$(\boldsymbol{p}, \chi)$定义,其中$\boldsymbol{p}$是惯性位置,χ为航线角。

给定启动配置表示为$(\boldsymbol{p}_s, \chi_s)$和结束配置表示为$(\boldsymbol{p}_e, \chi_e)$,Dubins路径由初始配置开始的直径$R$的一段圆弧跟着一段直线,结尾再由一段直径为$R$的圆弧到达最终配置。如图11.7所示,对于任何给定的开始和结束配置,由一段圆弧接一段直线再加上一段圆弧的路径有四种可能。情况1(R-S-R):右旋弧加上直线再加上另一段右旋弧。情况2(R-S-L):右旋弧加上直线再加上

另一段左旋弧。情况 3(L - S - R):左旋弧加上直线再加上另一段右旋弧。情况 4(L - S - L):左旋弧加上直线再加上另一段左旋弧。Dubins 路径定义为最短路径长度的情况下。

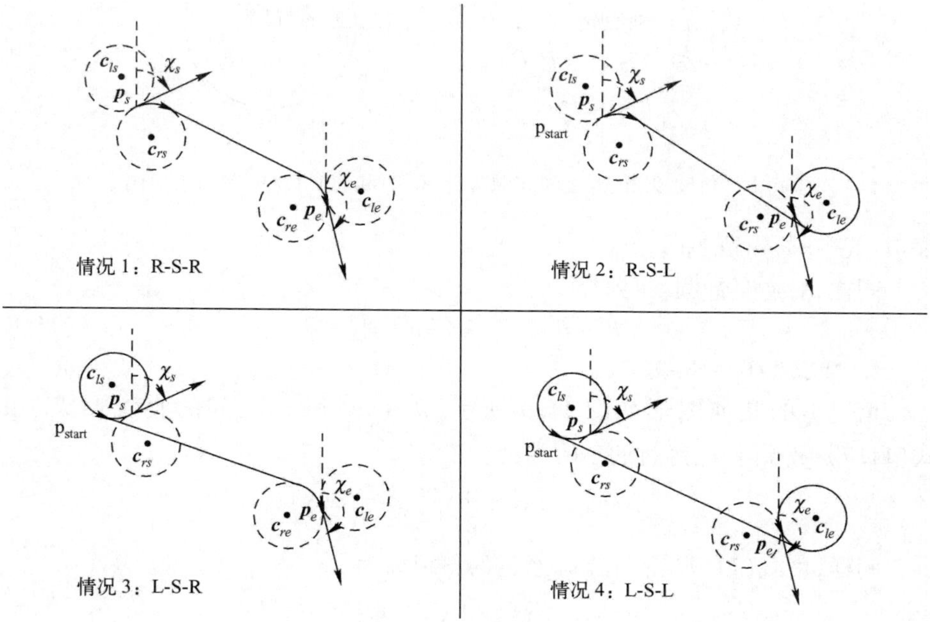

图 11.7　给定启动配置($\boldsymbol{p}_s,\chi_s$)、结束配置($\boldsymbol{p}_e,\chi_e$)和半径 R,由一段圆弧接一段直线再加上一段圆弧的路径有四种可能。Dubins 路径被定义为在最短路径长度的结果,对于本图的场景为情况 1

11.2.2　路径长度计算

为了确定 Dubins 路径,有必要计算出图 11.7 所示的四种情况下的路径长度。本节将推导出每种情况下路径长度的明确公式。给定位置 $\boldsymbol{p}$、航向 χ 和半径 R,右转和左转圆弧的中心由下式给出:

$$\boldsymbol{c}_r = \boldsymbol{p} + R\left(\cos\left(\chi + \frac{\pi}{2}\right), \sin\left(\chi + \frac{\pi}{2}\right), 0\right)^{\mathrm{T}} \tag{11.5}$$

$$\boldsymbol{c}_l = \boldsymbol{p} + R\left(\cos\left(\chi - \frac{\pi}{2}\right), \sin\left(\chi - \frac{\pi}{2}\right), 0\right)^{\mathrm{T}} \tag{11.6}$$

为计算不同轨迹的路径长度,需要圆上角距离的一般方程。图 11.8 显示了顺时针(CW)圆和逆时针(CCW)圆的几何形状。

假设 ϑ_1 和 ϑ_2 分别为 0 和 2π 之间。对顺时针圆,ϑ_1 和 ϑ_2 之间的角距离由下式给出:

$$|\vartheta_2 - \vartheta_1|_{\mathrm{CW}} \triangleq \langle 2\pi + \vartheta_2 - \vartheta_1 \rangle \tag{11.7}$$

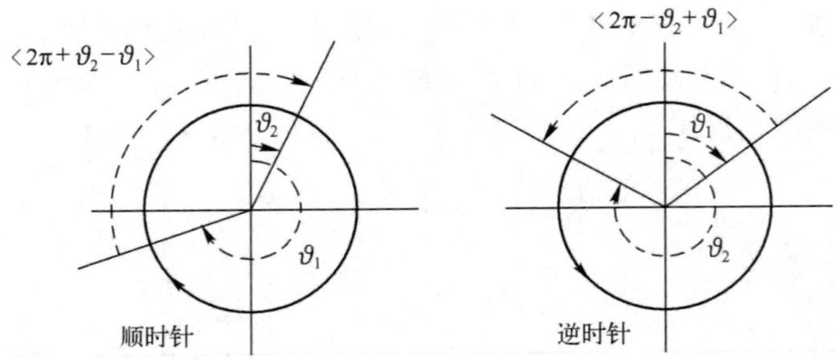

图 11.8　角度 ϑ_1 和 ϑ_2 之间在顺时针(CW)和逆时针(CCW)的角距离

式中：$\langle\varphi\rangle=\varphi \bmod 2\pi$。

同样，对逆时针圆，得到

$$|\vartheta_2-\vartheta_1|_{\mathrm{CCW}}\triangleq\langle 2\pi-\vartheta_2+\vartheta_1\rangle \tag{11.8}$$

1. 情况 1：R－S－R

情况 1 的几何图形如图 11.9 所示，ϑ 由 $\boldsymbol{c}_{rs}$ 和 $\boldsymbol{c}_{re}$ 之间的直线形成。由式(11.7)，得到沿 $\boldsymbol{c}_{rs}$ 经过的角距离为

$$R\left\langle 2\pi+\left\langle\vartheta-\frac{\pi}{2}\right\rangle-\left\langle\chi_S-\frac{\pi}{2}\right\rangle\right\rangle$$

同样，由式(11.7)得到沿 $\boldsymbol{c}_{re}$ 经过的角距离为

$$R\left\langle 2\pi+\left\langle\chi_e-\frac{\pi}{2}\right\rangle-\left\langle\vartheta-\frac{\pi}{2}\right\rangle\right\rangle$$

因此得到情况 1 的总路径长度为

$$\begin{aligned}L_1=\|\boldsymbol{c}_{rs}-\boldsymbol{c}_{re}\|&+R\left\langle 2\pi+\left\langle\vartheta-\frac{\pi}{2}\right\rangle-\left\langle\chi_s-\frac{\pi}{2}\right\rangle\right\rangle\\&+R\left\langle 2\pi+\left\langle\chi_e-\frac{\pi}{2}\right\rangle-\left\langle\vartheta-\frac{\pi}{2}\right\rangle\right\rangle\end{aligned} \tag{11.9}$$

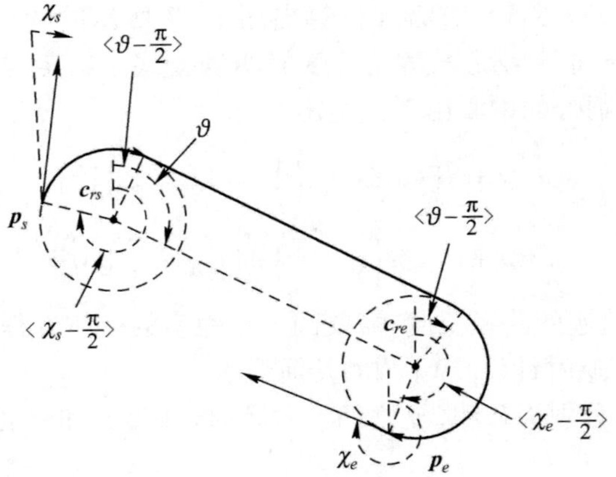

图 11.9　情况 1 的 Dubins 路径

2. 情况 2:R - S - L

情况 2 的几何图形如图 11.10 所示,ϑ 由 $\boldsymbol{c}_{rs}$ 和 $\boldsymbol{c}_{le}$ 之间的直线形成。$l = \|\boldsymbol{c}_{le} - \boldsymbol{c}_{rs}\|$,且有

$$\vartheta_2 = \vartheta - \frac{\pi}{2} + \arcsin\left(\frac{2R}{l}\right)$$

由式(11.7),得到沿 $\boldsymbol{c}_{rs}$ 经过的角距离为

$$R\langle 2\pi + \langle \vartheta_2 \rangle - \langle \chi_s - \frac{\pi}{2} \rangle \rangle$$

同样,由式(11.8)得到沿 $\boldsymbol{c}_{re}$ 经过的角距离为

$$R\langle 2\pi + \langle \vartheta_2 + \pi \rangle - \langle \chi_e + \frac{\pi}{2} \rangle \rangle$$

因此得到情况 2 的总路径长度为

$$\begin{aligned} L_2 = \sqrt{l^2 - 4R^2} &+ R\langle 2\pi + \langle \vartheta_2 \rangle - \langle \chi_s - \frac{\pi}{2} \rangle \rangle \\ &+ R\langle 2\pi + \langle \vartheta_2 + \pi \rangle - \langle \chi_e + \frac{\pi}{2} \rangle \rangle \end{aligned} \tag{11.10}$$

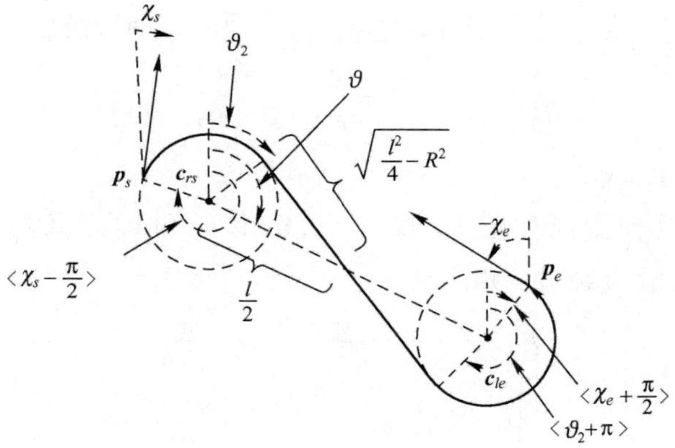

图 11.10 情况 2 的 Dubins 路径

3. 情况 3:L - S - R

情况 3 的几何图形如图 11.11 所示,ϑ 由 $\boldsymbol{c}_{ls}$ 和 $\boldsymbol{c}_{re}$ 之间的直线形成。$l = \|\boldsymbol{c}_{re} - \boldsymbol{c}_{ls}\|$,且有

$$\vartheta_2 = \arccos\left(\frac{2R}{l}\right)$$

由式(11.8),得到沿 $\boldsymbol{c}_{ls}$ 经过的角距离为

$$R\langle 2\pi + \langle \chi_s + \frac{\pi}{2} \rangle - \langle \vartheta + \vartheta_2 \rangle \rangle$$

同样,由式(11.7)得到沿 $\boldsymbol{c}_{re}$ 经过的角距离为

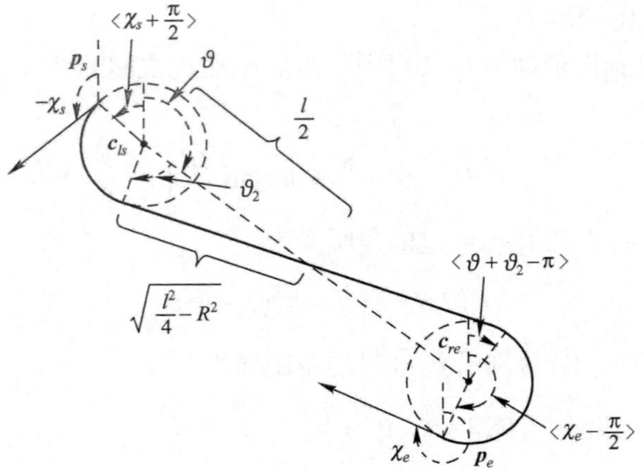

图 11.11　情况 3 的 Dubins 路径

$$R\langle 2\pi + \langle \chi_e - \frac{\pi}{2}\rangle - \langle \vartheta + \vartheta_2 - \pi\rangle\rangle$$

因此得到情况 3 的总路径长度为

$$L_3 = \sqrt{l^2 - 4R^2} + R\langle 2\pi + \langle \chi_s + \frac{\pi}{2}\rangle - \langle \vartheta + \vartheta_2\rangle\rangle$$
$$+ R\langle 2\pi + \langle \chi_e - \frac{\pi}{2}\rangle - \langle \vartheta + \vartheta_2 - \pi\rangle\rangle \quad (11.11)$$

4. 情况 4:L - S - L

情况 4 的几何图形如图 11.12 所示，ϑ 由 c_{ls} 和 c_{le} 之间的直线形成。由式(11.8)，得到沿 c_{ls} 经过的角距离为

$$R\langle 2\pi + \langle \chi_s + \frac{\pi}{2}\rangle - \langle \vartheta + \frac{\pi}{2}\rangle\rangle$$

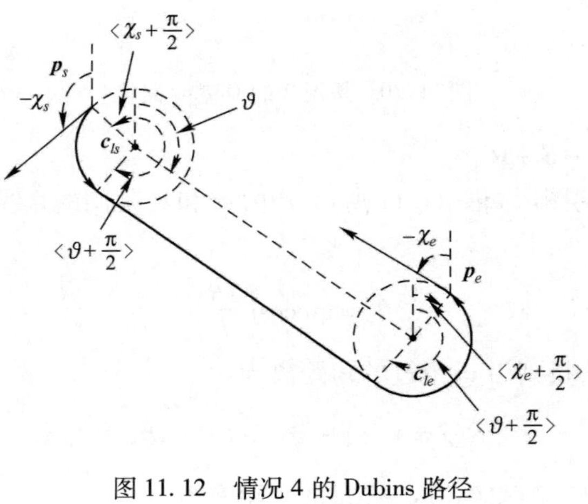

图 11.12　情况 4 的 Dubins 路径

同样，由式(11.8)得到沿 $\boldsymbol{c}_{le}$经过的角距离为

$$R\langle 2\pi + \langle \vartheta + \frac{\pi}{2}\rangle - \langle \chi_e + \frac{\pi}{2}\rangle\rangle$$

因此得到情况 3 的总路径长度为

$$\begin{aligned} L_4 = \| \boldsymbol{c}_{rs} - \boldsymbol{c}_{re} \| &+ R\langle 2\pi + \langle \chi_s + \frac{\pi}{2}\rangle - \langle \vartheta + \frac{\pi}{2}\rangle\rangle \\ &+ R\langle 2\pi + \langle \vartheta + \frac{\pi}{2}\rangle - \langle \chi_e + \frac{\pi}{2}\rangle\rangle \end{aligned} \tag{11.12}$$

11.2.3 Dubins 路径追踪算法

跟踪情况 3 的 Dubins 路径的制导算法如图 11.13 所示。算法在 $\boldsymbol{c}_{ls}$左手轨道上初始化，并继续行进直到 MAV 进入表示为 $\mathcal{H}_1$的半平面。在进入 $\mathcal{H}_1$ 后，使用直线制导策略直到飞机进入表示为 $\mathcal{H}_2$的半平面。然后飞机进入 $\boldsymbol{c}_{re}$右手轨道直到飞机进入表示为 $\mathcal{H}_3$半平面，这标志着 Dubins 路径已经完成。

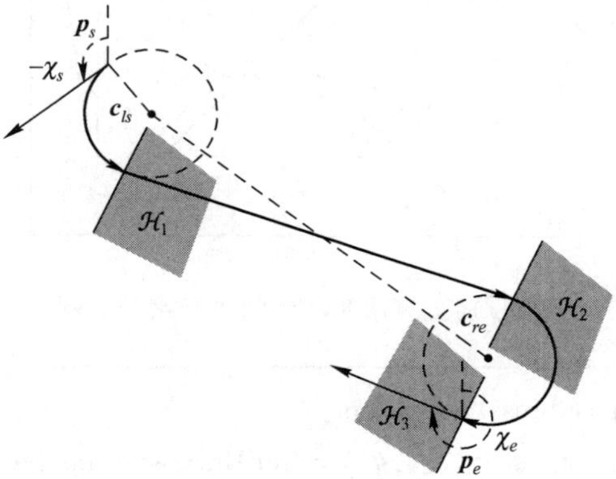

图 11.13 Dubins 路径切换半平面的定义。该算法从一个圆轨道开始，在进入 $\mathcal{H}_1$ 时切换到直线跟踪。在进入 $\mathcal{H}_2$ 时再次对轨道跟踪初始化。半平面 $\mathcal{H}_3$ 定义了 Dubins 路径的终点

因此，Dubins 路径的参数可以表示为：开始的圆 $\boldsymbol{c}_s$、开始圆的方向 $\boldsymbol{\lambda}_s$、结束圆 $\boldsymbol{c}_e$、结束圆的方向 $\boldsymbol{\lambda}_e$，半平面 $\mathcal{H}_1$的参数表示为$\mathbf{z}_1$和 $\boldsymbol{q}_1$，半平面 $\mathcal{H}_2$的参数表示为 z_2和 $\boldsymbol{q}_2 = \boldsymbol{q}_1$，半平面 $\mathcal{H}_3$的参数表示为$\mathbf{z}_3$和 $\boldsymbol{q}_3$。与启动配置($\boldsymbol{p}_s$,χ_s)、结束配置($\boldsymbol{p}_e$,χ_e)和半径 R 等相关联的 Dubins 路径参数使用算法 7 进行计算。Dubins 路径的长度 L 也被计算。符号 $\mathcal{R}_Z(\vartheta)$表示绕 z 轴向右旋转 ϑ 的旋转矩阵，$\boldsymbol{e}_1 = (1,0,0)^{\mathrm{T}}$。

如果定义配置序列为

$$\mathcal{P} = \{(\boldsymbol{w}_1,\chi_1),(\boldsymbol{w}_2,\chi_2),\cdots,(\boldsymbol{w}_N,\chi_N)\} \tag{11.13}$$

则跟随配置的 Dubins 路径的制导算法由算法 8 给出。第 4 行使用算法 7 给出

了当前航点段的 Dubins 参数。由于初始配置可能在圆的远侧且已经在 $\mathcal{H}_1$ 之内,开始圆跟随 state = 1,直到进入与 $\mathcal{H}_1$ 相对的圆的部分,如第 7 ~9 行所示。然后开始圆进入 state = 2,直到 MAV 已经跨越了半平面 $\mathcal{H}_1$,如第 10 ~ 13 行所示。在进入 $\mathcal{H}_1$,Dubins 路径接下来是直线段,state = 3,如第 14 ~ 18 行所示。第 16 行检测飞机是否已穿越半平面 $\mathcal{H}_2$。当已经进入时,接下来是结束圆,state = 4 和 state = 5。两种状态都需要,因为 MAV 在进入 $\mathcal{H}_2$ 的瞬间就已在 $\mathcal{H}_3$ 了。如果是这样,它顺着结束圈直到进入 $\mathcal{H}_3$,如第 19 ~ 23 行所示。在飞机进入 $\mathcal{H}_3$ 后,参见第 25 行,航点已循环完,第 27 ~ 28 行给出新的 Dubins 参数。图 11. 14 给出了算法 8 产生的路径实例。

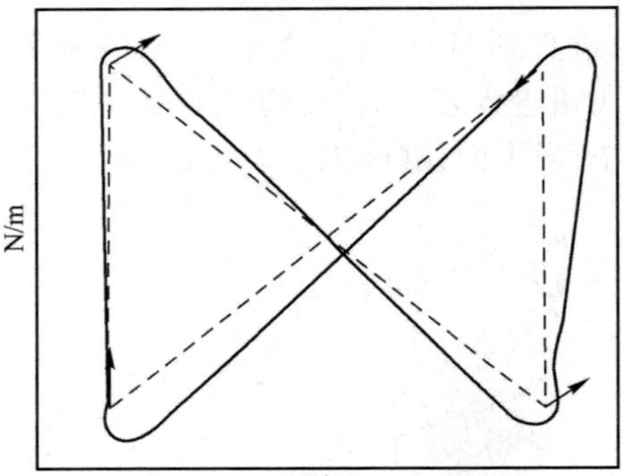

图 11. 14 算法 8 产生的飞行路径实例

Algorithm 7 Find Dubins Parameters:

$(L, \boldsymbol{c}_s, \lambda_s, \boldsymbol{c}_e, \lambda_e, \boldsymbol{z}_1, \boldsymbol{q}_1, \boldsymbol{z}_2, \boldsymbol{z}_3, \boldsymbol{q}_3)$ = findDubinsParameters$(\boldsymbol{p}_s, \chi_s, \boldsymbol{p}_e, \chi_e, R)$

Input: Start configuration $(\boldsymbol{p}_s, \chi_s)$, End configuration $(\boldsymbol{p}_e, \chi_e)$, Radius R.

Require: $\| \boldsymbol{p}_s - \boldsymbol{p}_e \|$

Require: R is larger than minimum turn radius of MAV

1: $\boldsymbol{c}_{rs} \leftarrow \boldsymbol{p}_s + R\mathcal{R}_z\left(\frac{\pi}{2}\right)(\cos\chi_s, \sin\chi_s, 0)^{\mathrm{T}}$

2: $\boldsymbol{c}_{ls} \leftarrow \boldsymbol{p}_s + R\mathcal{R}_z\left(-\frac{\pi}{2}\right)(\cos\chi_s, \sin\chi_s, 0)^{\mathrm{T}}$

3: $\boldsymbol{c}_{re} \leftarrow \boldsymbol{p}_e + R\mathcal{R}_z\left(\frac{\pi}{2}\right)(\cos\chi_e, \sin\chi_e, 0)^{\mathrm{T}}$

4: $\boldsymbol{c}_{le} \leftarrow \boldsymbol{p}_e + R\mathcal{R}_z\left(-\frac{\pi}{2}\right)(\cos\chi_e, \sin\chi_e, 0)^{\mathrm{T}}$

5: Compute L_1, L_2, L_3, and L_3 using equations (11. 9) through (11. 12).

6: $L \leftarrow \min\{L_1, L_2, L_3, L_4\}$

7: if arg min$\{L_1, L_2, L_3, L_4\} = 1$ then

8: $c_s \leftarrow c_{rs}, \lambda_s \leftarrow +1, c_e \leftarrow c_{re}, \lambda_e \leftarrow +1$

9: $q_1 \leftarrow \dfrac{c_s - c_e}{\|c_s - c_e\|}$

10: $z_1 = c_s + R\mathcal{R}_z\left(-\dfrac{\pi}{2}\right)q_1$

11: $z_2 = c_e + R\mathcal{R}_z\left(-\dfrac{\pi}{2}\right)q_1$

12: else if arg min$\{L_1, L_2, L_3, L_4\} = 2$ then

13: $c_s \leftarrow c_{rs}, \lambda_s \leftarrow +1, c_e \leftarrow e_{le}, \lambda_e \leftarrow -1$

14: $l \leftarrow \|c_s - c_e\|$

15: $\vartheta \leftarrow \text{angle}(c_s - c_e)$

16: $\vartheta_2 = \vartheta - \dfrac{\pi}{2} + \arcsin\dfrac{2R}{l}$

17: $q_1 \leftarrow \mathcal{R}_z\left(\vartheta_2 + \dfrac{\pi}{2}\right)e_1$

18: $z_1 = c_s + R\mathcal{R}_z(\vartheta_2)e_1$

19: $z_2 = c_e + R\mathcal{R}_z(\vartheta_2)e_1$

20: else if arg min$\{L_1, L_2, L_3, L_4\} = 3$ then

21: $c_s \leftarrow c_{ls}, \lambda_s \leftarrow -1, c_e \leftarrow c_{le}, \lambda_e \leftarrow +1$

22: $l \leftarrow \|c_s - c_e\|$

23: $\vartheta \leftarrow \text{angle}(c_s - c_e)$

24: $\vartheta_2 = \arccos\dfrac{2R}{l}$

25: $q_1 \leftarrow \mathcal{R}_z\left(\vartheta + \vartheta_2 - \dfrac{\pi}{2}\right)e_1$

26: $z_1 = c_s + R\mathcal{R}_z(\vartheta + \vartheta_2)e_1$

27: $z_2 = c_e + R\mathcal{R}_z(\vartheta + \vartheta_2 - \pi)e_1$

28: else if arg min$\{L_1, L_2, L_3, L_4\} = 4$ then

29: $c_s \leftarrow c_{ls}, \lambda_s \leftarrow -1, c_e \leftarrow c_{le}, \lambda_e \leftarrow -1$

30: $q_1 \leftarrow \dfrac{c_s - c_e}{\|c_s - c_e\|}$

31: $z_1 \leftarrow c_s + R\mathcal{R}_z\left(\dfrac{\pi}{2}\right)q_1$

32: $z_2 \leftarrow c_e + R\mathcal{R}_z\left(\dfrac{\pi}{2}\right)q_1$

33: end if

34: $z_3 \leftarrow p_e, z_3 \leftarrow p_e$

35: $q_3 \leftarrow \mathcal{R}_z(\chi_e)e_1$

Algorithm 8 Follow Waypoints with Dubins: $(\text{flag}, r, q, c, \rho, \lambda) = \text{followWppDubins}(\mathcal{P}, p, R)$

Input: Configuration path $\mathcal{P} = \{(w_1, \chi_1), \cdots, (w_N, \chi_N)\}$, MAVposition $p = (p_n, p_e, p_d)_-$, fillet radius R.

Require: $N \geq 3$

1: if New configuration path $\mathcal{P}$ is received then

2: Initialize waypoint pointer: $i \leftarrow 2$, and state machine: state $\leftarrow 1$.

3: end if

4: $(L, c_s, \lambda_s, c_e, \lambda_e, z_1, q_1, z_2, z_3, q_3) \leftarrow \text{findDubinsParameters}(w_{i-1}, \chi_{i-1}, w_i, \chi_i, R)$

5: if state = 1 then

6: flag $\leftarrow 2, c \leftarrow c_s, \rho \leftarrow R, \lambda \leftarrow \lambda_s$

7: if $p \in \mathcal{H}(z_1, -q_1)$ then

8: state $\leftarrow 2$

9: end if

10: else if state = 2 then

11: if $p \in \mathcal{H}(z_1, q_1)$ then

12: state $\leftarrow 3$

13: end if

14: else if state = 3 then

15: flag $\leftarrow 1, r \leftarrow z_1, q \leftarrow q_1$

16: if $p \in \mathcal{H}(z_2, q_1)$ then

17: state $\leftarrow 4$

18: end if

19: else if state = 4 then

20: flag $\leftarrow 2, c \leftarrow c_e, \rho \leftarrow R, \lambda \leftarrow \lambda_e$

21: if $p \in \mathcal{H}(z_3, -q_3)$ then

```
22: state←5
23: end if
24: else if state = 5 then
25: if $p \in \mathcal{H}(z_3, q_3)$ then
26: state←1
27: $i←(i+1)$ until $i = N$.
28: $(L, c_s, \lambda_s, c_e, \lambda_e, z_1, q_1, z_2, z_3, q_3)$←findDubinsParameters($w_{i-1}, \chi_{i-1}, w_i, \chi_i, R$)
29: end if
30: end if
31: return flag, $r, q, c, \rho, \lambda$.
```

11.3 本章小结

本章介绍了使用第 10 章介绍的直线和轨道跟随算法得到的航点配置间过渡的几种方案。11.1 节讨论了航点段之间使用半平面和插入圆角的过渡方法。11.2 节介绍了 Dubins 路径，展示了航点配置之间如何构建 Dubins 路径。第 12 章将介绍几种路径规划算法，以便为通过障碍场找到航点路径和航点配置的几种方法。

注释和参考文献

11.1 节大部分是基于文献[62]。Dubins 路径在文献[61]中引入。在某些退化情况下，Dubins 路径可能不包含三个元素之一。例如，如果开始和结束配置在一条直线上，则开始和结束的弧是不必要的。或者，如果开始和结束配置位于半径 R 的同一个圆上，则直线和结束圆弧都是不必要的。本章忽视了这些退化情况。文献[63]依靠 Dubins 的想法来产生给定运动方程和路径约束的无人机的可行轨迹，找到 Dubins 圆和直线路径的最佳位置。在文献[64]中，Dubins 圆以圆角的形式添加到沃罗诺伊图产生的直线航点路径的交界处。在一些应用中，如在文献[60]中描述的协作时机问题，以保留路径长度的方式在航点间过渡可能是一种可取的方式。文献[62]中描述了这一场景的路径管理。

11.4 设计项目

这个任务的目标是对表示为 $\mathcal{W}$ 的一系列航点实现算法 5 和 6，对表示为 $\mathcal{P}$ 的一系列配置后的一组点记为 $\mathcal{W}$ 实现算法 8。路径管理器的输入是 $\mathcal{W}$ 或 $\mathcal{P}$，输出为路径定义

$$y_{\text{manager}} = \begin{pmatrix} \text{flag} \\ V_a^d \\ \boldsymbol{r} \\ \boldsymbol{q} \\ \boldsymbol{c} \\ \rho \\ \lambda \end{pmatrix}$$

本章的骨架代码在网站上给出。

11.1 修改 path_manager_line. M 实现算法 5，遵循定义在 path_planner_chap11. m 的路径移动。在式(9.18)给出的制导模型上测试和调试算法。当算法在制导模型上工作良好时，验证它在 6 自由度模型上是否恰当工作。

11.2 修改 path_manager_fillet. M 实现算法 6，遵循定义在 path_planner_chap11 的路径配置。在式(9.18)给出的制导模型上测试和调试算法。当算法在制导模型上工作良好时，验证它在 6 自由度模型上是否恰当工作。

11.3 修改 path_manager_dubins. M 实现算法 8，遵循定义在 path_planner_chap11 的路径配置。在式(9.18)给出的制导模型上测试和调试算法。当算法在制导模型上工作良好时，验证它在 6 自由度模型上是否恰当工作。

第 12 章　路径规划

在机器人的文献中，基本上有两种不同的运动规划方法：协商运动规划，基于全球知识来计算明确的路径和轨迹[65,66,67]；反应运动规划，采用行为学方法对本地传感器的信息作出反应[68,69]。一般情况下，当环境已知时协商运动规划是有用的，但在高动态环境中可能会需要大量计算。同时，反应运动规划非常适合于动态环境中，特别是在信息不完整和不确定的防撞中，但这种方法缺少明确和直接运动规划的能力。

本章重点讨论协商路径规划技术，这种方法对微型飞机是有效和高效的。在协商方法中，MAV 的轨迹是明确规划的。协商方法的缺点在于，这种方法强烈依赖于用来描述世界状态和车辆运动的模型。不幸的是，大气和飞机动力学的精确建模是不可能的。为了抵消这种固有的不确定性，需要在外部反馈环路的基础上定期执行路径规划算法。因此，路径规划算法高效计算是必不可少的。为了减少计算需求，对飞机将使用简单的低阶导航模型，而大气将使用恒定风速模型。假设路径规划算法可使用地形高程图。已知的先验障碍是高程图。

本章介绍几种适用于微型飞机的简单有效的路径规划算法。给出的方法不是详尽的，也可能不是最好的方法。然而，他们提供了路径规划的易理解的介绍。参照图 1.1 所示的架构，本章介绍了路径规划器的设计，描述了两类问题的路径规划算法。12.1 节中将解决点对点的问题，其目标是规划通过障碍区域的一个点到另一个点的路径。12.2 节中将解决覆盖问题，其目标是规划离开航点的路径，使得 MAV 覆盖一定区域内的所有面积。本章开发的路径规划算法的输出是航点或配置（航点加方向）的一个序列，因此可与第 11 章提出的路径管理算法连接。

12.1　点到点算法

12.1.1　维诺图

维诺图特别适合于需要 MAV 机动通过障碍物相对于飞机转弯半径较小的拥挤空域的应用。相对尺寸允许将障碍物建模为零面积的点。维诺图方法本质上是限制在2.5维(或恒定的预定义高度)的路径规划,每个节点的高度在地图上是固定的。

给定$\boldsymbol{R}^2$中一个有限点的集Q,维诺图将$\mathbf{R}^2$划分为Q个凸多边形单元,每个单元包含集Q中的一个点。构造维诺图使得凸多边形单元的内部更接近其关联点,而不是Q中的其他点。维诺图实例如图12.1所示。

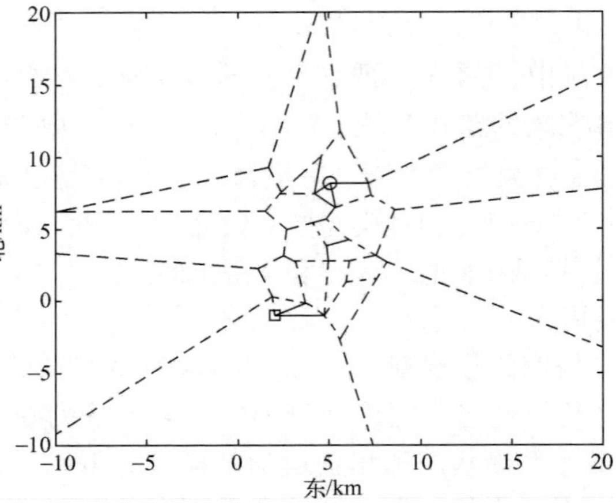

图12.1　$Q=20$点障碍的维诺图实例

使得维诺图可用于MAV路径规划的关键特征是,图的边线都是Q中点之间的垂直平分线。因此,沿维诺图的边可能产生避开Q中所有点的路径。然而,图12.1说明了使用维诺图的一些潜在的缺陷。第一,延伸到无穷远处的图的边显然不是好的可能航点路径。第二,即使对于有限区域的维诺单元,沿着维诺图的边可能导致不必要的长的航行。最后请注意图12.1右下角的两个点,维诺图产生了这两个点之间的边;然而,由于边是如此接近点,相应的航点路径可能是不理想的。

有完善的和广泛使用的算法生成维诺图。例如,MATLAB具有内置的维诺函数,而C++的实现在互联网上公开。由于维诺代码的可用性,我们将不讨论该算法的实现。额外的讨论参见文献[70,71,72]。

为使用维诺图进行点至点的路径规划,假设$G=(V,E)$是维诺算法在集Q上执行所产生的图。使用理想的开始和结束位置对节点集V进行了扩展:

$$V^+ = V \cup \{\boldsymbol{p}_s, \boldsymbol{p}_s\}$$

式中:$\boldsymbol{p}_s$为起始点;$\boldsymbol{p}_e$为结束点。这样边集E加入了连接起始及结束点与V中三个最近节点的边。相关的图如图12.2所示。

下一步是对维诺图的每条边指定成本。可以用各种各样的方式指定边的成本。为了说明,假设遍历每条路径的成本是路径长度和路径与Q中一个点的距离的函数。获得距离的几何图如图12.3所示。

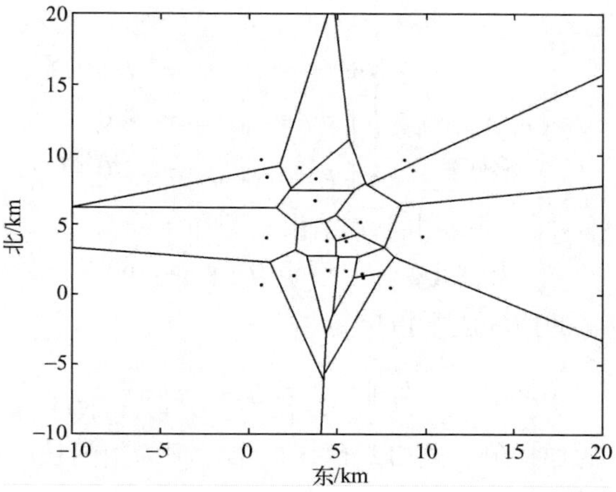

图 12.2　Q 中加入起始及结束点以及其与 V 中节点的连接边的维诺图

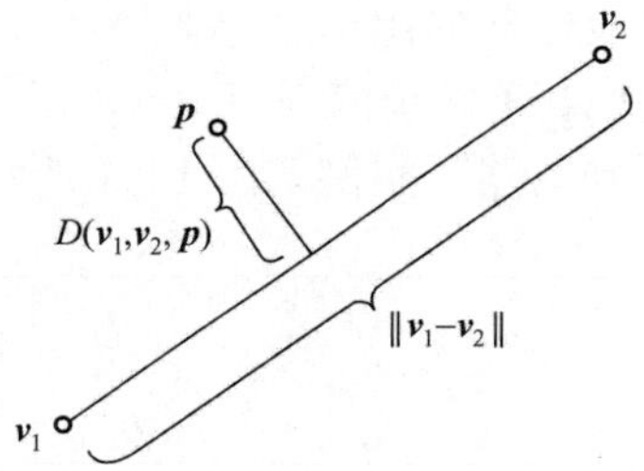

图 12.3　维诺图的每条边指定的成本与路径长度 $\| \boldsymbol{v}_1 - \boldsymbol{v}_2 \|$
以及路径到 Q 中一个点的距离的倒数成正比

以 $\boldsymbol{v}_1$、$\boldsymbol{v}_2$ 表示图中边的节点。边的长度由 $\| \boldsymbol{v}_1 - \boldsymbol{v}_2 \|$ 给出。直线段上的任何一点可以写为

$$\boldsymbol{w}(\sigma) = (1-\sigma)\boldsymbol{v}_1 + \sigma \boldsymbol{v}_2$$

式中：$\sigma \in [0,1]$。$\boldsymbol{p}$ 和图形的边之间的最小距离可以表示为

$$\begin{aligned}
D(\boldsymbol{v}_1, \boldsymbol{v}_2, \boldsymbol{p}) &\triangleq \min_{\sigma \in [0,1]} \| \boldsymbol{p} - \boldsymbol{w}(\sigma) \| \\
&= \min_{\sigma \in [0,1]} \sqrt{(\boldsymbol{p} - \boldsymbol{w}(\sigma))^{\mathrm{T}} (\boldsymbol{p} - \boldsymbol{w}(\sigma))} \\
&= \min_{\sigma \in [0,1]} \sqrt{\boldsymbol{p}^{\mathrm{T}}\boldsymbol{p} - \boldsymbol{2}(1-\sigma)\sigma \boldsymbol{p}^{\mathrm{T}}\boldsymbol{v}_1 - \sigma \boldsymbol{p}^{\mathrm{T}}\boldsymbol{v}_2 + (1-\sigma)^2 \boldsymbol{v}_1^{\mathrm{T}}\boldsymbol{v}_1 + \boldsymbol{2}(1-\sigma)\sigma \boldsymbol{v}_1^{\mathrm{T}}\boldsymbol{v}_2 + \sigma^2 \boldsymbol{v}_2^{\mathrm{T}}\boldsymbol{v}_2} \\
&= \min_{\sigma \in [0,1]} \sqrt{\| \boldsymbol{p} - \boldsymbol{v}_1 \|^2 + 2\sigma (\boldsymbol{p} - \boldsymbol{v}_1)^{\mathrm{T}} (\boldsymbol{v}_1 - \boldsymbol{v}_2) \sigma^2 \| \boldsymbol{v}_1 - \boldsymbol{v}_2 \|^2}
\end{aligned}$$

如果 σ 没有约束，则其优化值为

$$\sigma^* = \frac{(\boldsymbol{v}_1 - \boldsymbol{p})^{\mathrm{T}} (\boldsymbol{v}_1 - \boldsymbol{v}_2)}{\| \boldsymbol{v}_1 - \boldsymbol{v}_2 \|}$$

$$\boldsymbol{w}(\sigma^*) = \sqrt{\| \boldsymbol{p} - \boldsymbol{v}_1 \|^2 - \frac{[(\boldsymbol{v}_1 - \boldsymbol{p})^{\mathrm{T}} (\boldsymbol{v}_1 - \boldsymbol{v}_2)]^2}{\| \boldsymbol{v}_1 - \boldsymbol{v}_2 \|^2}}$$

如果作如下定义：

$$D'(\boldsymbol{v}_1,\boldsymbol{v}_2,\boldsymbol{p}) \triangleq \begin{cases} \boldsymbol{w}(\sigma^*), & \sigma^* \in [0,1] \\ \|\boldsymbol{p}-\boldsymbol{v}_1\|, & \sigma^* < 0 \\ \|\boldsymbol{p}-\boldsymbol{v}_2\|, & \sigma^* > 0 \end{cases}$$

则点集 Q 与线段 $\overline{\boldsymbol{v}_1\boldsymbol{v}_2}$ 间的距离由下式给出：

$$D(\boldsymbol{v}_1,\boldsymbol{v}_2,Q) = \min_{\boldsymbol{p}\in Q} D'(\boldsymbol{v}_1,\boldsymbol{v}_2,\boldsymbol{p})$$

由 $(\boldsymbol{v}_1,\boldsymbol{v}_2)$ 定义的边的成本指定为

$$J(\boldsymbol{v}_1,\boldsymbol{v}_2) = k_1\|\boldsymbol{v}_1-\boldsymbol{v}_2\| + \frac{k_2}{D(\boldsymbol{v}_1,\boldsymbol{v}_2,Q)} \tag{12.1}$$

式中：k_1 和 k_2 为正的加权值。式(12.1)中的第一项为边的长度，第二项为边到 Q 中最近点距离的倒数。

最后一步是搜索维诺图来确定从起始节点到终端节点的成本最低的路径。有许多现有的适合完成此项任务的图形搜索技术[72]。一个有现成程序的知名算法是 Dijkstra 算法[73]，其计算复杂度等于 $O(|V|)$。使用 Dijkstra 算法对 $k_1=0.1$ 和 $k_2=0.9$ 计算得到的路径实例如图 12.4 所示。

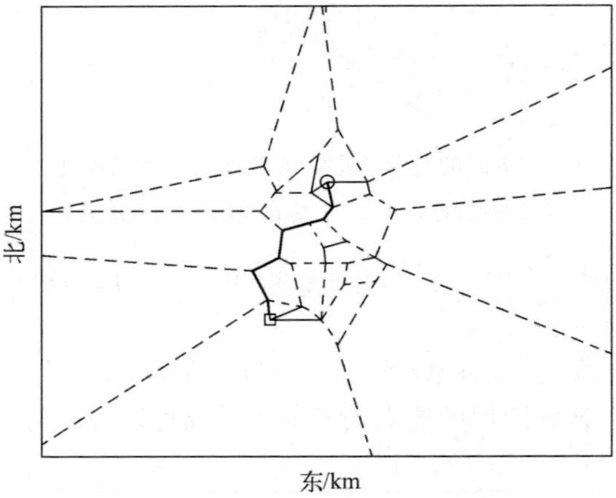

图 12.4　通过维诺图得到的最优路径

维诺图路径规划方法的伪代码由算法 9 给出。如果 Q 中没有足够数量的障碍点，由此产生的维诺图将是稀疏的，可能有许多延伸到无限远的边。为了避免这种情况，算法 9 要求 Q 至少有 10 个点。当然，这个数字是任意给定的。在第 1 行中使用一个标准的算法构造维诺图。在第 2 行添加开始和结束点到维诺图中，开始和结束点以及与 Q 中最后节点之间的边在第 3 ~ 4 行添加。根据式(12.1)在第 5 ~ 7 行指定边的成本，在第 8 行由 Dijkstra 搜索确定航点路径。

Algorithm 9 Plan Voronoi Path: $\mathcal{W}$ = planVoronoi(Q, $\boldsymbol{p}_s$, $\boldsymbol{p}_e$)

Input: Obstacle points Q, start position $\boldsymbol{p}_s$, end position $\boldsymbol{p}_e$

Require: $|Q| \geqslant 10$ Randomly add points if necessary.

1: (V,E) = constructVoronoiGraph(Q)

2: $V^+ = V \cup \{\boldsymbol{p}_s, \boldsymbol{p}_e\}$

3: Find $\{\boldsymbol{v}_{1s}, \boldsymbol{v}_{2s}, \boldsymbol{v}_{3s}\}$, the three closest points in V to $\boldsymbol{p}_s$, and $\{\boldsymbol{v}_{1e}, \boldsymbol{v}_{2e}, \boldsymbol{v}_{3e}\}$, the three closest points in V to $\boldsymbol{p}_e$

4: $E^+ = E \cup_{i=1,2,3} (\boldsymbol{v}_{is}, \boldsymbol{p}_s) \cup_{i=1,2,3} (\boldsymbol{v}_{ie}, \boldsymbol{p}_e)$

5: for Each element $(\boldsymbol{v}_a, \boldsymbol{v}_b) \in E$ do

6: Assign edge cost $\boldsymbol{J}_{ab} = J(\boldsymbol{v}_a, \boldsymbol{v}_b)$ according to equation (12.1).

7: end for

8: $\mathcal{W}$ = DijkstraSearch(V^+, E^+, $\boldsymbol{J}$)

9: return $\mathcal{W}$

算法 9 中描述的维诺方法的一个缺点是障碍点是有限的。然而,对面障碍需要直接修改。例如,考虑图 12.5(a)所示的障碍场。可以这样来构造维诺图:先加入超出一定尺寸的障碍物的边界周围的点,如图 12.5(b)所示。包括到开始和结束节点的连接的相关维诺图如图 12.5(c)所示。然而,从图 12.5(c)可以明显看出,维诺图包括许多不可行的链接,位于障碍物内部或在障碍物中终止。最后一步是消除不可行的链接,如图 12.5(d)所示,也给出了所得到的最优路径。

12.1.2 快速探测随机树

另一种从起始节点到结束节点的通过障碍场的路径的规划方法是快速探测随机树(RRT)的方法。RRT 计划是一个随机搜索算法,均匀但随机地探索所搜索的空间。其优点是可以扩展到复杂非线性动力学的飞机。本节假设障碍以地形图来表示,可以进行查询以检测可能发生的碰撞。

RRT 算法使用称为树的数据结构来实现。树是有向图的一种特殊情况。树的图形化描述如图 12.6 所示。树的边直接由父节点到其子节点。在树中,除根节点没有任何父节点外,每个节点都有一个父节点。在 RRT 框架中,节点代表物理状态或配置,而边代表状态之间的可行路径。每条边的成本 c_{ij} 是遍历以节点代表的状态间的可行路径的相关成本。

RRT 算法的基本思想是建立一个树,均匀地探索搜索空间。通过从均匀概率分布的随机抽样来实现均匀性。为说明其基本思路,令节点代表恒定高度下

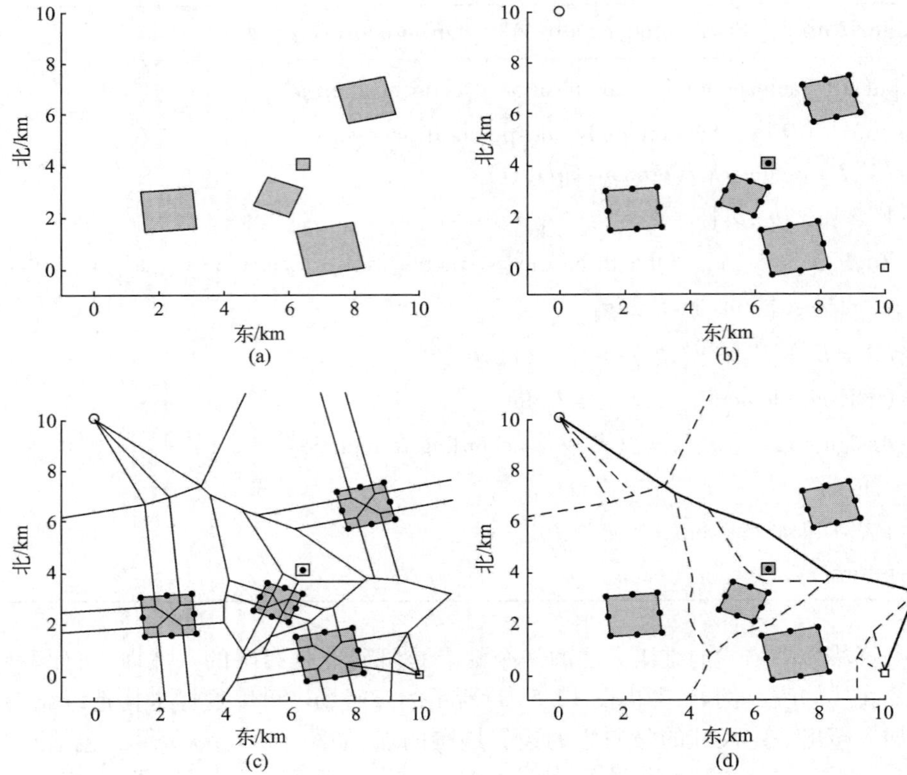

图 12.5 (a)有面障碍的障碍场;(b)使用维诺方法构造通过障碍场的路径的第一步是插入障碍周围的点;(c)产生的维诺图包括许多不可行的链接,位于障碍物内部或在障碍物中终止;(d)不可行的链接被删除后,生成的图形可以用来规划通过障碍场的路径

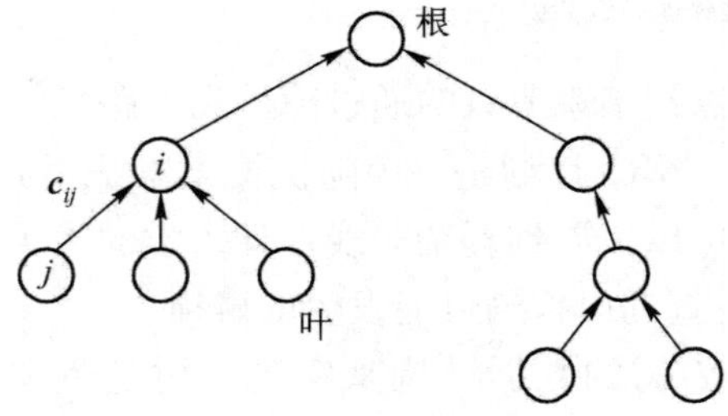

图 12.6 树是一种特殊的图,除了根节点外,图中的每个节点都仅有一个父节点

东北部的地点,而节点之间的边的成本 c_{ij} 是节点间直线路径的长度。

基本 RRT 算法的描述如图 12.7 所示。如图 12.7(a)所示,RRT 算法的输入包括启动配置 $\boldsymbol{p}_s$、最终配置 $\boldsymbol{p}_e$ 和地形图。算法的第一步是在工作区内随机选

择一个配置 $\boldsymbol{p}$。如图 12.7(b)所示,沿直线$\overline{\boldsymbol{p}\boldsymbol{p}_s}$从 $\boldsymbol{p}_s$一定距离 D 后选择一个新的配置 $\boldsymbol{v}_1$,并插入到树中。在以后的每一步,在工作区中生成一个新的随机配置 $\boldsymbol{p}$,在树中搜索最接近 $\boldsymbol{p}$ 的节点。如图 12.7(c)所示,沿 $\boldsymbol{p}$ 与最接近的节点间直线的方向,按照与树中最接近的节点距离 D 生成一个新的配置。在路径段被添加到树中之前,需要检查路径段与地面的碰撞。如果检测到碰撞,如图 12.7(d)所示,则线段被删除,并重复上述过程。当添加一个新节点时,检查它与最终节点 $\boldsymbol{p}_e$的距离。如果距离小于 D,则从 $\boldsymbol{p}_e$的路径段被添加到树中,如图 12.7(f)所示,这表明已发现了完整的通过地形的路径。

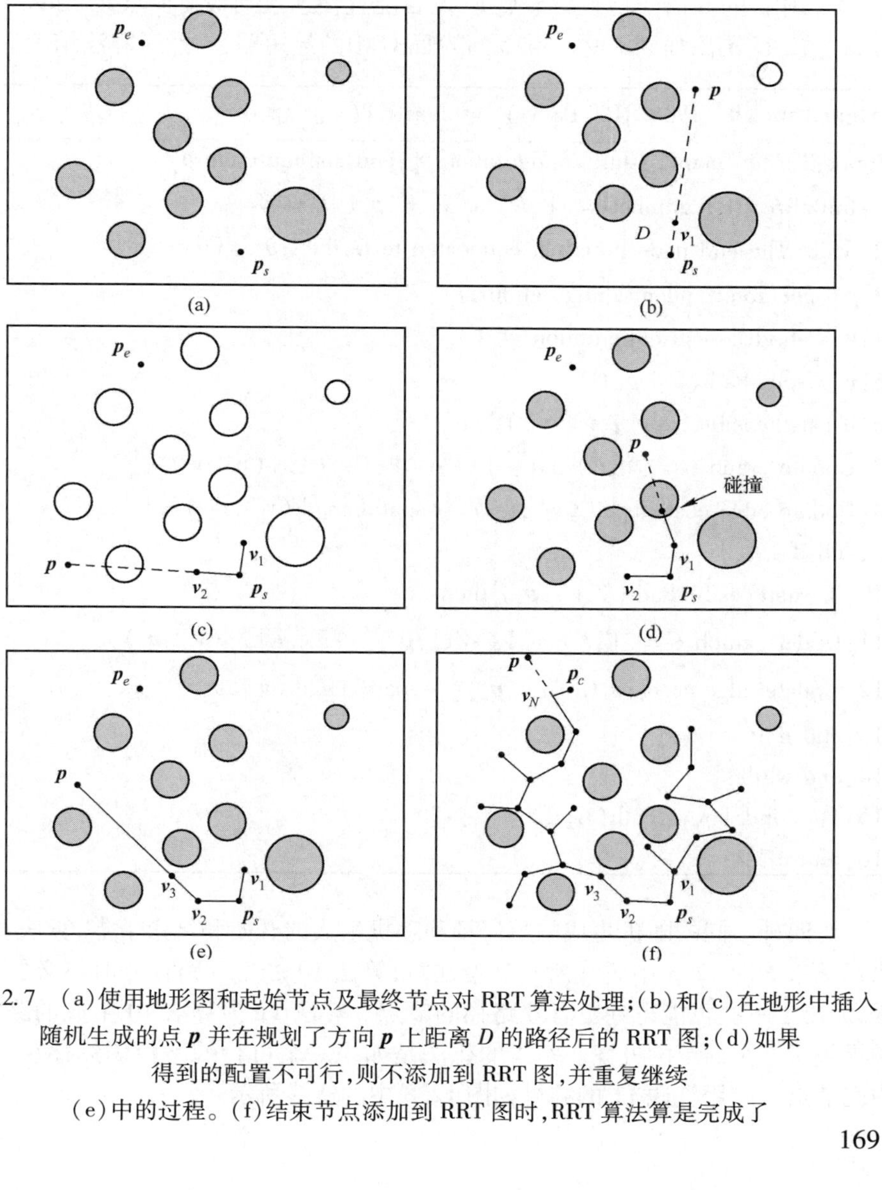

图 12.7 (a)使用地形图和起始节点及最终节点对 RRT 算法处理;(b)和(c)在地形中插入随机生成的点 $\boldsymbol{p}$ 并在规划了方向 $\boldsymbol{p}$ 上距离 D 的路径后的 RRT 图;(d)如果得到的配置不可行,则不添加到 RRT 图,并重复继续(e)中的过程。(f)结束节点添加到 RRT 图时,RRT 算法算是完成了

令 $\mathcal{T}$为地形图,$\boldsymbol{p}_s$和 $\boldsymbol{p}_e$为地图上的启动配置和最终配置。算法 10 给出了基本的 RRT 算法。

在第 1 行,初始化 RRT 图 G,只包含启动节点。在第 2 ~ 14 行的 while loop 语句往 RRT 图中添加节点,直到包含了结束节点,这表明已经找到了从 $\boldsymbol{p}_s$到 $\boldsymbol{p}_e$的路径。在第 3 行,按照 $\mathcal{T}$上均匀分布从地形中绘制随机配置。第 4 行寻找最接近随机选择点 $\boldsymbol{p}$ 的节点 $\boldsymbol{v}^* \in G$。由于 $\boldsymbol{p}$ 与 $\boldsymbol{v}^*$ 间的距离可能很大,第 5 行规划了沿方向 $\boldsymbol{p}$ 上从 $\boldsymbol{v}^*$ 固定长度 D 的路径。所得到的配置表示为 $\boldsymbol{v}^+$。第 6 行检查后,如果产生的路径是可行的,则在第 7 行中 $\boldsymbol{v}^+$添加到 G 中,第 8 行更新成本矩阵。第 10 行的 if 语句检查新节点 $\boldsymbol{v}^+$是否能直接连接到最终节点 $\boldsymbol{p}_e$,如果是,在第 11 ~ 12 行 $\boldsymbol{p}_e$添加到 G 中,第 15 行返回 G 中的最短路径,然后算法结束。

Algorithm 10 Plan RRT Path:$\mathcal{W}$ = planRRT($\mathcal{T}$,$\boldsymbol{p}_s$,$\boldsymbol{p}_e$)

Input:Terrain map $\mathcal{T}$,start configuration $\boldsymbol{p}_s$,end configuration $\boldsymbol{p}_e$

1:Initialize RRT graph $G=(V,E)$ as $V=\{\boldsymbol{p}_s\}$,$E=\varnothing$

2:while The end node pe is not connected to G,i. e. ,$\boldsymbol{p}_e \notin V$do

3:$\boldsymbol{p}$←generateRandomConfiguration($\mathcal{T}$)

4:$\boldsymbol{v}^+$←findClosestConfiguration($\boldsymbol{p}$,V)

5:$\boldsymbol{v}^+$←planPath($\boldsymbol{v}^*$,$\boldsymbol{p}$,D)

6:if existFeasiblePath($\mathcal{T}$,$\boldsymbol{v}^*$,$\boldsymbol{v}^+$)then

7:Update graph $G=(V,E)$ as$V \leftarrow V \cup \{\boldsymbol{v}^+\}$,$E \leftarrow E \cup \{(\boldsymbol{v}^*,\boldsymbol{v}^+)\}$

8:Update edge costs as $C[(\boldsymbol{v}^*,\boldsymbol{v}^+)]$ ←pathLength($\boldsymbol{v}^*$,$\boldsymbol{v}^+$)

9:end if

10:if existFeasiblePath($\mathcal{T}$,$\boldsymbol{v}^+$,$\boldsymbol{p}_e$) then

11:Update graph $G=(V,E)$ as $V \leftarrow V \cup \{\boldsymbol{p}_e\}$,$\leftarrow E \leftarrow E \cup \{(\boldsymbol{v}^*,\boldsymbol{p}_e)\}$

12:Update edge costs as $C[(\boldsymbol{v}^*,\boldsymbol{p}_e)]$ ←pathLength($\boldsymbol{v}^*$,$\boldsymbol{p}_e$)

13:end if

14:end while

15:$\mathcal{W}$ = findShortestPath(G,C).

16:return $\mathcal{W}$

对四种不同的随机生成的障碍场和随机生成的开始和结束节点,算法 10 的执行结果如图 12.8 中虚线所示。请注意,算法 10 产生的路径有时不必要地离散,派出了一些可能得到更有效路径的节点。算法 11 为算法 10 生成的路径平滑提供了一个简单的方案。基本的想法是如果一个可行的路径仍然存在,去除中间节点。应用算法 11 的结果如图 12.8 中的实线所示。

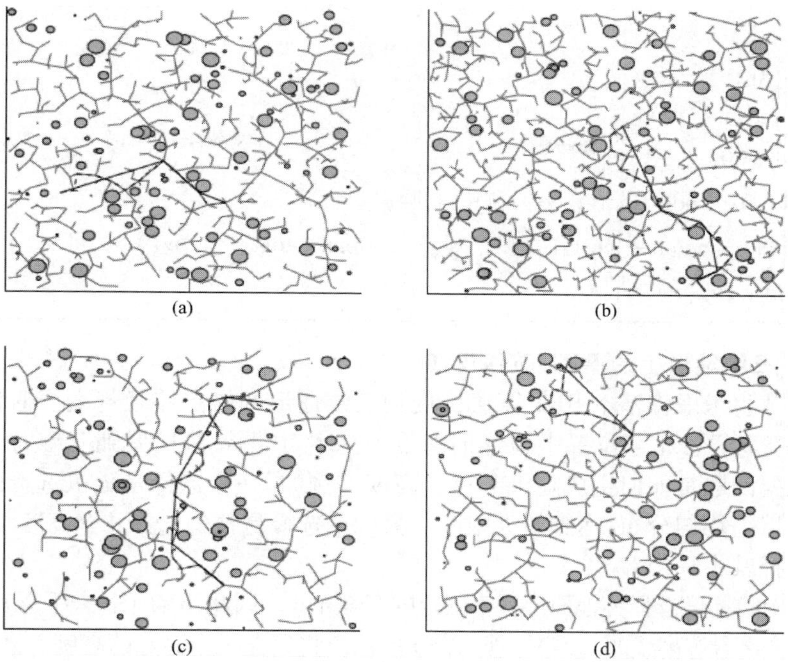

图 12.8　对四种不同的随机生成的障碍场和随机生成的开始和结束节点，算法 10 的结果以虚线表示。算法 11 生成的平滑路径以实线表示

有许多基本 RRT 算法的扩展。文献[74]中讨论了一个常见的扩展，从开始和结束节点延长树，并在每个扩展的结束端尝试将两个树连接起来。在接下来的两个小节，将给出两个对 MAV 应用很有用的简单扩展：三维地形的航路规划；使用 Dubins 路径来规划复杂的二维地形中动态可行的路径。

Algorithm 11　Smooth RRT Path：$(\mathcal{W}_s, \mathcal{C}_s) = \text{smoothRRT}(\mathcal{T}, \mathcal{W}, \mathcal{C})$

Input：Terrain map $\mathcal{T}$, waypoint path $\mathcal{W} = \{\boldsymbol{w}_1, \cdots, \boldsymbol{w}_N\}$, costmatrix $\mathcal{C}$

Initialized smoothed path $\mathcal{W}_s \leftarrow \{\boldsymbol{w}_1\}$

Initialize pointer to current node in $\mathcal{W}_s$: $i \leftarrow 1$

Initialize pointer to next node in $\mathcal{W}$: $j \leftarrow 2$

while $j < N$ do

$\boldsymbol{w}_s \leftarrow \text{getNode}(\mathcal{W}_s, i)$

$\boldsymbol{w}$ + $\leftarrow \text{getNode}(\mathcal{W}, j+1)$

if existFeasiblePath$(\mathcal{T}, \boldsymbol{w}_s, \boldsymbol{w}^+)$ = FALSE then

Get last node：$\boldsymbol{w} \leftarrow \text{getNode}(\mathcal{W}, j)$

Add deconflicted node to smoothed path：$\mathcal{W}_s \leftarrow \mathcal{W}_s \cup \{\boldsymbol{w}\}$

Update smoothed cost：$\mathcal{C}_s[(\boldsymbol{w}_s, \boldsymbol{w})] \leftarrow \text{pathLength}(\boldsymbol{w}_s, \boldsymbol{w})$

11: $i \leftarrow i + 1$

12: end if

13: $j \leftarrow j + 1$

14: end while

15: Add last node from $\mathcal{W}$: $\mathcal{W}_s \leftarrow \mathcal{W}_s \cup \{w_N\}$

16: Update smoothed cost: $\mathcal{C}_s[(w_i, w_N)] \leftarrow \text{pathLength}(w_i, w_N)$

17: return $\mathcal{W}_s$

1. 三维地形上的 RRT 航路规划

本节将考虑将基本 RRT 算法扩展到三维地形的航点路径规划。假设地形 $\mathcal{T}$ 可以查询任意北东位置中地形的高度。基本 RRT 算法扩展到三维时必须回答的主要问题是如何生成随机节点的高度。例如,一个选择是随机选择的高度在地面以上均匀分布,达到最大限度。另一个选择是预先选择几个高度水平,再随机选择其中一个。

本节将高度选择为地面上一个固定的高度 h_{AGL}。因此,RRT 图(未平滑)在本质上是一个沿着等高线的二维图。算法 10 的输出将是在一个固定的高度 h_{AGL} 的地形路径。然而,算法 11 代表的平滑步骤会使得路径的高度变化少得多。对三维地形,MAV 的爬升速率和下降速率通常限制在一定范围内。可以修改算法 10 和算法 11 的函数 existFeasiblePath 以确保爬升和下降速率满足要求,也避免地形的碰撞。

三维 RRT 算法得到的结果如图 12.9 和图 12.10 所示,其中细线代表 RRT 树,粗虚线是由算法 10 产生的 RRT 路径,粗实线为算法 11 生成的平滑路径。

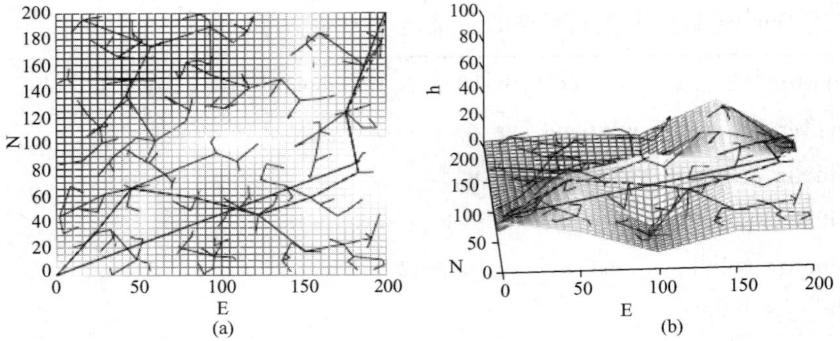

图 12.9 (a)三维 RRT 航点路径规划算法结果的俯视图;(b)三维 RRT 航点路径规划算法结果的侧视图。细线为 RRT 图,粗虚线是由算法 10 返回的 RRT 路径,粗实线为平滑路径。RRT 图是在地面上一个固定的高度生成

2. 二维障碍场中的 RRT Dubins 路径规划

本节将考虑把基本 RRT 算法扩展到受转动约束的路径规划。假设飞机以恒定的速度移动,配置之间的最优路径为 Dubins 路径,参见 11.2 节中的讨论。

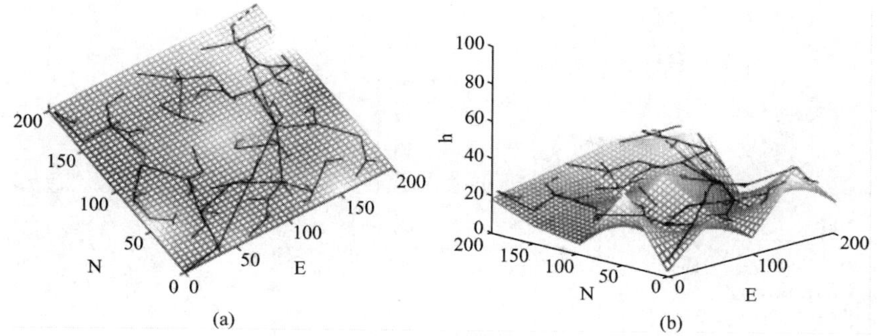

图 12.10 (a)三维 RRT 航点路径规划算法结果的俯视图;(b)三维 RRT 航点路径规划算法结果的侧视图。细线为 RRT 图,粗虚线为算法 10 返回的 RRT 路径,粗实线为平滑的路径。RRT 图是在地面上一个固定的高度生成

两个不同的配置之间规划 Dubins 路径,其中配置由三个数字给出,分别代表北向和东向的位置以及在该位置的航线角。在这种情况下使用 RRT 算法,需要有随机产生配置的技术。

将生成如下的随机配置:

(1) 生成环境中的一个随机的东北位置;

(2) 在 RRT 图找到最靠近新点的节点;

(3) 从最近的 RRT 节点选择一个距离为 L 的位置,并使用那个位置作为新配置的东北坐标;

(4) 配置的航线角选择为连接新配置与 RRT 树的直线的角度。

RRT 算法由算法 10 实现,其中函数 pathLength 返回配置之间的 Dubins 路径长度。

RRT 的 Dubins 算法得到的结果如图 12.11 和图 12.12 所示,其中细线代表 RRT 树,粗虚线是由算法 10 产生的 RRT 路径,粗实线为算法 11 生成的平滑路径。

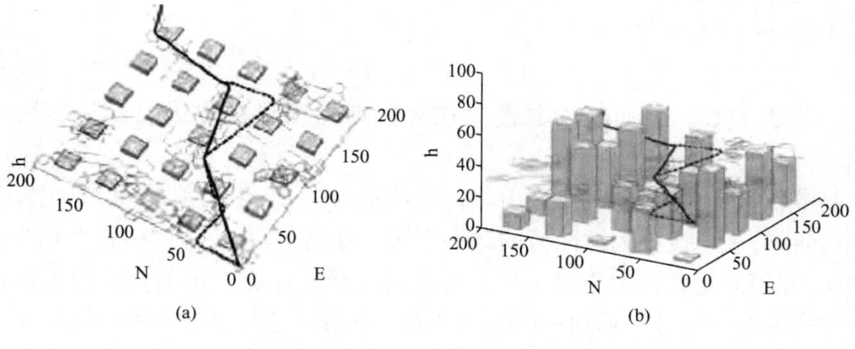

图 12.11 (a)RRT 的 Dubins 路径规划算法结果的俯视图;(b)RRT 的 Dubins 路径规划算法结果的侧视图。细线为 RRT 图,粗虚线为算法 10 返回的 RRT 路径,粗实线为平滑的路径。RRT 图是在地面上一个固定的高度生成

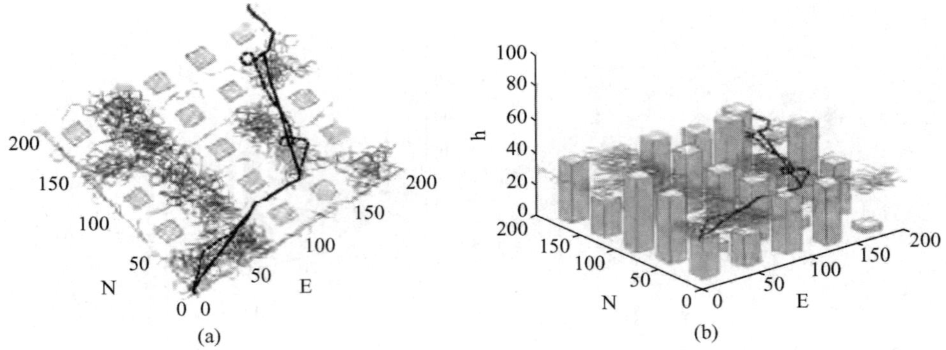

图 12.12 (a)RRT 的 Dubins 路径规划算法结果的俯视图;(b)RRT 的 Dubins 路径规划算法结果的侧视图。细线为 RRT 图,粗虚线为算法 10 返回的 RRT 路径,粗实线为平滑的路径。RRT 图是在地面上一个固定的高度生成

12.2 覆盖算法

本节将简要讨论覆盖算法,其目的不是从开始配置到结束配置间的过渡,而是覆盖尽可能多的区域。例如,在搜索问题中覆盖算法的使用,此式利用空气飞机在给定区域内搜寻感兴趣的对象。由于对象的位置可能是未知的,该地区必须尽可能均匀地搜索。本节提出的算法允许包含目标可能位置的先验信息。

这种算法的基本思想是在内存中维持两个地图:地形图和返回地图。地形图用来检测可能发生的与环境的碰撞。以返回值 γ_i 来对地形中特定位置的效益指标建模,其中 i 为地形中位置的索引。为确保一个地区均匀覆盖,返回地图被初始化,使得地形中所有位置有相同的初始返回值。在位置被访问后,返回值按下式降低一个固定值:

$$\gamma_i[k] = \gamma_i[k-1] - c \tag{12.2}$$

式中:c 为正常数。路径规划器搜寻在有限前向窗口内提供最大返回可能的路径。

基本覆盖算法由算法 12 列出。在算法的每一步,由当前的 MAV 配置生成一个前向树,用于搜寻大返回值的地形区域。在第 1 行,将前向树初始化为启动配置 $\boldsymbol{p}_s$,在第 8 行前向树重置为当前的配置。能设计更先进的算法以保留已经探索过的树的一部分。返回地图在第 2 行初始化。返回地图初始化为一个大常数加上额外的噪声。额外的噪声有利于选择算法的初始阶段,在地形的所有区域都需要搜索,因此会产生相等的返回值。在 MAV 已经进入地形的新区域后,在第 9 行根据式(12.2)更新返回地图 $\boldsymbol{\gamma}$。在第 5 行从当前的配置生成前向树。

前向树以避免地形中障碍的方式产生。在第 6 行前向树 G 搜索产生最大返回值的路径。

有几种技术可以用来在算法 12 的第 5 行产生前向树,这里将简要地描述两种可能的方法。在第一种方法中,路径是由航点给出,前向树是以长度 L 的有限几步生成的,并且在每一步结束时,使得 MAV 在每个配置中直线移动或改变航向 $\pm\vartheta$。$\vartheta=\pi/6$ 的三步前向树如图 12.13 所示。

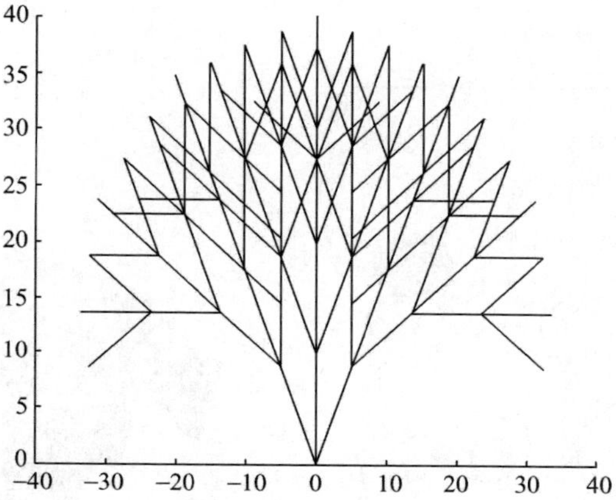

图 12.13　由(0,0)产生的深度为 3 的前向树,其中 $L=10$,$\vartheta=\pi/6$

Algorithm 12　Plan Cover Path: planCover($\mathcal{T},\boldsymbol{\Upsilon},\boldsymbol{p}$)

Input: Terrain map $\mathcal{T}$, returnmap $\boldsymbol{\Upsilon}$, initial configuration $\boldsymbol{p}_s$

1: Initialize look-ahead tree $G=(V,E)$ as $V=\{\boldsymbol{p}_s\}, E=\varnothing$

2: Initialize return map $\boldsymbol{\Upsilon}=\{\boldsymbol{\Upsilon}_i : i$ indexes the terrain$\}$

3: $\boldsymbol{p}=\boldsymbol{p}_s$

4: for Each planning cycle do

5: $G=$ generateTree($\boldsymbol{p},\mathcal{T},\boldsymbol{\Upsilon}$)

6: $\mathcal{W}=$ highestReturnPath(G)

7: Update $\boldsymbol{p}$ by moving along the first segment of $\mathcal{W}$

8: Reset $G=(V,E)$ as $V=\{\boldsymbol{p}\}, E=\varnothing$

9: $\boldsymbol{\Upsilon}=$ updateReturnMap($\boldsymbol{\Upsilon},\boldsymbol{p}$)

10: end for

算法 12 中航点前向树的结果如图 12.14 所示。图 12.14(a)显示通过障碍场且路径前向长度 $L=5$ 的路径,每一步允许的航向变化都是 $\vartheta=\pi/6$,前向树的深度为 3。

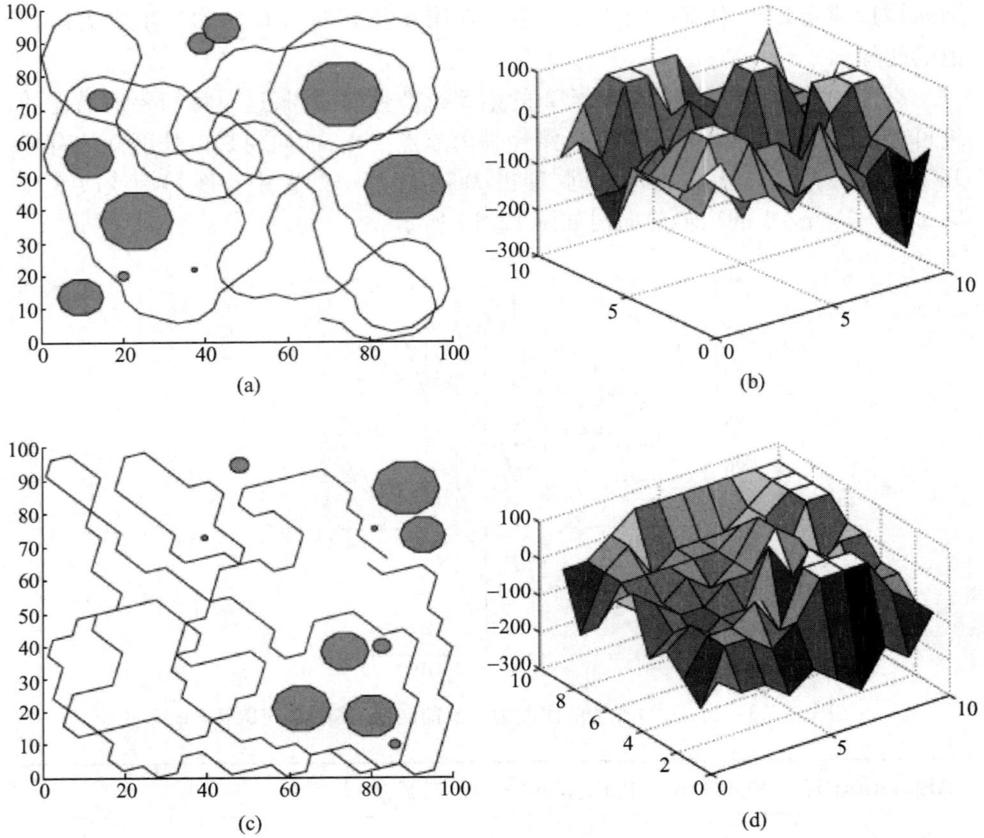

图 12.14　(a)和(c)给出了使用三角度扩展树的覆盖算法结果的俯视图。(a)和(b)为 200 次规划周期后相关的返回地图。在(a)和(b)中，允许的航向变化 $\vartheta=\pi/6$，而在(c)和(d)中，允许的航向变化 $\vartheta=\pi/3$

200 次算法迭代后的返回地图如图 12.14(a)所示。图 12.14(b)显示通过障碍场且路径前向长度 $L=5$ 的路径，每一步允许的航向变化都是 $\vartheta=\pi/6$，前向树的深度为 3。200 次算法迭代后的返回地图如图 12.14(a)所示。请注意，区域约均匀覆盖，但路径通过的地区往往是重复的，特别是密集地区。

在算法 12 第 5 行，可以用来产生前向树的一种方法是使用 Dubins 路径的 RRT 算法。鉴于目前的配置，RRT 树扩展算法的几步用来产生前向树。对三维城市环境使用此算法的结果如图 12.15 所示。图 12.15(a)和 12.15(b)给出算法的两个不同实例的俯视图。MAV 的海拔高度固定在某一高度，这样可以防止某些地区被搜查。结果的侧视图如图 12.15(b)和(e)，给出了三维透视图。相关的返回如图 12.15(c)和(f)。结果再次表明，覆盖面积相当均匀，但也强调了覆盖算法不是特别有效。

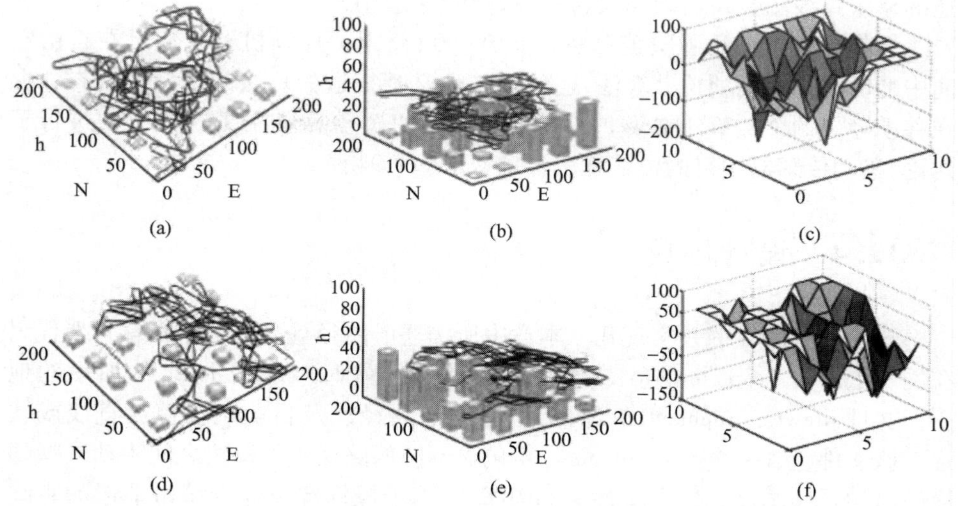

图 12.15 (a)和(d)给出了使用 RRT 规划者来查找配置间的 RRT 覆盖算法结果的俯视图。(b)和(e)显示结果的侧视图。图(c)和(f)给出了经过搜索算法的 100 次迭代的返回地图

12.3 本章小结

本章给出了小型无人驾驶飞机的路径规划方法的简要介绍。在本章中提出的算法对 MAV 并不是完全的或最好的算法。而选择的算法易于理解和实现，为进一步的研究提供一个很好的跳板。本章提出了两类算法:在障碍物约束下，两种配置之间路径的点对点算法;均匀覆盖某区域的规划路径的覆盖算法。主要焦点一直在利用节点间 Dubins 路径的快速扩展随机树(RRT)算法的使用上。

注释与参考文献

在路径规划方法方面有大量的文献，如 Latombe[75]、乔塞特等[76]和 LaValle[77]，其中包含了路径规划研究相关的深入回顾。在文献[71]包含了维诺图的介绍，早期维诺技术在无人机路径规划上的应用参见文献[64,78,79,80]。基于传感器测量值的维诺图增量构建参见文献[81,82]。提供了多路径选项的维诺图的有效搜索技术之一是 Eppstein 的 k 最短路径算法[83]。

RRT 算法首次在文献[84]中介绍，应用于非完整机器人车辆参见文献[85,74]。文献报道中有大量的 RRT 应用，以及对基本算法的扩展[86]。最近 RRT 算法引入最优路径概率的扩展参见文献[87]。RRT 算法与文献[88]所描

述的概率路线图技术密切相关,在文献[89]中应用于 UAVs。

文献中讨论了几种覆盖算法。文献[90]介绍了规划机器人通过在自由空间中的所有点路径的覆盖算法,还包括其他文献报道的算法的很好的调查。存在移动障碍的覆盖算法在[91]中描述。多飞机覆盖算法在文献[92]中进行了讨论,移动传感器网络的覆盖算法参见文献[93,94]。

12.4 设计项目

这项任务的目的是实现几个本章中所描述的路径规划算法。本章骨架代码在网站上给出。Createworld. M 文件创建类似于图 12.11 和图 12.12 所示的地图。文件 drawEnvironment. M 绘制地图、航点路径以及目前正在遵循直线或轨道。该文件包含一个 path_planner. M 包含不同的路径规划算法之间手动选择切换的语句。样本代码包含文件 planRRT. M 用于规划穿过综合城市地形的直线路径。

12.1 使用 planRRT. M 为模板,创建 planRRTDubins. m 并修改 path_planner. M,使其调用 planRRTDubins. M 来完成穿过地图的 Dubins 路径规划。修改 planRRTDubins. M 实现基于 Dubins 路径的 RRT 算法和相关的平滑算法。在式(9.18)给出的导航模型中试验和调试算法。当算法在导航模型中工作良好时,验证它在完整 6 自由度模型中表现良好。

12.2 使用 planCover. M 为模板,创建 planCoverRRTDubins. M 并修改 path_planner. M 使其调用函数 planRRTCoverDubins. M。修改 planRRTCoverDubins. M 实施算法 12 描述的覆盖算法,车辆的运动是基于 Dubins 路径。在式(9.18)给出的导航模型中试验和调试算法。当算法在导航模型中工作良好时,验证它在完整 6 自由度模型中表现良好。

第 13 章　基于视觉的导航

现在人们对小型无人驾驶飞机感兴趣的主要原因之一是其为光电相机（EO）和红外（IR）相机提供了一种廉价的平台。目前部署的几乎所有小型和微型飞机都携带了 EO 或红外摄像机。相机的主要用途是将信息传递给用户，尝试使用相机实现导航、制导与控制的目的也是很有意义的。进一步的动机来自一个事实，即鸟类和昆虫使用视觉作为主要导航传感器[95]。

本章简要介绍了一些 MAV 在基于视觉的指导和控制中出现的问题。13.1 节回到坐标系形式，并通过引入框架和相机坐标系扩展了第 2 章的讨论。还讨论了图像平面和投影几何，涉及三维对象的位置到图像平面的二维投影。13.2 节给出了指向已知世界坐标系中云台框架的一个简单算法。13.3 节描述了一种基于录像系列中目标的位置和运动估计地基目标位置的地理定位算法。本章假定存在一种用于跟踪视频序列中的目标特征的算法。图像平面上目标的运动受到目标运动和飞机平移及旋转运动的影响。13.4 节描述了一种方法，用于补偿框架的运动和空中平台角速率的影响导致的明显的目标运动。作为视觉引导的最终应用，13.6 节描述了一种算法，采用视觉引导在用户指定的位置上准确着陆。

13.1　框架、相机坐标系与投影几何

在这一节中假定框架和相机坐标系的初始位置在车辆质心。对于更一般的几何形状，参见文献[96]。图 13.1 给出了车辆、MAV 的机身坐标系、框架和相机坐标系之间的关系。有三种感兴趣的坐标系：以 $\mathcal{F}^{g1}=(\boldsymbol{i}^{g1},\boldsymbol{j}^{g1},\boldsymbol{k}^{g1})$ 表示的框架 1 坐标系；以 $\mathcal{F}^{g}=(\boldsymbol{i}^{g},\boldsymbol{j}^{g},\boldsymbol{k}^{g})$ 表示的框架坐标系；以 $\mathcal{F}^{c}=(\boldsymbol{i}^{c},\boldsymbol{j}^{c},\boldsymbol{k}^{c})$ 表示的相机坐标系。该框架 1 坐标系是由本体坐标系绕 $\boldsymbol{k}^{b}$ 轴旋转角度 α_{az} 而得到的，这就是所谓的框架方位角。从本体到框架 1 坐标系的转动由下式给出：

$$\boldsymbol{R}_b^{g1}(\alpha_{az}) \triangleq \begin{pmatrix} \cos\alpha_{az} & \sin\alpha_{az} & 0 \\ -\sin\alpha_{az} & \cos\alpha_{az} & 0 \\ 0 & 0 & 1 \end{pmatrix} \tag{13.1}$$

框架坐标系是由框架 1 坐标系绕 $\boldsymbol{j}^{g1}$ 旋转角度 α_{el} 而得到，称为框架俯仰角。

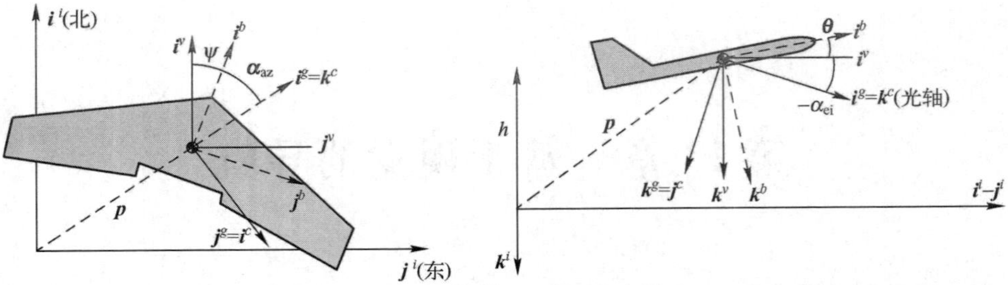

(a) 顶视图　　(b) 侧视图

图 13.1　显示框架、相机坐标系、飞机和机身坐标系间关系的示例图

请注意,负的俯仰角指向地面的相机。从框架 1 坐标系到框架坐标系的转动由下式给出:

$$\boldsymbol{R}_{g1}^{g}(\alpha_{\mathrm{el}}) \triangleq \begin{pmatrix} \cos\alpha_{\mathrm{el}} & 0 & -\sin\alpha_{\mathrm{el}} \\ 0 & 1 & 0 \\ \sin\alpha_{\mathrm{el}} & 0 & \cos\alpha_{\mathrm{el}} \end{pmatrix} \tag{13.2}$$

因此,从本体到框架坐标系的转换矩阵为

$$\boldsymbol{R}_{b}^{g} = \boldsymbol{R}_{g1}^{g}\boldsymbol{R}_{b}^{g1} \triangleq \begin{pmatrix} \cos\alpha_{\mathrm{el}}\cos\alpha_{\mathrm{az}} & \cos\alpha_{\mathrm{el}}\sin\alpha_{\mathrm{az}} & -\sin\alpha_{\mathrm{el}} \\ -\sin\alpha_{\mathrm{az}} & \cos\alpha_{\mathrm{az}} & 0 \\ \sin\alpha_{\mathrm{el}}\cos\alpha_{\mathrm{az}} & \sin\alpha_{\mathrm{el}}\sin\alpha_{\mathrm{az}} & \cos\alpha_{\mathrm{el}} \end{pmatrix} \tag{13.3}$$

计算机视觉和图像处理的文献传统上将相机的坐标轴对准,例如 $\boldsymbol{i}^c$ 指向图像的右侧,$\boldsymbol{j}^c$ 指向图像底部,而 $\boldsymbol{k}^c$ 沿光轴指向。因此,从框架坐标系到相机坐标系的变换由下式给出:

$$\boldsymbol{R}_{g}^{gc} = \begin{pmatrix} 0 & 1 & 0 \\ 0 & 0 & 1 \\ 1 & 0 & 0 \end{pmatrix} \tag{13.4}$$

13.1.1　相机模型

相机坐标系的几何图如图 13.2 所示,其中 f 是单位为像素的焦距,P 将像素转换为 m。为了简化讨论,假定像素和像素阵列为正方形。如果方形像素阵列的宽度为 M,相机的视场 $\boldsymbol{v}$ 已知,则焦距 f 可以表示为

$$f = \frac{M}{2\tan(\upsilon/2)} \tag{13.5}$$

对象投影的位置在相机坐标系中以 $(P_{\epsilon_x}, P_{\epsilon_y}, Pf)$ 表示,其中 ϵ_x 和 ϵ_y 是对象的像素位置(以像素为单位)。如图 13.2 所示,相机坐标系原点到像素位置 (ϵ_x, ϵ_y) 的距离为 PF,其中

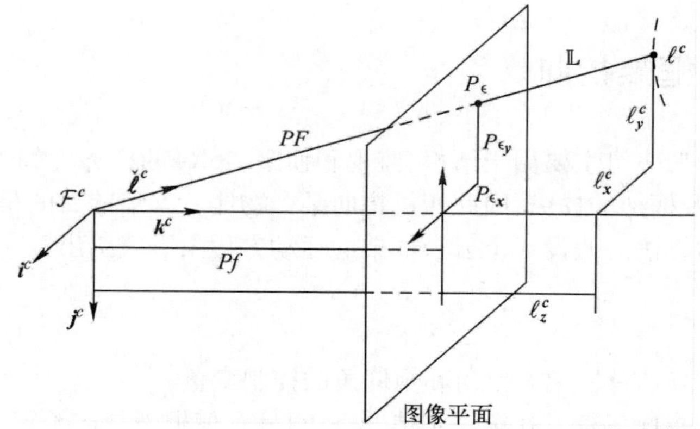

图 13.2　相机坐标系。相机坐标系中的目标由$\boldsymbol{\ell}^c$代表。目标在像平面上的投影以 ϵ 代表。像素位置(0,0)对应于图像的中心,认为与光轴对准。以$\mathbb{L}$、ϵ、f给出的目标的距离是以像素为单位,ℓ的单位是 m

$$F=\sqrt{f^2+\epsilon_x^2+\epsilon_y^2} \tag{13.6}$$

利用图 13.2 中类似的三角形,得到

$$\frac{\ell_x^c}{\mathbb{L}}=\frac{P\epsilon_x}{PF}=\frac{\epsilon_x}{F} \tag{13.7}$$

同样可得到$\frac{\ell_y^c}{\mathbb{L}}=\frac{\epsilon_y}{F}$、$\frac{\ell_z^c}{\mathbb{L}}=\frac{f}{F}$。综合起来得到

$$\boldsymbol{\ell}^c=\frac{\mathbb{L}}{F}\begin{pmatrix}\epsilon_x\\ \epsilon_y\\ f\end{pmatrix} \tag{13.8}$$

式中:$\boldsymbol{\ell}$为指向感兴趣对象的矢量;$\mathbb{L}=\|\boldsymbol{\ell}\|$。

请注意,由于$\mathbb{L}$未知,不能从相机数据完全确定$\boldsymbol{\ell}^c$。但是,可以确定指向目标的单位方向矢量为

$$\frac{\boldsymbol{\ell}^c}{\mathbb{L}}=\frac{1}{F}\begin{pmatrix}\epsilon_x\\ \epsilon_y\\ f\end{pmatrix}=\frac{1}{\sqrt{f^2+\epsilon_x^2+\epsilon_y^2}}\begin{pmatrix}\epsilon_x\\ \epsilon_y\\ f\end{pmatrix} \tag{13.9}$$

由于单位矢量$\boldsymbol{\ell}^c/\mathbb{L}$在本章中起着重要的作用,使用以下符号来表示$\boldsymbol{\ell}$的归一化结果:

$$\check{\boldsymbol{\ell}}\triangleq\begin{pmatrix}\check{\ell}_x\\ \check{\ell}_y\\ \check{\ell}_z\end{pmatrix}\triangleq\frac{\boldsymbol{\ell}}{\mathbb{L}}$$

13.2 框架指向

小型和微型飞机主要用于情报、监视和侦察(ISR)的任务。如果 MAV 配备了框架,这涉及框架的操纵,因此相机指向某个物体。本节的目的是描述一个简单的框架指向算法。假设一个云台框架的运动方程由下式给出:

$$\dot{\alpha}_{az} = u_{az}$$

$$\dot{\alpha}_{el} = u_{el}$$

式中:u_{az}和 u_{el}分别是框架方位角和俯仰角的控制变量。

考虑两个指向场景。在第一种情况下,目标是使框架指向给定的世界坐标。在第二种情况中,其目的是指向框架使得光轴与像平面上某一点对齐。对于第二种情况,设想用户观察来自 MAV 的视频流,使用鼠标在像平面上点击。然后操控框架将这个位置推向像平面的中心。

对于第一种情况,令 $\boldsymbol{p}^i_{obj}$表示惯性系中某个物体的已知位置,目的是使相机的光轴与所需的相对位置矢量为

$$\boldsymbol{\ell}^i_d = \boldsymbol{p}^i_{obj} - \boldsymbol{p}^i_{MAV}$$

式中:$\boldsymbol{p}^i_{MAV} = (p_n, p_e, p_d)^{\mathrm{T}}$为 MAV 的惯性位置,下标 d 表示所需量。指向物体所需方向的本体坐标系单位矢量为

$$\check{\boldsymbol{\ell}}^b_d = \frac{1}{\|\boldsymbol{\ell}^i_d\|}\boldsymbol{R}^b_i \boldsymbol{\ell}^i_d$$

对于第二种情况,假设将框架机动,使得像素位置 ϵ 推到图像中心。利用式(13.9),相机坐标系中光轴所需方向为

$$\check{\boldsymbol{\ell}}^c_d = \frac{1}{\sqrt{f^2 + \epsilon_x^2 + \epsilon_y^2}}\begin{pmatrix}\epsilon_x \\ \epsilon_y \\ f\end{pmatrix}$$

在本体坐标系中,光轴所期望的方向是

$$\check{\boldsymbol{\ell}}^b_d = \boldsymbol{R}^b_g \boldsymbol{R}^g_c \check{\boldsymbol{\ell}}^c_d$$

下一步是确定光轴与$\check{\boldsymbol{\ell}}^b_d$对齐所需的方位角和俯仰角。在相机坐标系中,光轴由$(0,0,1)^c$给出。因此,目标是选择预定的框架角度 α^c_{az}和 α^c_{el},这样

$$\check{\boldsymbol{\ell}}^b_d = \begin{pmatrix}\check{\boldsymbol{\ell}}^b_{xd} \\ \check{\boldsymbol{\ell}}^b_{yd} \\ \check{\boldsymbol{\ell}}^b_{zd}\end{pmatrix} = \boldsymbol{R}^b_g(\alpha^c_{az}, \alpha^c_{el})\boldsymbol{R}^g_c \begin{pmatrix}0 \\ 0 \\ 1\end{pmatrix} \tag{13.10}$$

$$= \begin{pmatrix}\cos\alpha^c_{el}\cos\alpha^c_{az} & -\sin\alpha^c_{el} & -\sin\alpha^c_{el}\cos\alpha^c_{az} \\ \cos\alpha^c_{el}\sin\alpha^c_{az} & \cos\alpha^c_{az} & -\sin\alpha^c_{el}\sin\alpha^c_{az} \\ \sin\alpha^c_{el} & 0 & \cos\alpha^c_{el}\end{pmatrix}\begin{pmatrix}0 & 0 & 1 \\ 1 & 0 & 0 \\ 0 & 1 & 0\end{pmatrix}\begin{pmatrix}0 \\ 0 \\ 1\end{pmatrix} \tag{13.11}$$

$$
=\begin{pmatrix}\cos\alpha_{\mathrm{el}}^{c}\cos\alpha_{\mathrm{az}}^{c}\\ \cos\alpha_{\mathrm{el}}^{c}\sin\alpha_{\mathrm{az}}^{c}\\ \sin\alpha_{\mathrm{el}}^{c}\end{pmatrix}\tag{13.12}
$$

求解 α_{az}^{c} 和 α_{el}^{c} 得到所需的方位角和俯仰角为

$$
\alpha_{\mathrm{az}}^{c}=\arctan\left(\frac{\check{\boldsymbol{\ell}}_{yd}^{b}}{\check{\boldsymbol{\ell}}_{xd}^{b}}\right)\tag{13.13}
$$

$$
\alpha_{\mathrm{el}}^{c}=\arcsin(\check{\boldsymbol{\ell}}_{zd}^{b})\tag{13.14}
$$

框架伺服命令可选择为

$$
\begin{aligned}u_{\mathrm{az}}&=k_{\mathrm{az}}(\alpha_{\mathrm{az}}^{c}-\alpha_{\mathrm{az}})\\ u_{\mathrm{el}}&=k_{\mathrm{el}}(\alpha_{\mathrm{el}}^{c}-\alpha_{\mathrm{el}})\end{aligned}\tag{13.15}
$$

式中:k_{az} 和 k_{el} 为正控制增益。

13.3 地理定位

本节提出了一种方法,利用固定翼 MAV 上的装有万向接头的 EO/IR 相机来确定物体在世界/惯性坐标系中的位置。假设 MAV 可以测量自己的世界坐标,例如,使用 GPS 接收机,且其他 MAV 状态变量可用。

接续 13.1 节,令 $\boldsymbol{\ell}=\boldsymbol{p}_{\mathrm{obj}}-\boldsymbol{p}_{\mathrm{MAV}}$ 为感兴趣的目标位置与 MAV 间的相对位置矢量,并定义 $\mathbb{L}=\|\boldsymbol{\ell}\|$,$\check{\boldsymbol{\ell}}=\boldsymbol{\ell}/\mathbb{L}$。由几何关系得到

$$
\begin{aligned}\boldsymbol{p}_{\mathrm{obj}}^{i}&=\boldsymbol{p}_{\mathrm{MAV}}^{i}+\boldsymbol{R}_{b}^{i}\boldsymbol{R}_{g}^{b}\boldsymbol{R}_{c}^{g}\boldsymbol{\ell}^{c}\\ &=\boldsymbol{p}_{\mathrm{MAV}}^{i}+\mathbb{L}(\boldsymbol{R}_{b}^{i}\boldsymbol{R}_{g}^{b}\boldsymbol{R}_{c}^{g}\check{\boldsymbol{\ell}}^{c})\end{aligned}\tag{13.16}
$$

式中:$\boldsymbol{p}_{\mathrm{MAV}}^{i}=(p_n,p_e,p_d)^{\mathrm{T}}$;$\boldsymbol{R}_{b}^{i}=\boldsymbol{R}_{b}^{i}(\phi,\theta,\psi)$;$\boldsymbol{R}_{g}^{b}=\boldsymbol{R}_{g}^{b}(\alpha_{\mathrm{az}},\alpha_{\mathrm{el}})$。

式(13.16)右侧唯一未知的元素是 $\mathbb{L}$。因此,求解地理定位问题简化为估计目标的距离 $\mathbb{L}$ 的问题。

13.3.1 使用平地模型确定到目标的距离

如果 MAV 能够测量地面之上的高度,那么预估 $\mathbb{L}$ 的一种简单策略是采用平面地球模型[96]。图 13.3 给出了这种情况的几何形状,其中 $h=-p_d$ 是地面之上的距离,φ 是 $\boldsymbol{\ell}$ 和 $\boldsymbol{k}^{i}$ 轴之间的夹角。由图 13.3,很明显有

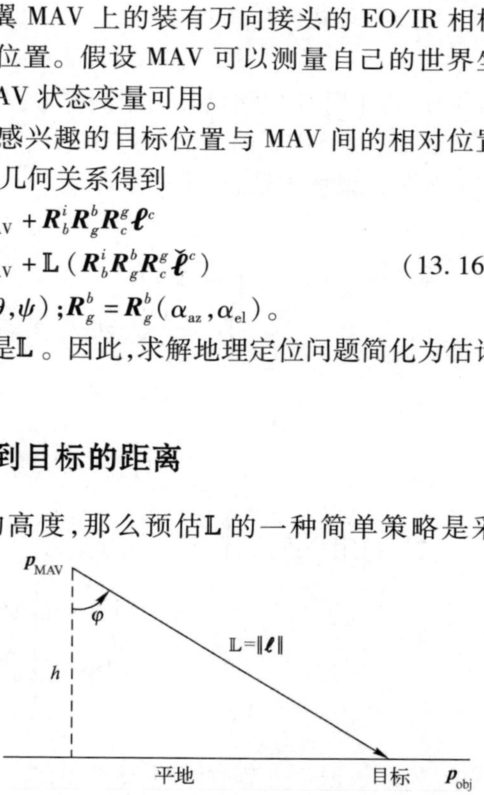

图 13.3 使用平面地球假设进行距离预估

$$
\mathbb{L}=\frac{h}{\cos\varphi}
$$

式中

$$\begin{aligned}\cos\varphi &= \boldsymbol{k}^i \cdot \check{\boldsymbol{\ell}}^i \\ &= \boldsymbol{k}^i \cdot \boldsymbol{R}_b^i \boldsymbol{R}_g^b \boldsymbol{R}_c^g \check{\boldsymbol{\ell}}^c\end{aligned}$$

因此,采用平面地球模型预估的距离由下式给出:

$$\mathbb{L} = \frac{h}{\boldsymbol{k}^i \cdot \boldsymbol{R}_b^i \boldsymbol{R}_g^b \boldsymbol{R}_c^g \check{\boldsymbol{\ell}}^c} \tag{13.17}$$

式(13.16)和式(13.17)综合,得到地理定位预估为

$$\boldsymbol{p}_{\text{obj}}^i = \begin{pmatrix} p_n \\ p_e \\ p_d \end{pmatrix} + h\frac{\boldsymbol{R}_b^i \boldsymbol{R}_g^b \boldsymbol{R}_c^g \check{\boldsymbol{\ell}}^c}{\boldsymbol{k}^i \cdot \boldsymbol{R}_b^i \boldsymbol{R}_g^b \boldsymbol{R}_c^g \check{\boldsymbol{\ell}}^c} \tag{13.18}$$

13.3.2 使用扩展卡尔曼滤波进行地球定位

式(13.18)中的地理定位提供了目标位置的一次成功的预估。不幸的是,这个方程对测量误差非常敏感,特别是机体的姿态估计误差。本节将描述在解决地理定位问题中扩展卡尔曼滤波器(EKF)的使用。

重新整理式(13.16),得到

$$\boldsymbol{p}_{\text{MAV}}^i = \boldsymbol{p}_{\text{obj}}^i - \mathbb{L}\,(\boldsymbol{R}_b^i \boldsymbol{R}_g^b \boldsymbol{R}_c^g \check{\boldsymbol{\ell}}^c) \tag{13.19}$$

式中:$\boldsymbol{p}_{\text{MAV}}^i$使用 GPS 测量并用于测量方程,假设 GPS 噪声是均值为 0 的高斯分布。然而,由于 GPS 测量误差包含一个恒定的偏置,定位误差也将包含一个偏置。如果假设物体是静止的,有

$$\dot{\boldsymbol{p}}_{\text{obj}}^i = 0$$

由于$\mathbb{L} = \|\boldsymbol{p}_{\text{obj}}^i - \boldsymbol{p}_{\text{MAV}}^i\|$,有

$$\begin{aligned}\dot{\mathbb{L}} &= \frac{\mathrm{d}}{\mathrm{d}t}\sqrt{(\boldsymbol{p}_{\text{obj}}^i - \boldsymbol{p}_{\text{MAV}}^i)^{\mathrm{T}}(\boldsymbol{p}_{\text{obj}}^i - \boldsymbol{p}_{\text{MAV}}^i)} \\ &= \frac{(\boldsymbol{p}_{\text{obj}}^i - \boldsymbol{p}_{\text{MAV}}^i)^{\mathrm{T}}(\dot{\boldsymbol{p}}_{\text{obj}}^i - \dot{\boldsymbol{p}}_{\text{MAV}}^i)}{\mathbb{L}} \\ &= -\frac{(\boldsymbol{p}_{\text{obj}}^i - \boldsymbol{p}_{\text{MAV}}^i)^{\mathrm{T}}\dot{\boldsymbol{p}}_{\text{MAV}}^i}{\mathbb{L}}\end{aligned}$$

对于恒定高度飞行,$\dot{\boldsymbol{p}}_{\text{MAV}}^i$可近似为

$$\dot{\boldsymbol{p}}_{\text{MAV}}^i = \begin{pmatrix} \hat{V}_g\cos\hat{\chi} \\ \hat{V}_g\sin\hat{\chi} \\ 0 \end{pmatrix}$$

式中:$\hat{V}_g$,$\hat{\chi}$根据 8.7 节讨论的 EKF 预估。

地理定位算法的框图如图 13.4 所示。地理定位算法的输入是在 8.7 节中

描述的 GPS 平滑器预估的 MAV 在惯性系中的位置和速度、式(13.9)给出的预估归一化视线矢量,以及 8.6 节中描述的步骤预估的姿态。

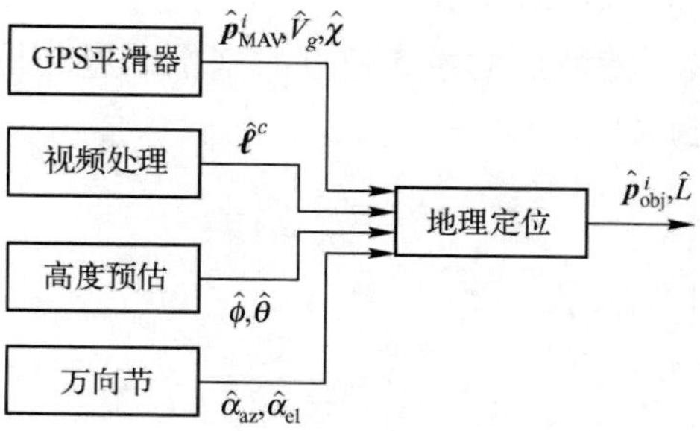

图 13.4　地理定位算法使用 GPS 平滑器、来自视觉算法的归一化视线矢量和姿态来预估对象在惯性坐标系中的位置和对象的距离

地理定位算法是状态为$\hat{x} = (\hat{\boldsymbol{p}}^{i\,\mathrm{T}}_{obj}, \hat{\mathbb{L}})^{\mathrm{T}}$的扩展卡尔曼滤波器,预测方程由下式给出:

$$\begin{pmatrix} \dot{\hat{\boldsymbol{p}}}^i_{obj} \\ \dot{\hat{\mathbb{L}}} \end{pmatrix} = \begin{pmatrix} 0 \\ -\dfrac{(\hat{\boldsymbol{p}}^i_{obj} - \hat{\boldsymbol{p}}^i_{MAV})^{\mathrm{T}} \dot{\hat{\boldsymbol{p}}}^i_{MAV}}{\hat{\mathbb{L}}} \end{pmatrix}$$

因此,雅可比矩阵由下式给出:

$$\frac{\delta f}{\delta x} = \begin{pmatrix} 0 & 0 \\ -\dfrac{\hat{\boldsymbol{p}}^{i\,\mathrm{T}}_{MAV}}{\hat{\mathbb{L}}} & \dfrac{(\hat{\boldsymbol{p}}^i_{obj} - \hat{\boldsymbol{p}}^i_{MAV})^{\mathrm{T}} \dot{\hat{\boldsymbol{p}}}_{MAV}}{\hat{\mathbb{L}}^2} \end{pmatrix}$$

输出方程由式(13.19)给出,其中的输出方程的雅可比矩阵为

$$\frac{\delta h}{\delta x} = (\boldsymbol{I} \boldsymbol{R}^i_b \boldsymbol{R}^b_g \boldsymbol{R}^g_c \check{\boldsymbol{\ell}}^c)$$

13.4　图像平面内目标运动预估

本章假定计算机视觉算法用于跟踪目标像素位置。由于视频流通常包含噪声和跟踪算法存在缺陷,这些算法返回的像素位置是有噪声的。下一节中描述的制导算法需要目标的像素位置和像素速度。13.4.1 节展示了如何构建一个简单的低通滤波器,返回像素位置和像素速度二者的过滤版本。

像素的速度受到目标与 MAV 相对(平移)运动和 MAV – 框架组合的旋转运动两者的影响。13.4.2 节得到了像素速度的明确表达式,给出了如何弥补 MAV 和框架的旋转速率引起的视运动。

13.4.1 数字低通滤波器和差分

令$\bar{\boldsymbol{\epsilon}}=(\bar{\epsilon}_x,\bar{\epsilon}_y)^{\mathrm{T}}$表示像素的原始测量结果，$\boldsymbol{\epsilon}=(\epsilon_x,\epsilon_y)^{\mathrm{T}}$表示经过滤波的像素位置，$\dot{\boldsymbol{\epsilon}}=(\dot{\epsilon}_x,\dot{\epsilon}_y)^{\mathrm{T}}$表示滤波后的像素速度。基本的想法是使用低通滤波器对原始像素测量结果进行滤波：

$$\epsilon(S)=\frac{1}{\tau s+1}\bar{\boldsymbol{\epsilon}} \tag{13.20}$$

并对原始测量结果进行微分：

$$\dot{\epsilon}(S)=\frac{s}{\tau s+1}\bar{\boldsymbol{\epsilon}} \tag{13.21}$$

利用 Tustin 近似[28]，有

$$S\mapsto\frac{2}{T_S}\frac{z-1}{z+1}$$

转换到 z 域，得到

$$\epsilon[S]=\frac{1}{\frac{2\tau}{T_S}\frac{z-1}{z+1}+1}\quad\bar{\boldsymbol{\epsilon}}=\frac{\frac{T_S}{T_S+2\tau}(z+1)}{z-\frac{2\tau-T_S}{2\tau+T_S}}\bar{\boldsymbol{\epsilon}}$$

$$\dot{\epsilon}[S]=\frac{\frac{2}{T_S}\frac{z-1}{z+1}}{\frac{2\tau}{T_S}\frac{z-1}{z+1}+1}\quad\bar{\boldsymbol{\epsilon}}=\frac{\frac{2}{T_S+2\tau}(z-1)}{z-\frac{2\tau-T_S}{2\tau+T_S}}$$

进行反 z 变化得到不同的方程：

$$\epsilon[n]=\left(\frac{2\tau-T_S}{2\tau+T_S}\right)\epsilon[n-1]+\left(\frac{T_S}{T_S+2\tau}\right)(\bar{\epsilon}[n]+\bar{\epsilon}[n-1])$$

$$\dot{\epsilon}[n]=\left(\frac{2\tau-T_S}{2\tau+T_S}\right)\dot{\epsilon}[n-1]+\left(\frac{2}{T_S+2\tau}\right)(\bar{\epsilon}[n]-\bar{\epsilon}[n-1])$$

式中：$\epsilon[0]=\bar{\epsilon}[0]$，$\dot{\epsilon}[0]=0$。

13.4.2 旋转导致的视运动

像素的速度受到目标与 MAV 相对（平移）运动和 MAV－框架组合的旋转运动两者的影响。目标在图像平面上的运动是由目标与 MAV 的相对平移运动和 MAV－框架平台的旋转运动所引起的。对于大多数导航任务，主要对相对平移运动感兴趣，希望去掉 MAV－框架平台的旋转运动引起的视运动。13.1 节中引入符号，令$\check{\boldsymbol{\ell}}=\boldsymbol{\ell}/\mathbb{L}=\dfrac{\boldsymbol{p}_{\mathrm{obj}}-\boldsymbol{p}_{\mathrm{MAV}}}{\|\boldsymbol{p}_{\mathrm{obj}}-\boldsymbol{p}_{\mathrm{MAV}}\|}$为目标和 MAV 之间的归一化相对位置矢量。使用式（2.17）中的科里奥利公式，可得

$$\frac{\mathrm{d}\check{\boldsymbol{\ell}}}{\mathrm{d}t_i}=\frac{\mathrm{d}\check{\boldsymbol{\ell}}}{\mathrm{d}t_c}+\boldsymbol{\omega}_{c/i}\times\check{\boldsymbol{\ell}} \tag{13.22}$$

式(13.22)左边的表达式是目标与 MAV 之间的真实相对平移运动。式(13.22)右边的第一项表达式是在图像平面上目标的运动,可以从相机信息计算得到。式(13.22)右边的第二项表达式是 MAV－框架平台的旋转运动所引起的视运动。式(13.22)在相机坐标系中可表示为

$$\frac{\mathrm{d}\check{\boldsymbol{\ell}}^c}{\mathrm{d}t_i}=\frac{\mathrm{d}\check{\boldsymbol{\ell}}^c}{\mathrm{d}t_c}+\boldsymbol{\omega}_{c/i}^c\times\check{\boldsymbol{\ell}}^c \tag{13.23}$$

式(13.23)右边的第一项可如下计算:

$$\begin{aligned}\frac{\mathrm{d}\check{\boldsymbol{\ell}}^c}{\mathrm{d}t_c}&=\frac{\mathrm{d}}{\mathrm{d}t_c}\frac{\begin{pmatrix}\epsilon_x\\ \epsilon_y\\ f\end{pmatrix}}{F}=\frac{F\begin{pmatrix}\dot{\epsilon}_x\\ \dot{\epsilon}_y\\ 0\end{pmatrix}-\frac{\epsilon_x\dot{\epsilon}_x+\epsilon_y\dot{\epsilon}_y}{F}\begin{pmatrix}\epsilon_x\\ \epsilon_y\\ f\end{pmatrix}}{F^2}\\&=\frac{1}{F^3}\begin{pmatrix}f^2-\epsilon_x^2 & -\epsilon_x\epsilon_y\\ -\epsilon_x\epsilon_y & f^2-\epsilon_y^2\\ -\epsilon_x f & -\epsilon_y f\end{pmatrix}\begin{pmatrix}\dot{\epsilon}_x\\ \dot{\epsilon}_y\end{pmatrix}=\frac{1}{F^3}\begin{pmatrix}\epsilon_y^2+f^2 & -\epsilon_x\epsilon_y\\ -\epsilon_x\epsilon_y & \epsilon_y^2+f^2\\ -\epsilon_x f & -\epsilon_y f\end{pmatrix}\dot{\boldsymbol{\epsilon}}\\&=Z(\boldsymbol{\epsilon})\dot{\boldsymbol{\epsilon}}\end{aligned} \tag{13.24}$$

式中

$$Z(\boldsymbol{\epsilon})\triangleq\frac{1}{F^3}\begin{pmatrix}\epsilon_y^2+f^2 & -\epsilon_x\epsilon_y\\ -\epsilon_x\epsilon_y & \epsilon_y^2+f^2\\ -\epsilon_x f & -\epsilon_y f\end{pmatrix}$$

为计算式(13.23)右边的第二项,需要 $\boldsymbol{\omega}_{c/i}^c$ 的表达式,可分解为

$$\boldsymbol{\omega}_{c/i}^c=\boldsymbol{\omega}_{c/g}^c+\boldsymbol{\omega}_{g/b}^c+\boldsymbol{\omega}_{b/i}^c \tag{13.25}$$

由于相机固定在框架坐标系中,则有 $\boldsymbol{\omega}_{c/g}^c=0$。令 p、q、r 分别表示平台的本体角速率,通过平台上与本体坐标轴对齐的机载速率陀螺仪的测量,给出了 $\boldsymbol{\omega}_{b/i}^b=(p,q,r)^{\mathrm{T}}$。在相机坐标系中 $\boldsymbol{\omega}_{b/i}$ 表示为

$$\boldsymbol{\omega}_{b/i}^c=\boldsymbol{R}_g^c\boldsymbol{R}_b^g\boldsymbol{\omega}_{b/i}^b=\boldsymbol{R}_g^c\boldsymbol{R}_b^g\begin{pmatrix}p\\ q\\ r\end{pmatrix} \tag{13.26}$$

为获得以测量的框架角速率 $\dot{\alpha}_{\mathrm{el}}$ 和 $\dot{\alpha}_{\mathrm{az}}$ 表示的 $\boldsymbol{\omega}_{g/b}$ 表达式,注意方位角 α_{az} 是相对于本体坐标系定义的,而俯仰角 α_{el} 是相对于框架－1 坐标系定义的。框架坐标系由框架－1 坐标系绕其 y 轴旋转 α_{el} 而得到。因此,$\dot{\alpha}_{\mathrm{az}}$ 相对于框架－1 坐标系定义,$\dot{\alpha}_{\mathrm{el}}$ 相对于框架坐标系定义。这意味着:

$$\boldsymbol{\omega}_{g/b}^{b}=\boldsymbol{R}_{g1}^{b}(\alpha_{\mathrm{az}})\boldsymbol{R}_{g}^{g1}(\alpha_{\mathrm{el}})\begin{pmatrix}0\\ \dot{\alpha}_{\mathrm{el}}\\ 0\end{pmatrix}^{g}+\boldsymbol{R}_{g1}^{b}(\alpha_{\mathrm{az}})\begin{pmatrix}0\\ 0\\ \dot{\alpha}_{\mathrm{az}}\end{pmatrix}^{g1}$$

注意到 $\boldsymbol{R}_{g}^{g1}$ 绕 y 轴旋转,得到

$$\boldsymbol{\omega}_{g/b}^{b}=\boldsymbol{R}_{g1}^{b}(\alpha_{\mathrm{az}})\begin{pmatrix}0\\ \dot{\alpha}_{\mathrm{el}}\\ \dot{\alpha}_{\mathrm{az}}\end{pmatrix}$$

$$=\begin{pmatrix}\cos\alpha_{\mathrm{az}} & -\sin\alpha_{\mathrm{az}} & 0\\ \sin\alpha_{\mathrm{az}} & \cos\alpha_{\mathrm{az}} & 0\\ 0 & 0 & 1\end{pmatrix}\begin{pmatrix}0\\ \dot{\alpha}_{\mathrm{el}}\\ \dot{\alpha}_{\mathrm{az}}\end{pmatrix}=\begin{pmatrix}-\dot{\alpha}_{\mathrm{el}}\sin\alpha_{\mathrm{az}}\\ \dot{\alpha}_{\mathrm{el}}\cos\alpha_{\mathrm{az}}\\ \dot{\alpha}_{\mathrm{az}}\end{pmatrix}$$

且满足以下公式:

$$\boldsymbol{\omega}_{g/b}^{c}=\boldsymbol{R}_{g}^{c}\boldsymbol{R}_{b}^{g}\boldsymbol{\omega}_{g/b}^{b}=\boldsymbol{R}_{g}^{c}\boldsymbol{R}_{b}^{g}\begin{pmatrix}-\dot{\alpha}_{\mathrm{el}}\sin\alpha_{\mathrm{az}}\\ \dot{\alpha}_{\mathrm{el}}\cos\alpha_{\mathrm{az}}\\ \dot{\alpha}_{\mathrm{az}}\end{pmatrix} \tag{13.27}$$

由式(13.24)和式(13.27),式(13.23)可表示为

$$\frac{\mathrm{d}\check{\boldsymbol{\ell}}^{c}}{\mathrm{d}t_{i}}=Z(\boldsymbol{\epsilon})\dot{\boldsymbol{\epsilon}}+\dot{\check{\boldsymbol{\ell}}}_{\mathrm{app}}^{c} \tag{13.28}$$

式中

$$\dot{\check{\boldsymbol{\ell}}}_{\mathrm{app}}^{c}\triangleq\frac{1}{F}\left[\boldsymbol{R}_{g}^{c}\boldsymbol{R}_{b}^{g}\begin{pmatrix}p-\dot{\alpha}_{\mathrm{el}}\sin\alpha_{\mathrm{az}}\\ q+\dot{\alpha}_{\mathrm{el}}\cos\alpha_{\mathrm{az}}\\ r+\dot{\alpha}_{\mathrm{az}}\end{pmatrix}\right]\times\begin{pmatrix}\boldsymbol{\epsilon}_{x}\\ \boldsymbol{\epsilon}_{y}\\ f\end{pmatrix} \tag{13.29}$$

是相机坐标系中因框架和飞机旋转而导致的归一化视线矢量的视运动。

13.5 碰撞时间

对碰撞规避算法和13.6节中描述的精确着陆算法,对摄像机视场中的目标估计其碰撞时间非常重要。如果$\mathbb{L}$是MAV和目标间的视线矢量的长度,则碰撞时间由下式给出:

$$t_{c}\triangleq\frac{\mathbb{L}}{\dot{\mathbb{L}}}$$

仅适用于单目相机来精确计算碰撞时间是不可能的,因为其比例含糊。然而,如果已知附加信息,则可估计 t_c。13.5.1节假设在图像平面上目标的大小可以计算,然后利用这些信息来估计 t_c。另外,13.5.2节假设目标是在平坦的地球上静止,然后利用这些信息来估计 t_c。

13.5.1 由目标尺寸计算碰撞时间

本节假设计算机视觉算法能够估计出图像平面中目标的大小。考虑图 13.5所示的几何形状,利用相似三角形,获得以下关系:

$$\frac{S_{\text{obj}}}{\mathbb{L}}=\frac{P\epsilon_S}{PF}=\frac{\epsilon_S}{F} \tag{13.30}$$

式中:S_{obj}为单位为 m 的目标尺寸,ϵ_S为单位像素的目标尺寸。假设目标尺寸 S_{obj}不随时间变化。对式(13.30)求微分并求解$\dot{\mathbb{L}}/\mathbb{L}$,得到

$$\begin{aligned}\frac{\dot{\mathbb{L}}}{\mathbb{L}}&=\frac{\mathbb{L}}{S_{\text{obj}}}\left[\frac{\epsilon_S}{F}\frac{\dot{F}}{F}-\frac{\dot{\epsilon}_S}{F}\right]\\&=\frac{F}{\epsilon_S}\left[\frac{\epsilon_S}{F}\frac{\dot{F}}{F}-\frac{\dot{\epsilon}_S}{F}\right]\\&=\frac{\dot{F}}{F}-\frac{\dot{\epsilon}_S}{\epsilon_S}\\&=\frac{\epsilon_x\dot{\epsilon}_x+\epsilon_y\dot{\epsilon}_y}{F}-\frac{\dot{\epsilon}_S}{\epsilon_S}\end{aligned} \tag{13.31}$$

为碰撞时间 t_c的倒数。

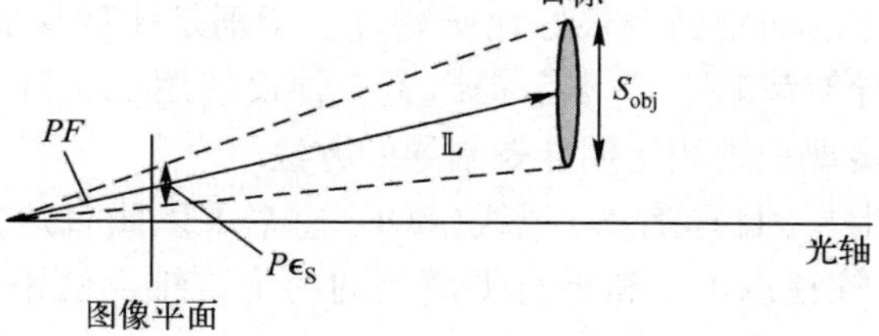

图 13.5 目标在图像坐标系中的大小和增长可以用来估算碰撞时间

13.5.2 由平面地球模型计算碰撞时间

目标跟踪的一种流行的计算机视觉算法是跟踪目标的特征[97]。如果使用特征跟踪算法,目标的大小信息不可用,则不能使用前一节中描述的方法。本节描述了计算 t_c的另一种方法,这里假设一个平坦的地球模型。参考图 13.3,有

$$\mathbb{L}=\frac{h}{\cos\varphi}$$

式中:$h=-p_d$为高度。在惯性系中求微分,得到

$$\frac{\dot{\mathbb{L}}}{\mathbb{L}}=\frac{1}{\mathbb{L}}\left(\frac{\cos\varphi\,\dot{h}+h\,\dot{\varphi}\sin\varphi}{\cos^2\varphi}\right)$$

$$= \frac{\cos\varphi}{h}\left(\frac{\cos\varphi\,\dot{h} + h\,\dot{\varphi}\sin\varphi}{\cos^2\varphi}\right)$$

$$= \frac{\dot{h}}{h} + \dot{\varphi}\tan\varphi \tag{13.32}$$

在惯性系中,有

$$\cos\varphi = \breve{\boldsymbol{\ell}}^i \cdot \boldsymbol{k}^i \tag{13.33}$$

式中:$\boldsymbol{k}^i = (0,0,1)^{\mathrm{T}}$,因此有

$$\cos\varphi = \breve{\ell}^i_z \tag{13.34}$$

对式(13.34)求微分并求解$\dot{\varphi}$,得到

$$\dot{\varphi} = -\frac{1}{\sin\varphi}\frac{\mathrm{d}}{\mathrm{d}t_i}\breve{\ell}^i_z \tag{13.35}$$

因此有

$$\dot{\varphi}\tan\varphi = -\frac{1}{\sin\varphi}\frac{\mathrm{d}}{\mathrm{d}t_i}\breve{\ell}^i_z = -\frac{1}{\breve{\ell}^i_z}\frac{\mathrm{d}}{\mathrm{d}t_i}\breve{\ell}^i_z \tag{13.36}$$

13.6 精确着陆

本节的目的是用相机引导飞机在视觉上不同的目标处精确着陆。引导航空飞机拦截移动目标的问题已经很好地研究过。特别是比例导航(PN)已是对抗机动目标的有效导航策略[98]。本节提出了一种仅使用二维阵列摄像头像素提供的视频信息来实现三维纯比例导航制导的方法。

比例导航产生与(目标追击)视线(LOF)速率乘以闭合速度的结果成正比的加速指令。PN 往往以水平和垂直平面上的两个二维算法来实现。在感兴趣的平面内计算 LOS 速率,而 PN 在这个平面内产生加速的指令。这种方法可以很好地用于滚动稳定的防滑转导弹,但对 MAV 动力学是不合适的。本节开发了一种三维算法,展示了如何绘制受控的本体坐标系加速度的地图以发出滚动角和俯仰速率命令。

为获得精确着陆算法,使用下式给出的 6 状态导航模型:

$$\dot{p}_n = V_g\cos\chi\cos\gamma \tag{13.37}$$

$$\dot{p}_e = V_g\sin\chi\cos\gamma \tag{13.38}$$

$$\dot{p}_d = -V_g\sin\gamma \tag{13.39}$$

$$\dot{\chi} = \frac{g}{V_g}\tan\phi\cos(\chi - \psi) \tag{13.40}$$

$$\dot{\phi} = u_1 \tag{13.41}$$

$$\dot{\gamma} = u_2 \tag{13.42}$$

式中：(p_n, p_e, p_d)为 MAV 在北、东、下 3 个方向的位置；V_g为地面速度（假设恒定）；χ为航线角；γ为飞行路径角；ϕ为滚动角；g为重力加速度单位；u_1、u_2为控制变量。尽管式(13.37)~式(13.42)也能用于非零风场条件，但在精确着陆的后续讨论中假设为零风场条件。

本节的目的是设计一种基于视觉的制导规律，使 MAV 能够拦截可移动的地面目标。目标位置由$\boldsymbol{p}_{\text{obj}}$给出。同样，用$\boldsymbol{p}_{\text{MAV}}$、$\boldsymbol{v}_{\text{MAV}}$、$\boldsymbol{a}_{\text{MAV}}$分别表示 MAV 的位置、速度和加速度。

在惯性坐标系中，飞机的位置和速度可分别表示为

$$\boldsymbol{p}^i_{\text{MAV}} = (p_n, p_e, p_d)^{\text{T}}$$

$$\boldsymbol{v}^i_{\text{MAV}} = (V_g\cos\chi\cos\gamma, V_g\sin\chi\cos\gamma, -V_g\sin\gamma)^{\text{T}}$$

但在飞机－2 坐标系中，MAV 速度矢量为

$$\boldsymbol{v}^{v2}_{\text{MAV}} = (V_g, 0, 0)^{\text{T}}$$

定义$\boldsymbol{\ell} = \boldsymbol{p}_{\text{obj}} - \boldsymbol{p}_{\text{MAV}}$，$\dot{\boldsymbol{\ell}} = \boldsymbol{v}_{\text{obj}} - \boldsymbol{v}_{\text{MAV}}$，并令$\mathbb{L} = \|\boldsymbol{\ell}\|$。与精确着陆问题相关的几何图如图 13.6 所示。比例导航策略是飞机机动飞行，使得视线速率$\dot{\boldsymbol{\ell}}$与负的视线矢量$-\boldsymbol{\ell}$对齐。由于在$\dot{\boldsymbol{\ell}}$与$\boldsymbol{\ell}$对齐时$\boldsymbol{\ell}\times\dot{\boldsymbol{\ell}}$为零，加速度将正比于叉积。然而，由于$\dot{\boldsymbol{\ell}}$与$\boldsymbol{\ell}$不能从视频数据直接计算，对这两个量进行规范，并定义

$$\boldsymbol{\Omega}_{\perp} = \check{\boldsymbol{\ell}} \times \frac{\dot{\boldsymbol{\ell}}}{\mathbb{L}} \tag{13.43}$$

参考图 13.6，注意到$\boldsymbol{\Omega}_{\perp}$指向页里。由于地面速度是不能直接控制的，应要求受控加速度垂直于 MAV 的速度矢量。因此，令 MAV 的受控加速度由下式给出[99]：

$$\boldsymbol{a}_{\text{MAV}} = N\boldsymbol{\Omega}_{\perp} \times \boldsymbol{v}_{\text{MAV}} \tag{13.44}$$

式中：$N>0$为可变增益，称为导航常数。

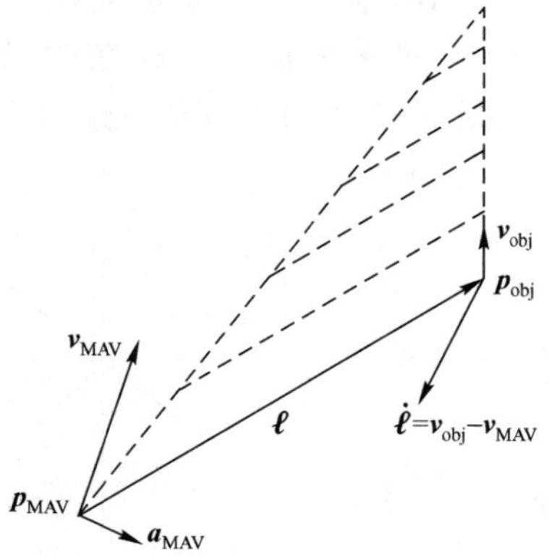

图 13.6　精确着陆相关的几何图

加速指令必须被转换成控制输入u_1和u_2，受控加速度在展开的本体坐标系或飞

机 -2 坐标系中产生。因此,控制加速度 $\boldsymbol{a}_{\mathrm{MAV}}$ 必须在飞机 -2 坐标系中求解,即

$$\begin{aligned}\boldsymbol{a}_{\mathrm{MAV}}^{v2} &= \mu N \boldsymbol{\Omega}_{\perp}^{v2} \times \boldsymbol{v}_{\mathrm{MAV}}^{v2} \\ &= \mu N \begin{pmatrix} \boldsymbol{\Omega}_{\perp,x}^{v2} \\ \boldsymbol{\Omega}_{\perp,y}^{v2} \\ \boldsymbol{\Omega}_{\perp,z}^{v2} \end{pmatrix} \times \begin{pmatrix} V_g \\ 0 \\ 0 \end{pmatrix} \\ &= \begin{pmatrix} 0 \\ -\mu N V \boldsymbol{\Omega}_{\perp,z}^{v2} \\ -\mu N V \boldsymbol{\Omega}_{\perp,y}^{v2} \end{pmatrix}\end{aligned} \tag{13.45}$$

需要注意的重要一点是,受控加速度垂直(设计)于运动方向,这与恒定空速模型一致。

必须从摄像机数据来预估临界值 $\boldsymbol{\Omega}_{\perp} = \check{\boldsymbol{\ell}} \times \frac{\dot{\boldsymbol{\ell}}}{\mathbb{L}}$。基本做法是在相机坐标系中估计 $\boldsymbol{\Omega}_{\perp}$,然后使用下式转换到飞机 -2 坐标系中:

$$\boldsymbol{\Omega}_{\perp}^{v2} = \boldsymbol{R}_b^{v2} \boldsymbol{R}_g^b \boldsymbol{R}_c^g \boldsymbol{\Omega}_{\perp}^c \tag{13.46}$$

可使用式(13.9)从相机数据直接估计归一化视线矢量 $\check{\boldsymbol{\ell}}^c$。对 $\boldsymbol{\ell}^c/\mathbb{L}$ 求微分,得到

$$\frac{\mathrm{d}}{\mathrm{d}t_i} \frac{\boldsymbol{\ell}^c}{\mathbb{L}} = \frac{\mathbb{L}\dot{\boldsymbol{\ell}}^c - \dot{\mathbb{L}}\boldsymbol{\ell}^c}{\mathbb{L}^2} = \frac{\dot{\boldsymbol{\ell}}^c}{\mathbb{L}} - \frac{\dot{\mathbb{L}}}{\mathbb{L}} \check{\boldsymbol{\ell}}^c \tag{13.47}$$

与式(13.28)结合,得到结果表达式为

$$\frac{\dot{\boldsymbol{\ell}}^c}{\mathbb{L}} = \frac{\dot{\mathbb{L}}}{\mathbb{L}} \check{\boldsymbol{\ell}}^c + Z(\boldsymbol{\epsilon})\dot{\boldsymbol{\epsilon}} + \dot{\check{\boldsymbol{\ell}}}_{\mathrm{app}}^c \tag{13.48}$$

这样碰撞时间的倒数 $\dot{\mathbb{L}}/\mathbb{L}$ 可使用 13.5 节中讨论的技术进行预估。

式(13.45)给出了飞机 2 坐标系中的一条加速度指令。本节介绍了加速指令如何转换成滚动指令和俯仰速率指令。标准的做法是使用极性控制逻辑[100],如图 13.7 所示。从图 13.7 中可以很清楚地看出,$a_z^{v2} < 0$,有

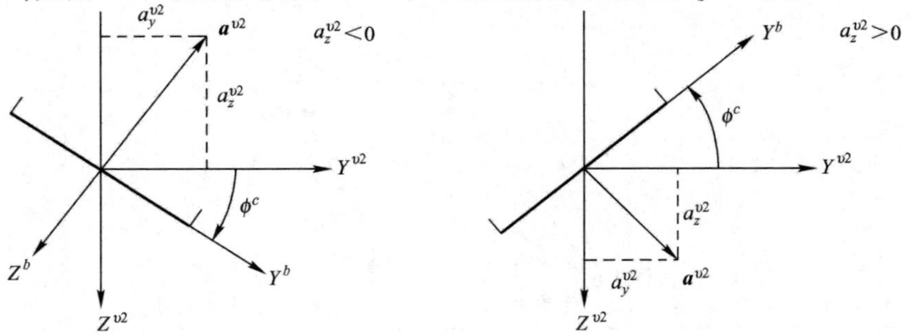

图 13.7 将加速度命令 $\boldsymbol{a}^{v2}$ 转换成受控滚动角 ϕ^c 和受控法向加速度 $V_g \dot{\gamma}^c$ 的极性转换逻辑

$$\phi^c = \arctan\left(\frac{a_y^{v2}}{-a_z^{v2}}\right)$$

$$V_g\dot{\gamma}^c = \sqrt{(a_y^{v2})^2 + (a_z^{v2})^2}$$

类似地，当 $a_z^{v2} > 0$ 时，有

$$\phi^c = \arctan\left(\frac{a_y^{v2}}{a_z^{v2}}\right)$$

$$V_g\dot{\gamma}^c = -\sqrt{(a_y^{v2})^2 + (a_z^{v2})^2}$$

因此，通用规律为

$$\phi^c = \arctan\left(\frac{a_y^{v2}}{|a_z^{v2}|}\right) \tag{13.49}$$

$$\dot{\gamma}^c = -\mathrm{sign}(a_z^{v2})\frac{1}{V_g}\sqrt{(a_y^{v2})^2 + (a_z^{v2})^2} \tag{13.50}$$

不幸的是，式(13.49)在$(a_y^{v2}, a_z^{v2}) = (0,0)$时有一个不连续。例如，当 $a_z^{v2} = 0$ 时，受控滚动角当 $a_y^{v2} > 0$ 时为 $\phi^c = \pi/2$，在 $a_y^{v2} < 0$ 时为 $\phi^c = -\pi/2$。这种不连续性可将式(13.49)乘以如下符号反曲函数来去除：

$$\sigma(a_y^{v2}) = \mathrm{sign}(a_y^{v2})\frac{1 - \mathrm{e}^{-ka_y^{v2}}}{1 + \mathrm{e}^{-ka_y^{v2}}} \tag{13.51}$$

式中：k 是正控制增益。增益 k 用于调整转换速率。

13.7 本章小结

本章对 MAV 的基于视频的导航的丰富主题进行了简单介绍，主要集中在三个基本的方面：框架指向、地理定位和精确着陆。

注释和参考文献

MAV 的基于视频的导航和控制目前是一个活跃的研究课题（例如，文献[51,101,102,103,104,105,106,96,107,108,109,110]）。本章中所描述的框架指向算法在文献[111]中给出。使用小的 MAV 的地理定位算法在文献[96,112,113,114,105,110]中进行了描述。图像平面中视运动或自运动的去除在文献[115,116,104]中进行了讨论。碰撞时间可以使用运动结构[117]、地面平面方法[118,119]、气流扩散[120]和昆虫的启发方法[121]来预估。13.6 节主要是来自文献[122]。比例导航已在文献中被广泛分析。已证明在一定条件下这是最优方法[123]，对恒定目标加速度可产生零脱靶距离[124]。如果关于到达所需时间的丰富信息可用，加入考虑目标和追赶者加速度的项可提高增强比例导航的性能[125]。PN 的三维

表达参见文献[99,126]。

13.8 设计项目

13.1 实现 13.2 节中描述的框架指向算法。从与本章相关的网站下载文件。修改 param. m,使得建筑物最大高度为 1m,并修改路径规划,使飞机在两个固定位置之间移动。利用 Simulink 模型 mavsim_chap13_gimbal. mdl,修改文件 point_gimbal. m 实现式(13. 13)和式(13. 14)给出的框架指向算法。

13.2 实现 13.3 节中描述的地理定位算法。使用前一个问题中开发的框架指向程序以指向位于目标点的框架。利用 Simulink 模型 mavsim_chap13_geolocation. mdl,修改文件 geolocation. m 实现 13.3 节中所描述的地理定位算法。

附录 A 术语和符号

术语

- 沿 x,y 和 z 轴的单位矢量分别表示为 $\boldsymbol{i}$,$\boldsymbol{j}$ 和 $\boldsymbol{k}$。
- $\mathcal{F}$ 表示坐标系,上标表示为坐标系的标签。例如 $\mathcal{F}^i$ 为惯性坐标系。
- 假设矢量 $\boldsymbol{p} \in \mathbb{R}^3$,在坐标系 $\mathcal{F}^a$ 中的 $\boldsymbol{p}$ 表示为 $\boldsymbol{p}^a$。
- 假设矢量 $\boldsymbol{p} \in \mathbb{R}^3$,在坐标系 $\mathcal{F}^a$ 中的 $\boldsymbol{p}$ 的第一、第二和第三成分分别表示为 p_x^a,p_y^a 和 p_z^a。
- 从坐标系 $\mathcal{F}^a$ 到 $\mathcal{F}^b$ 的旋转矩阵表示为 $\boldsymbol{R}_b^a$。
- 矩阵 $\boldsymbol{M}$ 的转置表示为 $\boldsymbol{M}^{\mathrm{T}}$。
- 一个标量关于时间的微分用“点”来表示(如,$\dot{x}$)。矢量关于坐标系 $\mathcal{F}^a$ 的微分表示为 $\frac{\mathrm{d}}{\mathrm{d}t_a}$。
- 平衡状态用星号上标来表示。例如,x^* 是平衡状态。平衡偏差表示为上划线(例如 $\bar{x} = x - x^*$)。
- 控制信号表示为上标“c”,如航线角控制信号为 χ^c,高度控制信号是 h^c。
- 传感器上的零均值高斯白噪声表示为 $\eta(t)$。标准偏差表示为 σ。
- “帽子”符号代表变量的估计,例如,$\hat{x}$ 表示从一个扩展卡尔曼滤波器获得的 x 的估计。
- 跟踪误差信号表示为 $\boldsymbol{e}_*$。
- 在第 11 章,使用符号 $\overline{\boldsymbol{W}_a\boldsymbol{W}_b}$ 表示位置点 $\boldsymbol{W}_a$ 和 $\boldsymbol{W}_b$ 在 $\mathbb{R}^3$ 中的连线。

符号

符号是以字母顺序排列的,这里使用希腊字母拼音名。例如,ω 表示拼写“欧米茄”。当相同的符号用作不同的上标或下标量时,“ * ”作为未知数。例如,a_{β_*} 用来表示 a_{β_1} 和 a_{β_2}。

a_{β_*} 与侧滑动力学有关的传递函数常数(第 5 章)

a_{ϕ_*} 与滚动动力学有关的传递函数常数(第 5 章)

a_{θ_*}　与俯仰动力学有关的传递函数常数（第5章）

a_{V_*}　与空速动力学有关的传递函数常数（第5章）

α　攻角（第2章）

α_{az}　框架的方位角（第13章）

α_{el}　框架的俯仰角（第13章）

b　翼展（第4章）

b_*　自动驾驶仪的降阶模型系数（第9章）

β　侧滑角（第2章）

c　机翼平均气动弦（第4章）

C_D　气动阻力系数（第4章）

C_{ℓ_*}　体轴x的气动力矩系数（第4章）

C_L　气动升力系数（第4章）

C_m　气动俯仰力矩系数（第4章）

C_{n_*}　体轴z的气动力矩系数（第4章）

C_{p_*}　体轴x的气动力矩系数（第5章）

C_{prop}　推进器的气动系数（第4章）

C_{q_*}　体轴y的气动力矩系数（第5章）

C_{r_*}　体轴z的气动力矩系数（第4章、第5章）

C_{X_*}　体轴x的气动阻力系数（第4章、第5章）

C_{Y_*}　体轴y的气动阻力系数（第4章）

C_{Z_*}　体轴z的气动阻力系数（第4章、第5章）

χ　航迹角（第2章）

χ_c　偏航角：$\chi_c = \chi - \psi$（第2章）

$\chi_d(e_{py})$　跟踪直线航迹所期望的航线（第10章）

χ^{∞}　跟踪直线航迹的期望接近角（第10章）

χ^o　针对轨道$\mathcal{P}_{orbit}$的航向角（第10章）

χ_q　针对直线路径$\mathcal{P}_{line}$的航向角（第10章）

d　轨道中心和飞机之间的距离（第10章）

d_β　与降阶侧滑模型相关的干扰信号（第5章）

d_χ　与降阶航线模型相关的干扰信号（第5章）

d_h　与降阶高度模型相关的干扰信号（第5章）

d_{ϕ_*}　与降阶滚转模型相关的干扰信号（第5章）

d_{θ_*}　与降阶俯仰模型相关的干扰信号（第5章）

d_{V_*}　与降阶空速模型相关的干扰信号（第5章）

δ_a　表示副翼变化的控制信号（第4章）

δ_e　表示升降翼变化的控制信号(第 4 章)

δ_r　表示方向翼变化的控制信号(第 4 章)

δ_t　表示油门变化的控制信号(第 4 章)

$\boldsymbol{e}_p$　用于直线路径跟踪路径误差(第 10 章)

ϵ_s　像素大小(第 13 章)

ϵ_x　沿相机 x 轴的像素位置(第 13 章)

ϵ_y　沿相机 y 轴的像素位置(第 13 章)

η_*　零均值高斯噪声传感器(第 7 章)

f　照相机焦距长度(第 13 章)

$\boldsymbol{f}$　适用于飞机的外部力量,机体轴的分量表示 f_x,f_y 和 f_z(第 3 章、第 4 章)

$F=\sqrt{f^2+\epsilon_x^2+\epsilon_y^2}$,到像素位置($\epsilon_x$,$\epsilon_y$)的距离。

F_{drag}　气动阻力(第 4 章、第 9 章)

F_{lift}　气动升力(第 4 章、第 9 章)

F_{thrust}　推力(第 9 章)

$\mathcal{F}^b$　机体坐标系(第 2 章)

$\mathcal{F}^i$　惯性坐标系(第 2 章)

$\mathcal{F}^s$　稳定坐标系(第 2 章)

$\mathcal{F}^v$　飞机坐标系(第 2 章)

$\mathcal{F}^w$　风轴坐标系(第 2 章)

$\mathcal{F}^{v1}$　飞机 -1 坐标系(第 2 章)

$\mathcal{F}^{v2}$　飞机 -2 坐标系(第 2 章)

g　重力加速度(9.81m/s^2)(第 4 章)

γ　惯性参考航迹角(第 2 章)

γ_a　空气参考航迹角:$\gamma_a=\theta-\alpha$(第 2 章)

Γ_*　惯性矩阵系数,式(3.13)(第 3 章)

h　高度:$h=p_d$(第 5 章)

h_{AGL}　地面以上高度(第 7 章)

$\mathcal{H}(\boldsymbol{r},\boldsymbol{n})$　在位置 $\boldsymbol{w}$ 定义的半平面,法矢量为 $\boldsymbol{n}$(第 11 章)

($\boldsymbol{i}^b$,$\boldsymbol{j}^b$,$\boldsymbol{k}^b$)　定义主体框架的单位矢量。$\boldsymbol{i}^b$ 指向机身的前部,$\boldsymbol{j}^b$ 指向右翼,$\boldsymbol{k}^b$ 指向机身底部(第 2 章)

($\boldsymbol{i}^i$,$\boldsymbol{j}^i$,$\boldsymbol{k}^i$)定义惯性坐标系的单位矢量。$\boldsymbol{i}^i$指北,$\boldsymbol{j}^i$ 指东,$\boldsymbol{k}^i$ 指下(第 2 章)

($\boldsymbol{i}^v$,$\boldsymbol{j}^v$,$\boldsymbol{k}^v$)　定义机体坐标系的单位矢量。$\boldsymbol{i}^v$指北,$\boldsymbol{j}^v$ 指东,$\boldsymbol{k}^v$ 指下(第 2 章)

$\boldsymbol{J}$　惯性矩阵,惯性矩阵的分量表示为 J_x,J_y,J_z和 $\boldsymbol{J}_{xz}$(第 3 章)

k_{d_*}　PID 微分增益(第 6 章)

k_{GPS}　GPS 时间常数的倒数(第 7 章)

k_{i_*}　PID 积分增益(第 6 章)

k_{motor}　指定电动机效率的常数(第 4 章)

k_{orbit}　跟踪轨道路径的控制增益(第 10 章)

k_{p_*}　PID 比例增益(第 6 章)

k_{path}　跟踪直线路径的控制增益(第 10 章)

$K_{\theta_{DC}}$　从升降翼到俯仰角的传递函数的增益(第 6 章)

ℓ　应用到机体坐标系 x 轴的外力矩(第 3 章)

$\boldsymbol{\ell}$　从飞机到目标位置的视线矢量,$\boldsymbol{\ell}=(\ell_x,\ell_y,\ell_z)^{\mathrm{T}}$(第 13 章)

$\check{\boldsymbol{\ell}}$　在视线方向的单位矢量,$\check{\boldsymbol{\ell}}=\boldsymbol{\ell}/\mathbb{L}$(第 13 章)

L_*　横向动力学相关的状态空间系数(第 5 章)

$\mathbb{L}$　视线矢量线的长度,$\mathbb{L}=\|\boldsymbol{\ell}\|$(第 13 章)

LPF(x)　x 的低通滤波版本(第 8 章)

λ　轨道方向。$\lambda=+1$ 指定一个顺时针轨道;$\lambda=-1$ 指定一个逆时针轨道(第 10 章)

$\lambda_{\text{dutch roll}}$　荷兰滚模式的极点(第 5 章)

λ_{phugoid}　长周期模式的极点(第 5 章)

λ_{rolling}　滚动模式的极点(第 5 章)

λ_{short}　短周期模式的极点(第 5 章)

λ_{spiral}　螺旋模式的极点(第 5 章)

m　机身质量(第 3 章)

m　作用在机身上相对于机体坐标系 y 轴的外力矩(第 3 章)

$\boldsymbol{m}$　作用于飞机的外力矩;机体坐标系分量表示为ℓ,m 和 n(第 3 章、第 4 章)

M　相机的像素阵列的宽度(第 13 章)

M_*　纵向动力学相关的状态空间系数(第 5 章)

n　作用到机身上相对于机体坐标系 z 轴的外力矩(第 3 章)

n_{lf}　负荷系数(第 9 章)

N_*　横向动力学相关的状态空间系数(第 5 章)

v_*　描述 GPS 偏差的斯马尔可夫过程(第 7 章)

ω_{n_*}　自然频率(第 6 章)

$\boldsymbol{\omega}_{b/i}$　相对于惯性坐标系的机体的角速度(第 2 章)

p　沿机体 x 轴飞机滚转率(第 3 章)

p_d　飞机的惯性空间下向位置(第 3 章)

p_e　飞机的惯性的东向位置(第 3 章)

$\mathcal{P}_{\text{line}}$　定义一条直线的集合(第 10 章)

$\boldsymbol{P}_{\text{MAV}}$　飞机的位置(第 13 章)

p_n　飞机的惯性空间北向位置(第3章)

$\boldsymbol{P}_{\mathrm{obj}}$　关注目标的位置(第13章)

$\boldsymbol{P}$　与卡尔曼滤波相关的估计误差协方差(第8章)

$\mathcal{P}_{\mathrm{orbit}}$　定义一个轨道的集合(第10章)

ϕ　滚转角(第2章、第3章)

φ　相对于期望轨道的飞机倾角(第10章)

ψ　航向角(第2章、第3章)

q　沿飞机机体坐标系 y 轴的俯仰率(第3章)

Q_*　过程噪声协方差。通常用来调整卡尔曼滤波器(第8章)

r　沿飞机及机体坐标系的偏航角速度(第3章)

ρ　空气密度(第4章)

ϱ　航点的路径段之间的夹角(第11章)

R　转弯半径(第5章)

$\boldsymbol{R}_*$　传感器测量噪声协方差矩阵(第8章)

$\boldsymbol{R}_a^b$　从框架 a 到 b 的旋转矩阵(第2章、第13章)

S　机翼面积(第4章)

S_{prop}　螺旋桨面积(第4章)

σ_*　零均值高斯白噪声的标准偏差(第7章)

t_c　碰撞时间:$t_c=\mathbb{L}/\dot{\mathbb{L}}$(第13章)

T_s　自动驾驶仪的采样率(第6章、第7章、第8章)

τ　污染微分器的带宽(第13章)

$\mathcal{T}$　地形图(第12章)

θ　俯仰角(第2章、第3章)

u　机身的惯性速度投射到机体坐标系 x 轴 $\boldsymbol{i}^{\mathrm{b}}$ 上的分量(第2章、第3章)

u_{lat}　与横向动力学相关的输入矢量:$\boldsymbol{u}_{\mathrm{lat}}=(\sigma_a,\sigma_r)^{\mathrm{T}}$(第5章)

u_{lon}　与纵向动力学相关的输入矢量:$\boldsymbol{u}_{\mathrm{lon}}=(\sigma_e,\sigma_t)^{\mathrm{T}}$(第5章)

u_r　投影到机体坐标系 x 轴的相对风:$u_r=u-u_w$(第2章、第4章)

u_w　惯性风速投射到机体坐标系 x 轴 $\boldsymbol{i}^{\mathrm{b}}$ 的分量(第2章、第4章)

v　摄像机视野(第13章)

Υ　用于路径规划的返回地图。在位置 i 的返回地图以 Υ_i 表示(第12章)

v　惯性风速投射到机体坐标系 y 轴 $\boldsymbol{j}^{\mathrm{b}}$ 的分量(第2章、第3章)

v_r　投射到机体坐标系 y 轴的相对风速度:$v_r=v-v_w$(第2章、第4章)

v_w　惯性风速投射到机体坐标系 y 轴 $\boldsymbol{j}^{\mathrm{b}}$ 的分量(第2章、第4章)

$\boldsymbol{V}_a$　空速矢量,定义为相对于空气的机体速度(第2章)

V_a　空速,这里 $V_a=\|\boldsymbol{V}_a\|$(第2章)

$\boldsymbol{V}_g$　地面速度矢量定义为机体速度相对于惯性坐标系的速度(第 2 章)

V_g　地面速度,这里 $V_g = \| \boldsymbol{V}_g \|$(第 2 章)

$\boldsymbol{V}_W$　风速矢量定义为相对于惯性坐标系的风的速度(第 2 章)

V_W　风速,这里 $V_W = \| \boldsymbol{V}_W \|$(第 2 章)

w　机身惯性速度投射到机体坐标系 z 轴 $\boldsymbol{k}^b$ 的分量(第 2 章、第 3 章)

w_d　在向下方向的风分量(第 2 章)

w_e　在东向的风分量(第 2 章)

w_n　在北向的风分量(第 2 章)

$\boldsymbol{w}_i$　在$\mathbb{R}^3$上的航点 (第 11 章)

w_r　相对风速投射到机体坐标系 z 轴的分量, $w_r = w - w_w$(第 2 章、第 4 章)

w_w　惯性风速投射到机体坐标系 z 轴 $\boldsymbol{k}^b$ 的分量(第 2 章、第 4 章)

W_*　带宽分离(第 6 章)

$\mathcal{W}$　路标集合(第 11 章)

x　状态变量(第 5 章)

$\boldsymbol{x}_{\text{lat}}$　横向动力学相关的状态变量:$\boldsymbol{x}_{\text{lat}} = (v, p, r, \phi, \psi)^{\text{T}}$(第 5 章)

$\boldsymbol{x}_{\text{lon}}$　纵向动力学相关的状态变量:$\boldsymbol{x}_{\text{lon}} = (u, w, q, \theta, h)^{\text{T}}$(第 5 章)

X_*　纵向动力学相关的状态空间系数(第 5 章)

$y_{\text{abs pres}}$　绝对压力测量信号(第 7 章)

$y_{\text{accel},*}$　加速度计测量信号(第 7 章)

$y_{\text{diff pres}}$　差压测量信号(第 7 章)

$y_{\text{GPS},*}$　GPS 测试信号

GPS　测量可为北、东、高度、航线和地速 (第 7 章)

$y_{\text{gyro},*}$　速率陀螺的测量信号(第 7 章)

y_{mag}　磁强计测量信号(第 7 章)

Y_*　与横向动力学相关的状态空间系数 (第 5 章)

Z_*　纵向动力学相关的状态空间系数(第 5 章)

$Z(\epsilon)$　从像素的运动向相机坐标系视线矢量线运动变换 (第 13 章)

ζ_*　阻尼系数(第 6 章)

附录B 四 元 数

B.1 四元数的旋转

四元数提供另一种表征飞机姿态的替代方法。虽然由于利用四元数而不是欧拉角来实现飞机的可视化比较困难,存在一定的争议,但用四元数也有一定的数学优势,因而成为许多飞机模拟的方法。最重要的是,在俯仰角为 ±90°时,欧拉角表征存在一个奇异点。在物理上,当俯仰角 θ 为 90°时,横滚和偏航角是有区别的。在数学中,式(3.3)定义的姿态运动学是不确定的,这是由于 $\theta = 90°$ 时,$\cos\theta = 0$。姿态的四元数表征没有这样的奇异性。这种奇异性对大多数飞行条件是没有问题的,但是对与模拟特技飞行和其他非有意的极端演习情况则是有意义的。另一个优势是,四元数的演算提供了较高的计算效率。飞机的运动学欧拉角的运算涉及非线性三角函数,而用四元数运算则只包含非常简单的线性代数运算。Kuipers[127] 给出了对于四元数和旋转序列的深入介绍。对特定的飞机应用四元数进行深入处理的例子则由菲利普斯[25] 给出。

在其最一般的形式中,四元数是四个实数的有序列表。我们可以表示的四元数 e 为 $\boldsymbol{R}^4$ 中的一个矢量:

$$\boldsymbol{e} = \begin{pmatrix} e_0 \\ e_1 \\ e_2 \\ e_3 \end{pmatrix}$$

式中:e_0,e_1,e_2 和 e_3 是标量。当利用四元数表示旋转,我们需要的是一个单位四元数,换句话说,$\| e \| = 1$。

通常情况下,e_0 为单位四元数的标量部分,向量部分由下式定义:

$$\boldsymbol{e} = e_1 \boldsymbol{i}^i + e_2 \boldsymbol{j}^i + e_3 \boldsymbol{k}^i$$

单位四元数可以被解释为一个三维空间中的绕轴旋转(图 B.1)。设相对于由单位矢量 $\boldsymbol{v}$ 指定的轴旋转角度 $\boldsymbol{\Theta}$,则该单位四元数的标量部分与旋转幅度相关:

$$e_0 = \cos\left(\frac{\Theta}{2}\right)$$

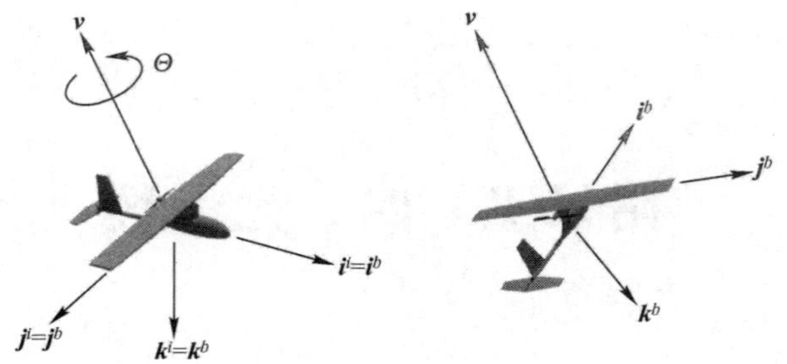

图 B.1 利用单位四元数表示的旋转。左边的飞机的体轴与惯性坐标系的轴对齐。左边的飞机已经相对于矢量 $\boldsymbol{v}$ 旋转了 $\Theta=86°$。这个特定的旋转对应于欧拉序列 $\psi=-90°,\theta=15°,\phi=-30°$

单位四元数的矢量部分与旋转轴相关：

$$\boldsymbol{v}\sin\left(\frac{\Theta}{2}\right)=\begin{pmatrix}e_1\\e_2\\e_3\end{pmatrix}$$

利用简单的四元数描述，一个 MAV 姿态可以表示为一个单位四元数。从惯性坐标系到机体坐标系的旋转是相对一个指定轴的单一旋转，而不是一个序列的欧拉角表示的三旋转。

B.2 飞机的运动学和动力学方程

使用单位四元数来表示飞机姿态，描述飞机运动学和动力学的方程式(3.14)~式(3.17)可以改写为

$$\begin{pmatrix}\dot{p}_n\\\dot{p}_e\\\dot{p}_d\end{pmatrix}=\begin{pmatrix}(e_1^2+e_0^2-e_2^2-e_3^2) & 2(e_1e_2-e_3e_0) & 2(e_1e_3+e_2e_0)\\2(e_1e_2+e_3e_0) & e_2^2+e_0^2-e_1^2-e_3^2 & 2(e_2e_3-e_1e_0)\\2(e_1e_3-e_2e_0) & 2(e_2e_3+e_1e_0) & e_3^2+e_0^2-e_1^2-e_2^2\end{pmatrix}\begin{pmatrix}u\\v\\w\end{pmatrix} \tag{B.1}$$

$$\begin{pmatrix}\dot{u}\\\dot{v}\\\dot{w}\end{pmatrix}=\begin{pmatrix}rv-qw\\pw-ru\\qu-pv\end{pmatrix}+\frac{1}{m}\begin{pmatrix}f_x\\f_y\\f_z\end{pmatrix} \tag{B.2}$$

$$\begin{pmatrix}\dot{e}_0\\\dot{e}_1\\\dot{e}_2\\\dot{e}_3\end{pmatrix}=\frac{1}{2}\begin{pmatrix}0 & -p & -q & -r\\p & 0 & r & -q\\q & -r & 0 & p\\r & q & -p & 0\end{pmatrix}\begin{pmatrix}e_0\\e_1\\e_2\\e_3\end{pmatrix} \tag{B.3}$$

$$\begin{pmatrix}\dot{p}\\\dot{q}\\\dot{r}\end{pmatrix}=\begin{pmatrix}\Gamma_1pq-\Gamma_2qr\\\Gamma_5pr-\Gamma_6(p^2-r^2)\\\Gamma_7pq-\Gamma_1qr\end{pmatrix}+\begin{pmatrix}\Gamma_3l+\Gamma_4n\\\frac{1}{J_y}m\\\Gamma_4l+\Gamma_8n\end{pmatrix} \tag{B.4}$$

注意，动力学方程式(B.2)和式(B.4)相对于在第3章的总结中的方程式(3.15)和式(3.17)是不变的。但是，必须小心，当推导式(B.3)时需要确保 e 仍然是一个单位四元数。如果使用 Simulink S－函数来实现动力学方程，那么保持 $\|e\|=1$ 的一种方法是修改式(B.3)，除了正常的动力特性外还要有一项，旨在减少的目标函数 $J=\frac{1}{8}(1-\|e\|^2)^2$。由于 J 是二次的，可以使用梯度下降最小化 J，式(B.3)变为

$$\begin{pmatrix}\dot{e}_0\\ \dot{e}_1\\ \dot{e}_2\\ \dot{e}_3\end{pmatrix}=\frac{1}{2}\begin{pmatrix}0 & -p & -q & -r\\ p & 0 & r & -q\\ q & -r & 0 & p\\ r & q & -p & 0\end{pmatrix}\begin{pmatrix}e_0\\ e_1\\ e_2\\ e_3\end{pmatrix}-\lambda\frac{\partial J}{\partial e}$$

$$=\frac{1}{2}\begin{pmatrix}\lambda(1-\|e\|^2) & -p & -q & -r\\ p & \lambda(1-\|e\|^2) & r & -q\\ q & -r & \lambda(1-\|e\|^2) & p\\ r & q & -p & \lambda(1-\|e\|^2)\end{pmatrix}\begin{pmatrix}e_0\\ e_1\\ e_2\\ e_3\end{pmatrix}$$

式中：$\lambda>0$ 是一个正增益，即指定的梯度强度。在我们的经验中，$\lambda=1000$ 似乎很好，但在 Simulink 中，需要使用像 ODE15s 这样的求解方法。这种在积分过程中维护的四元数的正交性的方法称为科贝特－赖特正交控制，在1950年被首次引入，用于模拟计算机[25,128]。

除了重力是作用在机体之外，所有外部的力和力矩作用在飞机的机体坐标系，而且不依赖于飞机相对惯性参考系的姿态。在 $\boldsymbol{k}^{\mathrm{i}}$ 方向的重力作用，可采用单位四元数在机体坐标系下表示为

$$\boldsymbol{f}_g^b=mg\begin{pmatrix}2(e_1e_3-e_2e_0)\\ 2(e_2e_3+e_1e_0)\\ e_3^2+e_0^2-e_1^2-e_2^2\end{pmatrix}$$

B.2.1　用单位四元数姿态表征的12状态－6自由度动力学模型

对于5.1节给出的运动方程用欧拉角表示的 MAV 姿态，如果选择具有更好数值稳定性和效率的单位四元数来表示姿态，MAV 的动态特性可由以下方程描述：

$$\begin{pmatrix}\dot{p}_{\mathrm{n}}\\ \dot{p}_{\mathrm{e}}\\ \dot{p}_d\end{pmatrix}=\begin{pmatrix}(e_1^2+e_0^2-e_2^2-e_3^2) & 2(e_1e_2-e_3e_0) & 2(e_1e_3+e_2e_0)\\ 2(e_1e_2+e_3e_0) & e_2^2+e_0^2-e_1^2-e_3^2 & 2(e_2e_3-e_1e_0)\\ 2(e_1e_3-e_2e_0) & 2(e_2e_3+e_1e_0) & e_3^2+e_0^2-e_1^2-e_2^2\end{pmatrix}\begin{pmatrix}u\\ v\\ w\end{pmatrix}$$

$$\dot{p}_{\mathrm{n}}=(e_1^2+e_0^2-e_2^2-e_3^2)u+2(e_1e_2-e_3e_0)v+2(e_1e_3+e_2e_0)w \tag{B.5}$$

$$\dot{p}_e = 2(e_1e_2 + e_3e_0)u + (e_2^2 + e_0^2 - e_1^2 - e_3^2)v + 2(e_2e_3 - e_1e_0)w \tag{B.6}$$

$$\dot{h} = -2(e_1e_3 - e_2e_0)u - 2(e_2e_3 + e_1e_0)v - (e_3^2 + e_0^2 - e_1^2 - e_2^2)w \tag{B.7}$$

$$\dot{u} = rv - qw + 2g(e_1e_3 - e_2e_0) + \frac{\rho V_a^2 S}{2m}\left[C_X(\alpha) + C_{X_q}(\alpha)\frac{cq}{2V_a} + C_{X_{\delta_e}}(\alpha)\delta_e\right]$$
$$+ \frac{\rho S_{\text{prop}} C_{\text{prop}}}{2m}[(k_{\text{motor}}\delta_t)^2 - V_a^2] \tag{B.8}$$

$$\dot{v} = pw - ru + 2g(e_2e_3 + e_1e_0) + \frac{\rho V_a^2 S}{2m}\left(C_{Y_0} + C_{Y_\beta}\beta + C_{Y_p}\frac{bp}{2V_a} + C_{Y_r}\frac{br}{2V_a} + C_{Y_{\delta_a}}\delta_a + C_{Y_{\delta_r}}\delta_r\right) \tag{B.9}$$

$$\dot{w} = qu - pv + g(e_3^2 + e_0^2 - e_1^2 - e_2^2) + \frac{\rho V_a^2 S}{2m}\left[C_Z(\alpha) + C_{Z_q}(\alpha)\frac{cq}{2V_a} + C_{Z_{\delta_e}}(\alpha)\delta_e\right] \tag{B.10}$$

$$\dot{e}_0 = -\frac{1}{2}(pe_1 + qe_2 + re_3) \tag{B.11}$$

$$\dot{e}_1 = \frac{1}{2}(pe_0 + re_2 - qe_3) \tag{B.12}$$

$$\dot{e}_2 = \frac{1}{2}(qe_0 - re_1 + pe_3) \tag{B.13}$$

$$\dot{e}_3 = \frac{1}{2}(re_0 + qe_1 - pe_2) \tag{B.14}$$

$$\dot{p} = \Gamma_1 pq - \Gamma_2 qr + \frac{1}{2}\rho V_a^2 Sb\left(C_{p_0} + C_{p_\beta}\beta + C_{p_p}\frac{bp}{2V_a} + C_{p_r}\frac{br}{2V_a} + C_{p_{\delta_a}}\delta_a + C_{p_{\delta_r}}\delta_r\right) \tag{B.15}$$

$$\dot{q} = \Gamma_5 pr - \Gamma_6(p^2 - r^2) + \frac{\rho V_a^2 Sc}{2J_y}\left(C_{m_0} + C_{m_\alpha}\alpha + C_{m_q}\frac{cq}{2V_a} + C_{m_{\delta_e}}\delta_e\right) \tag{B.16}$$

$$\dot{r} = \Gamma_7 pq - \Gamma_1 qr + \frac{1}{2}\rho V_a^2 Sb\left(C_{r_0} + C_{r_\beta}\beta + C_{r_p}\frac{bp}{2V_a} + C_{r_r}\frac{br}{2V_a} + C_{r_{\delta_a}}\delta_a + C_{r_{\delta_r}}\delta_r\right) \tag{B.17}$$

描述滚转和偏航力矩贡献的空气动力系数可以由下式给出：

$$C_{p_0} = \Gamma_3 C_{l_0} + \Gamma_4 C_{n_0}$$
$$C_{p_\beta} = \Gamma_3 C_{l_\beta} + \Gamma_4 C_{n_\beta}$$
$$C_{p_p} = \Gamma_3 C_{l_p} + \Gamma_4 C_{n_p}$$
$$C_{p_r} = \Gamma_3 C_{l_r} + \Gamma_4 C_{n_r}$$
$$C_{p_{\delta_a}} = \Gamma_3 C_{l_{\delta_a}} + \Gamma_4 C_{n_{\delta_a}}$$
$$C_{p_{\delta_r}} = \Gamma_3 C_{l_{\delta_r}} + \Gamma_4 C_{n_{\delta_r}}$$
$$C_{r_0} = \Gamma_4 C_{l_0} + \Gamma_8 C_{n_0}$$
$$C_{r_\beta} = \Gamma_4 C_{l_\beta} + \Gamma_8 C_{n_\beta}$$
$$C_{r_p} = \Gamma_4 C_{l_p} + \Gamma_8 C_{n_p}$$

$$C_{r_r} = \Gamma_4 C_{l_r} + \Gamma_8 C_{n_r}$$
$$C_{r_{\delta_a}} = \Gamma_4 C_{l_{\delta_a}} + \Gamma_8 C_{n_{\delta_a}}$$
$$C_{r_{\delta_r}} = \Gamma_4 C_{l_{\delta_r}} + \Gamma_8 C_{n_{\delta_r}}$$

利用 $\Gamma_1, \Gamma_2, \cdots, \Gamma_8$ 指定的惯性参数由式(3.13)定义。攻角为 α,侧滑角为 β,空速 V_a 由速度分量(u,v,w)和式(2.8)给出的风速分量(u_w,v_w,w_w)来计算。

B.3 欧拉角和四元数之间的转换

虽然没有仿真的明确需求,但可以从姿态四元数计算欧拉角,反之亦然。对于四元数表征的旋转,相应的欧拉角可以计算为

$$\phi = \arctan(2(2(e_0e_1 + e_2e_3), (e_0^2 + e_3^2 - e_1^2 - e_2^2)))$$
$$\theta = \arcsin(2(e_0e_2 - e_1e_3))$$
$$\psi = \arctan(2(2(e_0e_3 + e_1e_2), (e_0^2 + e_1^2 - e_2^2 - e_3^2)))$$

计算 arctan2(y,x)是两个参数的反正切操作,返回在[$-\pi,\pi$]范围内的 y/x 反正切,使用两个参数的符号确定返回值的象限。在计算 arcsin 操作时只需要一个参数,因为俯仰角仅定义在范围[$\pi/2,\pi/2$]。

从偏航、俯仰和滚转欧拉角(ψ,ϕ,θ),计算相应的四元数为

$$e_0 = \cos\frac{\psi}{2}\cos\frac{\theta}{2}\cos\frac{\phi}{2} + \sin\frac{\psi}{2}\sin\frac{\theta}{2}\sin\frac{\phi}{2}$$
$$e_1 = \cos\frac{\psi}{2}\cos\frac{\theta}{2}\sin\frac{\phi}{2} - \sin\frac{\psi}{2}\sin\frac{\theta}{2}\cos\frac{\phi}{2}$$
$$e_2 = \cos\frac{\psi}{2}\sin\frac{\theta}{2}\cos\frac{\phi}{2} + \sin\frac{\psi}{2}\cos\frac{\theta}{2}\sin\frac{\phi}{2}$$
$$e_3 = \sin\frac{\psi}{2}\cos\frac{\theta}{2}\cos\frac{\phi}{2} - \cos\frac{\psi}{2}\sin\frac{\theta}{2}\sin\frac{\phi}{2}$$

附录 C 动画仿真

在飞行动力学与控制的研究方面，能够实现机体运动的可视化是非常必要的。本节将介绍如何在 Matlab/Simulink 中创建动画。

C.1 利用 Matlab 进行图形处理

当在 Matlab 中调用如 plot 这类图形函数时，该函数返回图像的一个句柄。一个图形句柄类似于 C/C ++ 的指针，所有的该图形的属性都可以通过句柄访问。例如，Matlab 命令

```
>> plot_handle = plot(t,sin(t))
```

返回 sin(t)图形的一个指针或句柄。图形的属性可以通过句柄改变，而不用重新使用绘图命令。例如，Matlab 命令

```
>> set(plot_handle,'YData',cos(t))
```

将图形变为 cos(t)的绘图，而无需再次绘轴、标题、标签或其他属性。如果绘图包含多个对象，每个对象都有一个句柄与其相关联。例如

```
>> plot_handle1 = plot(t,sin(t))
>> hold on
>> plot_handle2 = plot(t,cos(t))
```

在同一绘图上绘制 sin(t)和 cos(t)，与每个对象相关联都有一个句柄。可以单独操纵对象而无需刷新其他对象。例如，将 cos(t)变为 cos(2t)，发出命令

```
>> set(plot_handle2,'YData',cos(2*t))
```

我们可以利用这个属性，在动画模拟时仅重绘动画的变化部分，从而大大减少仿真时间。为了说明如何处理图形，可以实现在 Simulink 中进行动画模拟，我们将提供三个详细案例。C.2 节将使用 fill 命令来说明一个倒立摆的二维动画模拟。C.3 节说明一个用线条来产生构型的航天器三维动画模拟。C.4 节修改航天器模拟的例子以演示 Matlab 中的顶点数据构建功能。

C.2 动画举例：倒立摆

考虑图 C.1 所示的倒立摆图像，其配置完全由车的位置 y 和杆相对于垂线

的角度 θ 来确定。系统的物理参数是杆长度 L、底座宽度 w、基座高度 h，以及底座和轨道间的缝隙 g。开发动画的第一步是确定动画的位置点。例如，对图 C.1中的倒立摆，底座的四个角是

$$(y+w/2,g),(y+w/2,g+h),(y-w/2,g+h)\text{和}(y-w/2,g)$$

杆的两端由下式给出：

$$(y,g+h)\text{和}(y+L\sin\theta,g+h+L\cos\theta)$$

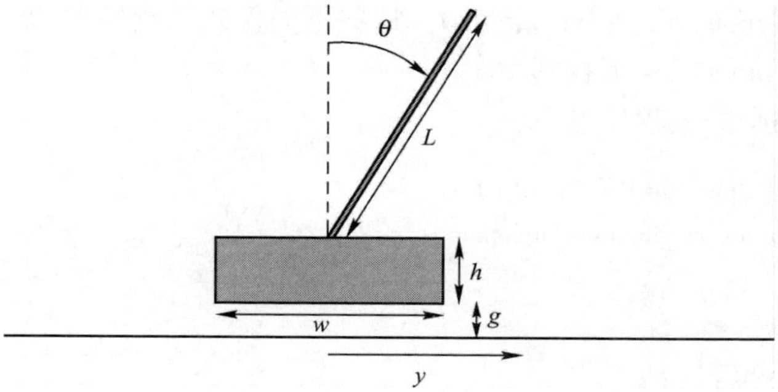

图 C.1　倒立摆的绘图。开发动画的第一步是绘制对象的图形和确定所有的物理参数

由于基座和杆可以独立运行，每个都需要自己的图形句柄。该 drawbase 命令可以用下面的 Matlab 代码实现。

```
1  function handle
2   = drawBase(y,width,height,gap,handle,mode)
3  X = [y - width/2,y + width/2,y + width/2,y - width/2];
4  Y = [gap,gap,gap + height,gap + height];
5  if isempty(handle),
6  handle = fill(X,Y,'m','EraseMode',mode);
7  else
8  set(handle,'XData',X,'YData',Y);
9  end
```

第3行和第4行定义了基座角的 X 和 Y 位置。请注意，在第1行和第2行，handle 既是输入也是输出。如果给该函数传入一个空的数组，则在第6行的填充命令将会绘制基座。另一方面，如果给函数传递一个有效的句柄，则使用第8行的 set 命令重新绘制基底。

绘制杆的 Matlab 代码是相似的：

```
function handle
 = drawRod(y,theta,L,gap,height,handle,mode)
X = [y,y + L * sin(theta)];
Y = [gap + height,gap + height + L * cos(theta)];
```

```
if isempty(handle),
handle = plot(X,Y,'g','EraseMode',mode);
else
set(handle,'XData',X,'YData',Y);
end
```

输入参数 mode 用于指定 Matlab 的擦除模式(EraseMode)。EraseMode 可以设置为 normal,non,xor 或 background。这些不同模式的说明可以在 Matlab 帮助菜单的 image properties 下找到。

倒立摆动画的主程序如下:

```
function drawPendulum(u)
% process inputs to function
y,u(1);
theta = u(2);
t = u(3);

% drawing parameters
L = 1;
gap = 0.01;
 width = 1.0;
 height = 0.1;

 % define persistent variables
 persistent base_handle
 persistent rod_handle

 % first time function is called,initialize plot
 % and persistent vars
 if t == 0,
 figure(1),clf
 track_width = 3;
 plot([ - track_width,track_width],[0,0],'k');
 hold on
 base_handle
  = drawBase(y,width,height,gap,[],'normal');
 rod_handle
  = drawRod(y,theta,L,gap,height,[],'normal');
 axis([ - track_width,track_width,
  - L,2 * track_width - L]);
```

```
30
31 % at every other time step,redraw base and rod
32 else
33 drawBase(y,width,height,gap,base_handle);
34 drawRod(y,theta,L,gap,height,rod_handle);
35 end
```

从图 C.2 中的 Simulink 的文件调用 drawpendulum 函数,有三个输入:位置 y、角度 θ 和时间 t。第 3 ~5 行对输入参数 y,θ 和 t 进行了重命名。第 8 ~11 行定义了绘图参数。我们需要图形句柄在调用函数 drawpendulum 之间一直有效。由于绘制基座和杆均是需要句柄的,因而在第 14 行和第 15 行中定义两个局部静态变量。在第 19 ~34 行的 if 语句用于制作动画。第 20 ~28 行,在动画的开始调用一次,绘制初始动画。第 20 行显示窗口 1 并清除它。第 21 行和第 22 行为绘制摆活动的地基线。第 24 行和第 25 行调用 drawbase 函数并以一个空的句柄作为输入,并返回 base_handle 句柄给底座。EraseMode 设置为 normal。第 26 行和第 27 行调用 drawRod 命令,第 28 行和第 29 行设置图的坐标轴。初始时间设置后,所有需要改变的是基座和杆的位置。因此,在第 32 行和第 33 行,调用 drawBase 和 drawRod 函数,并将图形句柄作为输入。

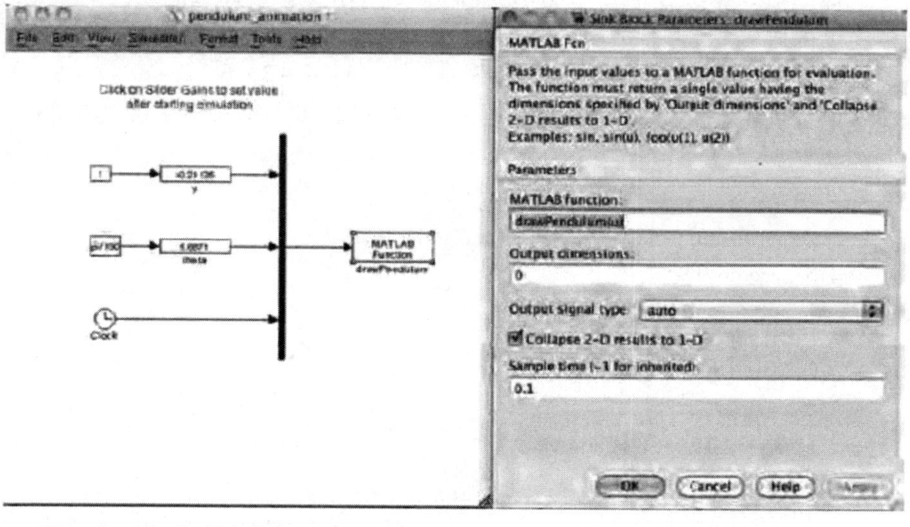

图 C.2 用于摆模拟调试的 Simulink 文件。有三个参数输入到 Matlab 的 M 文件 drawpendulum:位置 y、角度 θ 和时间 t。y 和 θ 的增益用于验证动画

C.3 动画举例:线绘航天器

C.2 节描述了一个简单的二维动画。本节将讨论 6 自由度航天器的三维动

画。图 C.3 给出了一个简单的用线条绘制的航天器,其中底部表示一个应面向太阳的太阳能板。

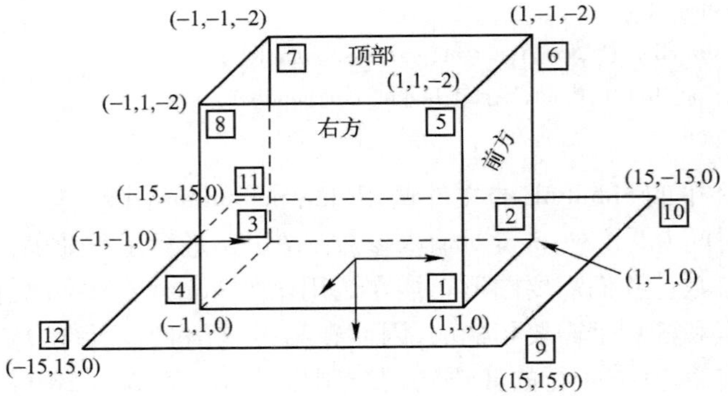

图 C.3　用于创建航天器动画的绘图。使用标准的航空的体轴,
X 轴指向航天器的前方,Y 轴指向航天器的右方,Z 轴指向航天器的底部

在动画制作过程的第一步是标定航天器上的点和这些点在固定坐标系中的坐标。我们将使用标准的航天轴系, X 指向航天器的前部,Y 指向航天器的右方,Z 指向航天器的底部。图 C.3 中的 1 ~ 12 的点标记,说明了坐标如何被分配给每个标记点。用线绘制一个图形,我们需要得出每一个期望的线段的连接点。这样连续的画线,其中一些部分需要重复绘制。为了得到图 C.3 所示的航天器,我们将通过以下节点绘制:1 - 2 - 3 - 4 - 1 - 5 - 6 - 2 - 6 - 7 - 3 - 7 - 8 - 4 - 8 - 5 - 1 - 9 - 10 - 2 - 10 - 11 - 3 - 11 - 12 - 4 - 12 - 9。定义航天器的局部坐标的 Matlab 代码如下:

```
function XYZ = spacecraftPoints
% define points on the spacecraft in local NED
coordinates
XYZ = [...
1 1 0;... % point 1
1 -1 0;... % point 2
-1 -1 0;... % point 3
-1 1 0;... % point 4
1 1 0;... % point 1
1 1 -2;... % point 5
1 -1 -2;... % point 6
1 -1 0;... % point 2
1 -1 -2;... % point 6
-1 -1 -2;... % point 7
-1 -1 0;... % point 3
-1 -1 -2;... % point 7
-1 1 -2;... % point 8
```

```
-1 1 0;... % point 4
-1 1 -2;... % point 8
1 1 -2;... % point 5
1 1 0;... % point 1
1.5 1.5 0;... % point 9
1.5 -1.5 0;... % point 10
1 -1 0;... % point 2
1.5 -1.5 0;... % point 10
-1.5 -1.5 0;... % point 11
-1 -1 0;... % point 3
-1.5 -1.5 0;... % point 11
-1.5 1.5 0;... % point 12
-1 1 0;... % point 4
-1.5 1.5 0;... % point 12
1.5 1.5 0;... % point 9
]';
```

航天器的构型是由欧拉角 ϕ,θ,ψ 给出,分别代表了滚转、俯仰和偏航角。p_n,p_e,p_d 分别代表北、东、下位置。在航天器上的点可以使用下面列出的 Matlab 代码进行旋转和平移。

```
function XYZ = rotate(XYZ,phi,theta,psi)
% define rotation matrix
R_roll = [...
1,0,0;...
0,cos(phi),-sin(phi);...
0,sin(phi),cos(phi)];
R_pitch = [...
cos(theta),0,sin(theta);...
0,1,0;...
 -sin(theta),0,cos(theta)];
 R_yaw = [...
 cos(psi),-sin(psi),0;...
 sin(psi),cos(psi),0;...
 0,0,1];
 R = R_roll * R_pitch * R_yaw;
 % rotate vertices
 XYZ = R * XYZ;
```

```
function XYZ = translate(XYZ,pn,pe,pd)
XYZ = XYZ + repmat([pn;pe;pd],1,size(XYZ,2));
```

在所需的位置绘制航天器,可使用下面的代码实现:

```
1   function handle
2    = drawSpacecraftBody(pn,pe,pd,phi,theta,psi,handle,mode)
3   % define points on spacecraft in local NED
4   % coordinates
5   NED = spacecraftPoints;
6   % rotate spacecraft by phi,theta,psi
7   NED = rotate(NED,phi,theta,psi);
8   % translate spacecraft to [pn; pe; pd]
9   NED = translate(NED,pn,pe,pd);
10  % transform vertices from NED to XYZ
11  R = [...
12  0,1,0;...
13  1,0,0;...
14  0,0,-1;...
15  ];
16  XYZ = R * NED;
17  % plot spacecraft
18  if isempty(handle),
19  handle
20   = plot3(XYZ(1,:),XYZ(2,:),XYZ(3,:),'EraseMode',mode);
21  else
22  set(handle,'XData',XYZ(1,:),'YData',XYZ(2,:),
23  'ZData',XYZ(3,:));
24  drawnow
25  end
```

第 11 ~ 16 行用于从北东向(NED)坐标系变换到 Matlab 使用的绘图坐标系,X 轴到观测者的右向,Y 轴指向屏幕里面,Z 轴向上。第 19 行和第 20 行的 plot3 命令用于提供原始图,第 22 行和第 23 行的 set 命令用于改变 XData,YData 和 ZData 数据。本书的网站上一个 Simulink 文件可以用来调试这个动画。绘制的航天器如图 C.4 所示。

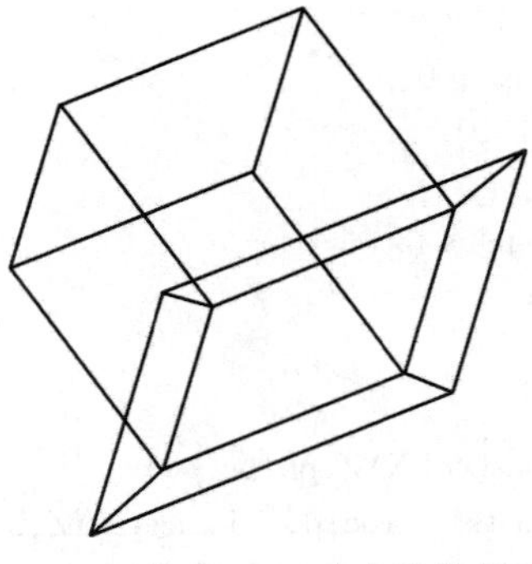

图 C.4　用线和 plot3 命令渲染航天器

使用 spacecraftpoints 函数确定航天器点实现动画的缺点是,需要每次更新动画时都调用这个函数。由于点是静态的,它们只需要定义一次。Simulink 的 mask 函数可用于在仿真开始时定义点。在 Simulink 掩蔽 drawspacecraft m 文件,然后点击“编辑掩模”会打开一个如图 C.5 所示的窗口。航天器的点可以在初始化窗口时进行定义,如图 C.5 所示,并作为一个参数传递给 drawspacecraft m 文件。

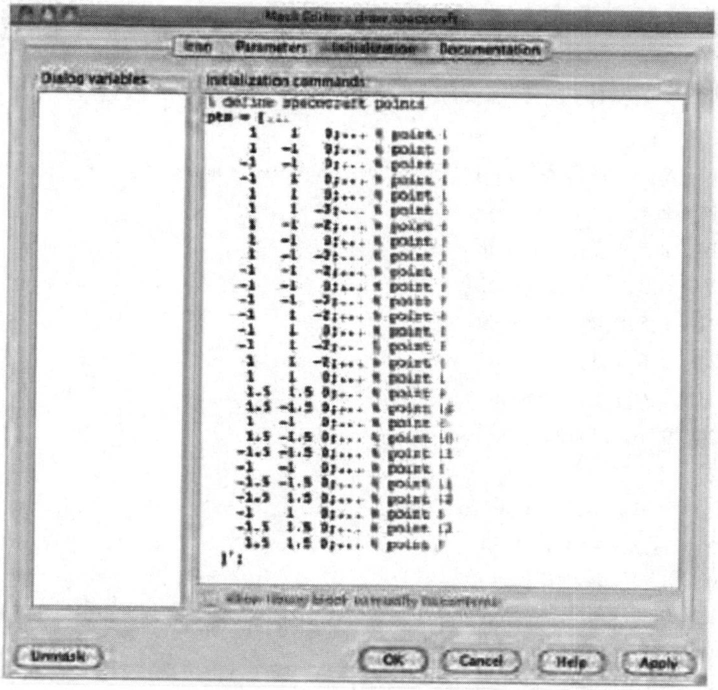

图 C.5　在 Simulink 中的 mask 函数可使航天器点在仿真开始时实现初始化

C.4　动画举例:使用顶点和面的航天器

利用图 C.4 给出的线绘图,可采用点面结构在 Matlab 中进行可视化改进。不同于用 plot3 命令画一条连续的线,我们将使用 patch 命令绘制有顶点和颜色的面。航天器的顶点、面和色彩由下面列出的 Matlab 代码定义:

```
function [V,F,patchcolors] = spacecraftVFC
% Define the vertices (physical location of vertices
V = [...
1 1 0;... % point 1
1 -1 0;... % point 2
```

```
6  -1 -1 0;... % point 3
7  -1 1 0;... % point 4
8  1 1 -2;... % point 5
9  1 -1 -2;... % point 6
10  -1 -1 -2;... % point 7
11  -1 1 -2;... % point 8
12  1.5 1.5 0;... % point 9
13  1.5 -1.5 0;... % point 10
14  -1.5 -1.5 0;... % point 11
15  -1.5 1.5 0;... % point 12
16  ];
17  % define faces as a list of vertices numbered above
18  F = [...
19  1,2,6,5;... % front
20  4,3,7,8;... % back
21  1,5,8,4;... % right
22  2,6,7,3;... % left
23  5,6,7,8;... % top
24  9,10,11,12;... % bottom
25  ];
26  % define colors for each face
27  myred = [1,0,0];
28  mygreen = [0,1,0];
29  myblue = [0,0,1];
30  myyellow = [1,1,0];
31  mycyan = [0,1,1];
32  patchcolors = [...
33  myred;... % front
34  mygreen;... % back
35  myblue;... % right
36  myyellow;... % left
37  mycyan;... % top
38  mycyan;... % bottom
39  ];
```

在图 C.3 所示的顶点，在第 3 ~ 16 行中定义。面是通过列举每个面所对应的索引来标定义的。例如，在第 19 行定义的前面，由点 1 - 2 - 6 - 5 组成。面可以由 N 点组成，定义所有面的矩阵有 N 列，其行数为所有面的数量。每个面的颜色在第 32 ~ 39 行中定义。绘制航天器的 Matlab 代码如下：

```
1  function handle
2   = drawSpacecraftBody(pn,pe,pd,phi,theta,psi,handle,mode)
3  [V,F,patchcolors] = spacecraftVFC;
4  % define points on spacecraft
5  V = rotate(V',phi,theta,psi)';}
6  % rotate spacecraft
7  V = translate(V',pn,pe,pd)';}
8  % translate spacecraft
9  R = [...
10  0,1,0;...
11  1,0,0;...
12  0,0,-1;...
13  ];
14  V = V * R; % transform vertices from NED to XYZ
15  if isempty(handle),
16  handle = patch('Vertices',V,'Faces',F,...
17  'FaceVertexCData',patchcolors,...
18  'FaceColor','flat',...
19  'EraseMode',mode);
20  else
21  set(handle,'Vertices',V,'Faces',F);
22  end
```

在第5~8行使用转置,因为在顶点矩阵 $\boldsymbol{V}$ 的物理位置是沿行而不是列。航天器渲染使用图 C.6 中的顶点和面。采用点面格式的其他例子可以在本书网站找到。

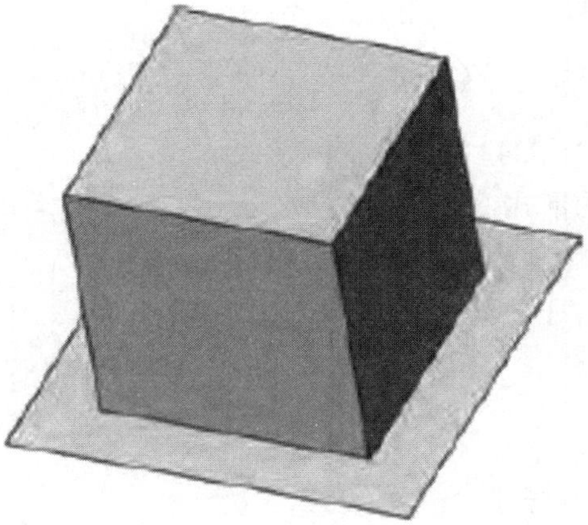

图 C.6　使用顶点和面绘制航天器

附录 D　基于 S－函数的 Simulink 建模

本章假定读者基本熟悉 Matlab/Simulink 环境。进一步的信息,请参阅 Matlab/Simulink 帮助文件。Simulink 是解决相互关联的混合常微分方程和差分方程的一种复杂的工具。在 Simulink 中,假定每个模块具有如下结构:

$$\dot{x}_c = f(t, x_c, x_d, u); \qquad x_c(0) = x_{c0} \tag{D.1}$$

$$x_d[k+1] = g(t, x_c, x_d, u); \qquad x_d[0] = x_{d0} \tag{D.2}$$

$$y = h(t, x_c, x_d, u) \tag{D.3}$$

式中:$x_c \in \mathbb{R}^{n_c}$是一个连续态,其初始值为 x_{c0};$x_d \in \mathbb{R}^{n_d}$是离散态,其初始值为 x_{d0};$u \in \mathbb{R}^m$是模块的输入值;$y \in \mathbb{R}^p$是模块的输出值;t 是仿真时间。一个 S－函数是一个 Simulink 工具,用于定义函数 f,g 和 h,初始条件为 x_{c0} 和 x_{d0}。在 Matlab/Simulink 的文档说明中,有一个 S－函数指定数量的方法。本节将介绍两种不同的方法:一级 m 文件 S－函数和 C 文件 S－函数。该 C 文件 S－函数将编译成 C 代码,执行速度比 m 文件 S－函数快。

D.1　举例:二阶微分方程

这里分别使用一级 m 文件 S－函数和 C 文件 S－函数来实现一个标准二阶传递函数指定的系统。

$$Y(s) = \frac{\omega_n^2}{s^2 + 2\zeta\omega_n s + \omega_n^2} U(s) \tag{D.4}$$

第一步是给出式(D.4)的状态空间形式。

使用控制规范的形式[30],有

$$\begin{pmatrix} \dot{x}_1 \\ \dot{x}_2 \end{pmatrix} = \begin{pmatrix} -2\zeta\omega_n & -\omega_n^2 \\ 1 & 0 \end{pmatrix} \begin{pmatrix} x_1 \\ x_2 \end{pmatrix} + \begin{pmatrix} 1 \\ 0 \end{pmatrix} u \tag{D.5}$$

$$y = \begin{pmatrix} 0 & \omega_n^2 \end{pmatrix} \begin{pmatrix} x_1 \\ x_2 \end{pmatrix} \tag{D.6}$$

D.1.1　1 级 m 文件 S－函数

如下所示的代码用于 m 文件 S－函数实现由式(D.5)和式(D.6)描述的系统。第 1 行定义了主 m 文件函数。这个函数的输入是时间 t;状态 x 是一个连续状态和离散状态的集合；输入为 u；标志为 flag；由用户定义的输入参数是 ζ 和 ω_n。Simulink 引擎调用函数并传递参数 t,x,u 和 flag。当 flag ==0，仿真引擎预计 S－函数返回的结构体 sys，它定义了块；初始条件为 x_0；一个空字符串 str 和空数组 ts，ts 定义块的采样时间。当 flag ==1，仿真引擎预计 S－函数返回函数 $f(t,x,u)$；当 flag ==2，仿真引擎预计 S－函数返回 $g(t,x,u)$；当 flag ==3，仿真引擎预计 S－函数返回 $h(t,x,u)$。在第 2～11 行所示的 Switch 语句基于标志值调用适当的功能。块的设置和初始条件的定义如第 13～27 行所示。连续状态、离散状态、输出和输入的数量在第 16～19 行定义。如果输出明显依赖于输入，则第 20 行的 direct feedthrough 项设置为 1。例如，在线性状态空间的输出方程 $Y=Cx+Du$ 中 $D\neq0$ 时。初始条件在第 24 行定义。采样时间在第 27 行定义。这行的格式为 ts = [period offset]，其中 period 定义采样周期，0 为连续时间，-1 为与前一模块相同，offse 为采样时间偏差，典型值为 0。函数 $f(t,x,u)$ 在第 30～32 行定义，输出函数 $h(t,x,u)$ 在第 35 行和第 36 行定义。用来调用这个 m 文件 S－函数的 Simulink 文件包含在本书的网站上。

```
1 function [sys,x0,str,ts] = second_order_m(t,x,u,flag,
2 zeta,wn)
3 switch flag,
4 case 0,
5 [sys,x0,str,ts] = mdlInitializeSizes;
6 % initialize block
7 case 1,
8 sys = mdlDerivatives(t,x,u,zeta,wn);
9 % define xdot = f(t,x,u)
10 case 3,
11 sys = mdlOutputs(t,x,u,wn);
12 % define xup = g(t,x,u)
13 otherwise,
14 sys = [ ];
15 end
16
17 % ========================================= %
18 function [sys,x0,str,ts] = mdlInitializeSizes
19 sizes = simsizes;
20 sizes. NumContStates = 2;
21 sizes. NumDiscStates = 0;
22 sizes. NumOutputs = 1;
23 sizes. NumInputs = 1;
24 sizes. DirFeedthrough = 0;
25 sizes. NumSampleTimes = 1;
26 sys = simsizes(sizes);
```

```

x0 = [0; 0]; % define initial conditions
str = [ ]; % str is always an empty matrix
% initialize the array of sample times
ts = [0 0]; % continuous sample time

% ================================%
function xdot = mdlDerivatives(t,x,u,zeta,wn)
xdot(1) = -2 * zeta * wn * x(1)  - wn^2 * x(2) + u;
xdot(2) = x(1);

% ==========================================%
function y = mdlOutputs(t,x,u,wn)
y = wn^2 * x(2);
```

D.1.2 C 文件 S－函数

采用 C 文件 S－函数实现由式(D.5)和式(D.6)所描述系统的代码如下所示。函数名必须如第 3 行所指定的那样。传递给函数的参数数目在第 17 行指定,访问参数的宏在第 6 行和第 7 行定义。第 8 行定义了一个宏,可以容易访问块的输入。块结构在第 15～36 行使用 mdlinitializesizes 定义。连续状态、离散状态、输入和输出的数量在第 21～27 行定义。采样时间和偏移在第 41～46 行规定。状态的初始条件在第 52～57 行规定。函数 $f(t,x,u)$ 在第 76～85 行定义,函数 $h(t,x,u)$ 在第 62～69 行定义。该 C 文件 S－函数的编译使用 Matlab 命令 >> mex secondorder_c. c。用来调用这个 C 文件 S－函数的 Simulink 文件包含在本书的网站上。

```
1  /* File:secondOrder_c. c
2   */
3  #define S_FUNCTION_NAME secondOrder_c
4  #define S_FUNCTION_LEVEL 2
5  #include "simstruc. h"
6  #define zeta_PARAM(S) mxGetPr(ssGetSFcnParam(S,0))
7  #define wn_PARAM(S) mxGetPr(ssGetSFcnParam(S,1))
8  #define U(element) (*uPtrs[element])
9  /* Pointer to Input Port0 */
10
11  /* Function: mdlInitializeSizes
12   * Abstract:
13   * The sizes information is used by Simulink to
14   * determine the S-function blocks characteristics
15   (number of inputs,outputs,states,etc. ).
16   */
17  static void mdlInitializeSizes(SimStruct *S)
```

```
{
ssSetNumSFcnParams(S,2);
/* Number of expected parameters */
if (ssGetNumSFcnParams(S)
!= ssGetSFcnParamsCount(S)) { return;
/* Parameter mismatch will be reported by Simulink */
}
ssSetNumContStates(S,2);
ssSetNumDiscStates(S,0);
if (!ssSetNumInputPorts(S,1)) return;
ssSetInputPortWidth(S,0,1);
ssSetInputPortDirectFeedThrough(S,0,1);
if (!ssSetNumOutputPorts(S,1)) return;
ssSetOutputPortWidth(S,0,1);
ssSetNumSampleTimes(S,1);
ssSetNumRWork(S,0);
ssSetNumIWork(S,0);
ssSetNumPWork(S,0);
ssSetNumModes(S,0);
ssSetNumNonsampledZCs(S,0);
ssSetOptions(S,SS_OPTION_EXCEPTION_FREE_CODE);
}

/* Function: mdlInitializeSampleTimes */
static void mdlInitializeSampleTimes(SimStruct *S)
{
ssSetSampleTime(S,0,CONTINUOUS_SAMPLE_TIME);
ssSetOffsetTime(S,0,0.0);
ssSetModelReferenceSampleTimeDefaultInheritance(S);
}

#define MDL_INITIALIZE_CONDITIONS
/* Function: mdlInitializeConditions
 * Set initial conditions
 */
static void mdlInitializeConditions(SimStruct *S)
{
real_T *x0 = ssGetContStates(S);
x0[0] =0.0;
x0[1] =0.0;
}

/* Function: mdlOutputs
 * output function
 */
static void mdlOutputs(SimStruct *S,int_T tid)
{
```

```
real_T * y = ssGetOutputPortRealSignal(S,0);
real_T * x = ssGetContStates(S);
InputRealPtrsType uPtrs
 = ssGetInputPortRealSignalPtrs(S,0);

UNUSED_ARG(tid);/ * not used * /
const real_T * wn = wn_PARAM(S);
y[0] = wn[0] * wn[0] * x[1];
}

#define MDL_DERIVATIVES
/ * Function: mdlDerivatives
 * Calculate state - space derivatives
 * /
static void mdlDerivatives(SimStruct * S)
{
real_T * dx = ssGetdX(S);
real_T * x = ssGetContStates(S);
InputRealPtrsType uPtrs
 = ssGetInputPortRealSignalPtrs(S,0);

const real_T * zeta = zeta_PARAM(S);
const real_T * wn = wn_PARAM(S);
dx[0] = -2 * zeta[0] * wn[0] * x[0] - wn[0] * wn[0] * x[1] + U(0);
dx[1] = x[0];
}

/ * Function: mdlTerminate
 * No termination needed.
 * /
static void mdlTerminate(SimStruct * S)
{
UNUSED_ARG(S); / * unused input argument * /
}

#ifdef MATLAB_MEX_FILE
#include "simulink.c"
#else
#include "cg_sfun.h"
#endif
```

附录 E 机身参数

本节给出了两个小型无人驾驶飞机的物理参数：Zagi 飞翼，如图 E.1(a)所示；无人机，如图 E.1(b)所示。表 E.1 给出了 Zagi 飞翼的质量、几何尺寸、推力和气动参数。表 E.2 给出了无人机的质量、几何尺寸、推力和气动参数[129]。

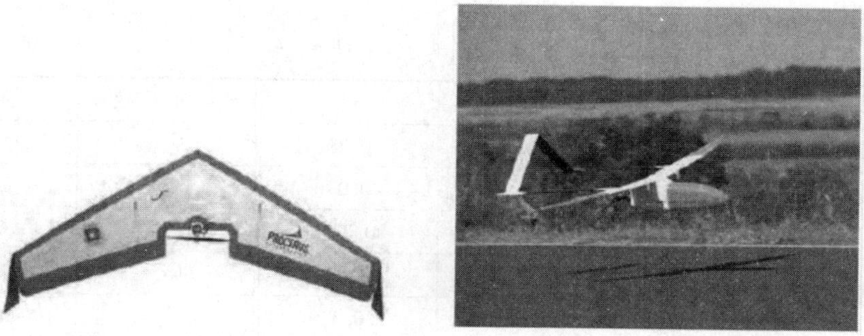

(a) (b)

图 E.1 (a) Zagi 飞翼和(b) 无人机

E.1 Zagi 飞翼

表 E.1 Zagi 飞翼参数

参数	值	纵向系数	值	横向系数	值
m	1.56kg	C_{L_0}	0.09167	C_{Y_0}	0
J_x	0.1147kg·m^2	C_{D_0}	0.01631	C_{l_0}	0
J_y	0.0576kg·m^2	C_{m_0}	-0.02338	C_{n_0}	0
J_z	0.1712kg·m^2	C_{L_α}	3.5016	C_{Y_β}	-0.07359
J_{xz}	0.0015kg·m^2	C_{D_α}	0.2108	C_{l_β}	-0.02854
S	0.2589m^2	C_{m_α}	-0.5675	C_{n_β}	0.00040
b	1.4224m	C_{L_q}	2.8932	C_{Y_p}	0
c	0.3302m	C_{D_q}	0	C_{l_p}	-0.3209
S_{prop}	0.0314m^2	C_{m_q}	-1.3990	C_{n_p}	-0.01297
ρ	1.2682kg/m^3	$C_{L_{\delta_e}}$	0.2724	C_{Y_r}	0
k_{motor}	20	$C_{D_{\delta_e}}$	0.3045	C_{l_r}	0.03066
k_{T_p}	0	$C_{m_{\delta_e}}$	-0.3254	C_{n_r}	-0.00434

（续）

参　数	值	纵向系数	值	横向系数	值
k_Ω	0	C_{prop}	1.0	$C_{Y_{\delta_a}}$	0
e	0.9	M	50	$C_{l_{\delta_a}}$	0.1682
		α_0	0.4712	$C_{n_{\delta_a}}$	-0.00328
		ϵ	0.1592		
		C_{D_p}	0.0254		

E.2 无人机

表 E.2　无人机气动参数

参　数	值	纵向系数	值	横向系数	值
m	13.5kg	C_{L_0}	0.28	C_{Y_0}	0
J_x	0.8244kg·m^2	C_{D_0}	0.03	C_{l_0}	0
J_y	1.135kg·m^2	C_{m_0}	-0.02338	C_{n_0}	0
J_z	1.759kg·m^2	C_{L_α}	3.45	C_{Y_β}	-0.98
J_{xz}	0.1204kg·m^2	C_{D_α}	0.3	C_{l_β}	-0.12
S	0.55m^2	C_{m_α}	-0.38	C_{n_β}	0.25
b	2.8956m	C_{L_q}	0	C_{Y_p}	0
c	0.18994m	C_{D_q}	0	C_{l_p}	-0.26
S_{prop}	0.2027m^2	C_{m_q}	-3.6	C_{n_p}	0.022
ρ	1.2682kg/m^3	$C_{L_{\delta_e}}$	-0.36	C_{Y_r}	0
k_{motor}	80	$C_{D_{\delta_e}}$	0	C_{l_r}	0.14
k_{T_p}	0	$C_{m_{\delta_e}}$	-0.5	C_{n_r}	-0.35
k_Ω	0	C_{prop}	1.0	$C_{Y_{\delta_a}}$	0
e	0.9	M	50	$C_{l_{\delta_a}}$	0.08
		α_0	0.4712	$C_{n_{\delta_a}}$	0.06
		ε	0.1592	$C_{Y_{\delta_r}}$	-0.17
		C_{D_p}	0.0437	$C_{l_{\delta_r}}$	0.105
		$C_{n_{\delta_e}}$	-0.032		

附录 F　在 Simulink 中修正和线性化

F.1　使用 Simulink 中的 trim 命令

Simulink 提供了一个内置程序用于计算一般仿真图的修正条件。通过在 Matlab 提示中输入 help trim 可以获得这个命令的有用说明。正如 5.3 节中描述的，给定参数 V_a^*、γ^* 和 R^*，为得到 x^* 和 u^*，$\dot{x}^* = f(x^*, u^*)$，这里 x 和 u 在式(5.17)和式(5.18)中给予定义。$\dot{x}^*$ 在式(5.21)中给予定义。这里 $f(x,u)$ 由式(5.1)至式(5.12)的右手边给予定义。

Simulink 中 trim 命令的格式是

[X,U,Y,DX] = TRIM('SYS',X0,U0,Y0,IX,IU,IY,DX0,IDX)

式中：X 为修正状态 x^*；U 为修正输入 u^*；Y 为修正输出 y^*；DX 为 $\dot{x}^*$ 的计算偏差。系统由仿真模型 SYS.mdl 设定，这里，模型的状态由子系统 SYS.mdl 中的所有状态定义，输入和输出由 Inports 和 Outports 分别定义。图 F.1 给出了可以计算飞机修正的仿真模型。系统的输入由四个 Inports 定义，分别为伺服指令 delta_e，delta_a，delta_r 和 delta_t。这一模块的状态是 Simulink 模型的状态，在本案例中，$\boldsymbol{\zeta} = (p_n, p_e, p_d, u, v, w, \phi, \theta, \psi, p, q, r)^T$，输出由三个 Outports 给定，分别为风速 V_a、攻击角 α、侧滑角 β。我们将 V_a，α，β 作为输出的目的是在执行 Simulink 的 trim 命令时，保持 $V_a = V_a^*$，而 α^* 是一直关注的对象。如果有一个方向舵，我们可以通过迫使 trim 命令保持 $\beta^* = 0$ 执行协调转弯。如果没有方向舵可用，那么 β 在转弯中也不必为零。

由于修正计算问题可以简化求解系统的非线性代数方程组，这可能会有多种解决方案，Simulink 的 trim 命令要求对状态 X0、输入 U0、输出 Y0 和状态偏差 DX0 给予初始猜测值。如果我们从一开始就知道，有一部分的状态、输入、输出或偏差是固定的，并由其初始条件指定，那么这些约束的索引矢量为 IX，IU，IY 和 IDX。

对这种情况，我们知道

$$\dot{x}^* = ([\text{don't care}], [\text{don't care}], -V_a^* \sin\gamma^*, 0, 0, 0, 0, 0, V_a^*/R^*, 0, 0, 0)^T$$

因此，令

```
DX = [0;0;Va * sin(gamma);0;0;0;0;0;Va/R;0;0;0]
IDX = [3;4;5;6;7;8;9;10;11;12]
```

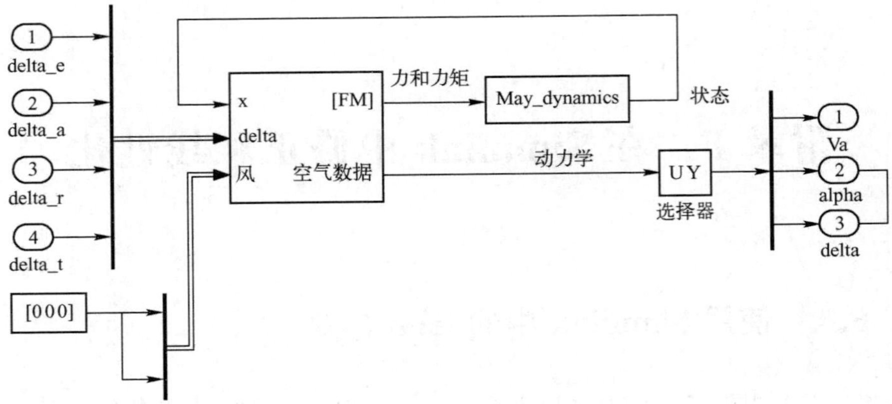

图 F.1 用于计算修正和线性空间模型的 Simulink 图

同样,初始状态、输入、输出可确定为

X0 = [0;0;Va;0;0;0;0;gamma;0;0;0;0]

IX0 = [ ]

U0 = [0;0;0;1]

IU0 = [ ]

Y0 = [Va;gamma;0]

IY0 = [1,3]

F.2 trim 的数值计算

如果不是在 Simulink 中进行仿真,则可能需要编写一个独立的 trim 函数。本部分对如何实现进行了简单的描述。参数 V_a^*,γ^* 和 R^* 详细描述了爬 - 转 trim 方法,并将被输入到修正 - 发现算法中。在后续的计算中,变量 α,β 和 ϕ,以及输入参数 V_a^*,γ^* 和 R^* 完全地定义了修正状态和输入。因此,如果发现对特定 V_a^*,γ^* 和 R^* 的修正值 α^*,β^* 和 ϕ^*,将能解决修正状态和修正输入的分析。第一步是给出状态变量和输入要求,以 V_a^*,γ^*,R^*,α^*,β^* 和 ϕ^* 的形式表示。由于 V_a^*,γ^* 和 R^* 是用户指定的算法输入,所以修正状态计算包括对 α,β 和 ϕ 的优化以得到 α^*,β^* 和 ϕ^*。这些值将用于得到修正状态 x^* 和 u^*。

1. 机架速度 u^*,v^*,w^*

由式(2.7),机架速度可以以 V_a^*,α^*,β^* 的形式表示:

$$\begin{pmatrix} u^* \\ v^* \\ w^* \end{pmatrix} = V_a^* \begin{pmatrix} \cos \alpha^* \cos \beta^* \\ \sin \beta^* \\ \sin \alpha^* \cos\beta^* \end{pmatrix}$$

2. 俯仰角 θ^*

通过定义飞行路径角 $V_w=0$,有

$$\theta^*=\alpha^*+\beta^*$$

3. 角速度 p,q,r

利用式(3.2),角速度以欧拉角的形式表示,因此

$$\begin{pmatrix}p^*\\q^*\\r^*\end{pmatrix}=\begin{pmatrix}1 & 0 & -\sin\theta^*\\0 & \cos\phi^* & \sin\phi^*\cos\theta^*\\0 & -\sin\phi^* & \cos\phi^*\cos\theta^*\end{pmatrix}\begin{pmatrix}\dot{\phi}^*=0\\\dot{\theta}^*=0\\\dot{\psi}^*=\dfrac{V_a^*}{R^*}\end{pmatrix}$$

$$=\frac{V_a^*}{R^*}\begin{pmatrix}-\sin\theta^*\\\sin\phi^*\cos\theta^*\\\cos\phi^*\cos\theta^*\end{pmatrix}$$

式中:θ^* 以 γ^* 和 α^* 的形式表示。

4. 升降舵 δ_e

给定 p^*,q^*,r^*,可以求解式(5.11),给定

$$\delta_e^*=\frac{\dfrac{J_{xz}(p^{*2}-r^{*2})+(J_x-J_z)p^*r^*}{\dfrac{1}{2}\rho(V_a^*)^2cS}-C_{m_0}-C_{m_\alpha}\alpha^*-C_{m_q}\dfrac{cq^*}{2V_a^*}}{C_{m_{\delta_e}}}\tag{F.1}$$

5. 油门 δ_t

式(5.4)可以求解,给定

$$\delta_t^*=\sqrt{\frac{2m(-r^*v^*+q^*w^*+g\sin\theta^*)+\rho(V_a^*)^2S[C_X(\alpha^*)+C_{X_q}\dfrac{cq^*}{2V_a^*}+C_{X_{\delta_e}}(\alpha^*)\delta_e^*]}{\rho S_{\mathrm{prop}}C_{\mathrm{prop}}k_{\mathrm{motor}}^2}+\frac{(V_a^*)^2}{k_{\mathrm{motor}}^2}}\tag{F.2}$$

6. 副翼 δ_a 和方向舵 δ_r

副翼和方向舵命令通过求解式(5.10)和式(5.12)来解决:

$$\begin{pmatrix}\delta_a^*\\\delta_r^*\end{pmatrix}=\begin{pmatrix}C_{p_{\delta_a}} & C_{p_{\delta_r}}\\C_{r_{\delta_a}} & C_{r_{\delta_r}}\end{pmatrix}^{-1}\times\begin{pmatrix}\dfrac{-\Gamma_1p^*q^*+\Gamma_2q^*r^*}{\dfrac{1}{2}\rho(V_a^*)^2Sb}-C_{p_0}-C_{p_\beta}\beta^*-C_{p_p}\dfrac{bp^*}{2V_a^*}-C_{p_r}\dfrac{br^*}{2V_a^*}\\\dfrac{-\Gamma_7p^*q^*+\Gamma_1q^*r^*}{\dfrac{1}{2}\rho(V_a^*)^2Sb}-C_{r_0}-C_{r_\beta}\beta^*-C_{r_p}\dfrac{bp^*}{2V_a^*}-C_{r_r}\dfrac{br^*}{2V_a^*}\end{pmatrix}\tag{F.3}$$

F.2.1 修正算法

所有感兴趣的状态变量和控制输入均以 $V_a^*,\gamma^*,R^*,\alpha^*,\beta^*$ 和 ϕ^* 的形式表示。

修正算法的输入是 V^*,γ^*,R^*。为得到 α^*,β^* 和 ϕ^*,需要解决下面的优化问题:

$$(\alpha^*,\beta^*,\phi^*) = \arg\min \|\dot{x}^* - f(x^*,u^*)\|^2$$

这可用 F. 2. 2 节中描述的梯度下降法来进行数学计算。修正算法在算法 13 中给予总结。

F. 2. 2 梯度下降法的数值实现

本节的目的是描述一个简单的梯度下降法以解决优化问题:

$$\min_{\xi} J(\xi)$$

算法 13 trim

---

1. 输入:给定风速 V_a^*、飞行路径角 γ^*、转向半径 R^*
2. 计算:

$$(\alpha^*,\beta^*,\phi^*) = \arg\min \|\dot{x}^* - f(x^*,u^*)\|^2$$

3. 计算修正状态:

$$\begin{pmatrix} u^* = V_a^* \cos\alpha^* \cos\beta^* \\ v^* = V_a^* \sin\beta^* \\ w^* = V_a^* \sin\alpha^* \cos\beta^* \\ \theta^* = \alpha^* + \gamma^* \\ p^* = -\dfrac{V_a^*}{R^*}\sin\theta^* \\ q^* = \dfrac{V_a^*}{R^*}\sin\phi^* \cos\theta^* \\ r^* = \dfrac{V_a^*}{R^*}\cos\phi^* \cos\theta^* \end{pmatrix}$$

4. 计算修正输入:

$$\begin{pmatrix} \delta_e^* = [\text{方程式(F. 1)}] \\ \delta_t^* = [\text{方程式(F. 2)}] \\ \begin{pmatrix} \delta_a^* \\ \delta_r^* \end{pmatrix} = [\text{方程式(F. 3)}] \end{pmatrix}$$

这里,假设 $J:\mathbb{R}^m \to \mathbb{R}$ 是与局部最小定义相关连续可微的。基本概念是在给定一个初始位置 $\xi^{(0)}$ 沿着函数的负梯度方向变化。换句话说,令

$$\dot{\xi} = -\kappa \frac{\partial J}{\partial \xi}(\xi) \tag{F.4}$$

式中:κ 为正的常数,限定了下降速率。方程的离散近似由下式给出:

$$\xi^{(k+1)} = \xi^k - \kappa_d \frac{\partial J}{\partial \xi}(\xi^k)$$

式中:κ_d 为 κ 的离散划分。

对修正的计算,利用偏导数 $\dfrac{\partial J}{\partial \xi}$ 来进行分析是困难的。不过可以有效地进行

数值计算。由定义,有

$$\frac{\partial J}{\partial \xi}=\begin{pmatrix}\frac{\partial J}{\partial \xi_1}\\ \vdots \\ \frac{\partial J}{\partial \xi_m}\end{pmatrix}$$

式中

$$\frac{\partial J}{\partial \xi_i}=\lim_{\epsilon\to 0}\frac{J(\xi_1,\cdots,\xi_i+\varepsilon,\cdots,\xi_m)-J(\xi_1,\cdots,\xi_i,\cdots,\xi_m)}{\varepsilon}$$

可以数值近似为

$$\frac{\partial J}{\partial \xi_i}\approx\frac{J(\xi_1,\cdots,\xi_i+\varepsilon,\cdots,\xi_m)-J(\xi_1,\cdots,\xi_i,\cdots,\xi_m)}{\varepsilon}$$

式中:ε 为小的常数。

对修正算法,目标函数 $J(\alpha,\beta,\phi)$ 等于 $\|\dot{x}^*-f(x^*,u^*)\|^2$,可用算法 14 来计算。梯度下降优化算法在算法 15 中给予综述。

F.3 利用 Simulink 的 linmond 命令生成状态空间模型

Simulink 也提供了一个固有的途径以计算一个线性状态空间模型。帮助说明可通过在 Matlab 中输入 help linmod 来获得。命令格式为

[A,B,C,D] = LINMOD('SYS',X,U)

式中:X 和 U 为待线性化 Simulink 模块的状态和输入;[A,B,C,D]为输出的状态空间模型。如果 linmod 命令用于图 F.1 所示的 Simulink 图,则有 12 个状态和 4 个输入。结果状态空间方程将包括式(5.43)和式(5.50)中的模型。例如,为得到式(5.43),可以利用下面的方法:

```
[A,B,C,D] = linmod(filename,x_trim,u_trim)
E1 = [...
0,0,0,0,1,0,0,0,0,0,0,0;...
0,0,0,0,0,0,0,0,0,1,0,0;...
0,0,0,0,0,0,0,0,0,0,0,1;...
0,0,0,0,0,0,1,0,0,0,0,0;...
0,0,0,0,0,0,0,0,1,0,0,0;...
]
E2 = [...
0,1,0,0;...
0,0,1,0;...
]
A_lat = E1 * A * E1'
B_lat = E1 * B * E2'
```

算法 14　计算 $J=\|\dot{x}^*-f(x^*,u^*)\|^2$

1. 输入：$V_a^*,\gamma^*,R^*,\alpha^*,\beta^*$ 和 ϕ^*
2. 计算$\dot{x}^*$：

$$\dot{x}^*=\text{式}(5.21)$$

3. 计算修正状态：

$$\begin{pmatrix} u^*=V_a^*\cos\alpha^*\cos\beta^* \\ v^*=V_a^*\sin\beta^* \\ w^*=V_a^*\sin\alpha^*\cos\beta^* \\ \theta^*=\alpha^*+\gamma^* \\ p^*=-\dfrac{V_a^*}{R^*}\sin\theta^* \\ q^*=\dfrac{V_a^*}{R^*}\sin\phi^*\cos\theta^* \\ r^*=\dfrac{V_a^*}{R^*}\cos\phi^*\cos\theta^* \end{pmatrix}$$

4. 计算修正输入：

$$\begin{pmatrix} \delta_e^*=[\text{式}(\text{F}.1)] \\ \delta_t^*=[\text{式}(\text{F}.2)] \\ \begin{pmatrix}\delta_a^* \\ \delta_r^*\end{pmatrix}=\text{式}[\text{F}.3] \end{pmatrix}$$

5. 计算：

$$f(x^*,u^*)=[\text{式}(5.3)\sim\text{式}(5.12)]$$

6. 计算：

$$J=\|\dot{x}^*-f(x^*,u^*)\|^2$$

算法 15　最小化 $J(\xi)$

1. 输入：$\alpha^{(0)},\beta^{(0)},\phi^{(0)},V_a,R,\gamma$
2. for $k=1$ to N do
3. $\alpha^+=\alpha^{k-1}+\epsilon$
4. $\beta^+=\beta^{k-1}+\epsilon$
5. $\phi^+=\phi^{k-1}+\epsilon$
6. $\dfrac{\partial J}{\partial\alpha}\approx\dfrac{J(\alpha^+,\beta^{(k-1)},\phi^{(k-1)})-J(\alpha^{(k-1)},\beta^{(k-1)},\text{phi}^{(k-1)})}{\epsilon}$
7. $\dfrac{\partial J}{\partial\beta}\approx\dfrac{J(\alpha^{(k-1)},\beta^+,\phi^{(k-1)})-J(\alpha^{(k-1)},\beta^{(k-1)},\text{phi}^{(k-1)})}{\epsilon}$

8. $\dfrac{\partial J}{\partial \phi} \approx \dfrac{J(\alpha^{(k-1)},\beta^{(k-1)},\phi^{+}) - J(\alpha^{(k-1)},\beta^{(k-1)},\mathrm{phi}^{(k-1)})}{\epsilon}$

9. $\alpha^{(k)} = \alpha^{(k-1)} - \kappa \dfrac{\partial J}{\partial \alpha}$

10. $\beta^{(k)} = \beta^{(k-1)} - \kappa \dfrac{\partial J}{\partial \beta}$

11. $\phi^{(k)} = \phi^{(k-1)} - \kappa \dfrac{\partial J}{\partial \phi}$

12. end for

F.4 状态空间模型的数值计算

另一个得到 A 和 B 的方法是对$\dfrac{\partial f}{\partial x}$和$\dfrac{\partial f}{\partial u}$进行数值近似。$\dfrac{\partial f}{\partial x}$的第 i 列可以近似为

$$\begin{pmatrix} \dfrac{\partial f_1}{\partial x_i} \\ \dfrac{\partial f_2}{\partial x_i} \\ \vdots \\ \dfrac{\partial f_n}{\partial x_i} \end{pmatrix}(x^*,u^*) \approx \frac{f(x^* + \epsilon e_i, u^*) - f(x^*,u^*)}{\epsilon}$$

这里，第 i 个元素中的 e_i 为 1，否则为 0。

同样地，$\dfrac{\partial f}{\partial u}$的第 i 列可以近似为

$$\begin{pmatrix} \dfrac{\partial f_1}{\partial u_i} \\ \dfrac{\partial f_2}{\partial u_i} \\ \vdots \\ \dfrac{\partial f_n}{\partial u_i} \end{pmatrix}(x^*,u^*) \approx \frac{f(x^*, u^* + \epsilon e_i) - f(x^*,u^*)}{\epsilon}$$

这些计算可以利用软件功能来便捷地执行以获得 $f(x,u)$，其初始目的是解决飞机运动的非线性方程或计算修正状态。

附录 G　概率论要点

假设 $\boldsymbol{X}=(x_1,\cdots,x_n)^{\mathrm{T}}$ 是一个随机矢量,其元素是随机变量。$\boldsymbol{X}$ 的均值或者期望值由下式表示:

$$\boldsymbol{\mu}=\begin{pmatrix}\mu_1\\ \vdots\\ \mu_n\end{pmatrix}=\begin{pmatrix}E\{x_1\}\\ \vdots\\ E\{x_n\}\end{pmatrix}=E\{\boldsymbol{X}\}$$

式中

$$E\{x_i\}\ =\int\xi f_i(\xi)\,\mathrm{d}\xi$$

$f(\cdot)$ 是 x_i 的概率密度方程。假设 $\boldsymbol{X}$ 的一对元素为 x_i 和 x_j,协方差表示为

$$\mathrm{cov}(x_i,x_j)=\boldsymbol{\Sigma}_{ij}=E\{(x_i-\mu_i)(x_j-\mu_j)\}$$

任意元素的协方差是可变的,表示为

$$\mathrm{var}(x_i)=\mathrm{cov}(x_i,x_i)=\boldsymbol{\Sigma}_{ii}=E\{(x_i-\mu_i)(\xi-\mu_i)\}$$

x_i 的标准偏差是方差的均方根

$$\mathrm{stdev}(x_i)=\sigma_i=\sqrt{\Sigma_{ii}}$$

随机矢量 $\boldsymbol{X}$ 的协方差可以归为一组协方差矩阵:

$$\boldsymbol{\Sigma}=\begin{pmatrix}\Sigma_{11}&\Sigma_{12}&\cdots&\Sigma_{1n}\\ \Sigma_{21}&\Sigma_{22}&\cdots&\Sigma_{2n}\\ \vdots&\vdots&\ddots&\vdots\\ \Sigma_{n1}&\Sigma_{n2}&\cdots&\Sigma_{nn}\end{pmatrix}=E\{(\boldsymbol{X}-\boldsymbol{\mu})(\boldsymbol{X}-\boldsymbol{\mu})^{\mathrm{T}}\}=E\{\boldsymbol{X}\boldsymbol{X}^{\mathrm{T}}\}-\boldsymbol{\mu}\boldsymbol{\mu}^{\mathrm{T}}$$

注意:$\boldsymbol{\Sigma}=\boldsymbol{\Sigma}^{\mathrm{T}}$,因此 $\boldsymbol{\Sigma}$ 是对称和正半正定的,这意味着它的特征值是实数且是非负的。

高斯随机变量的概率密度方程为

$$f_x(x)=\frac{1}{\sqrt{2\pi}\sigma_x}\exp\left[\frac{-(x-\mu_x)^2}{\sigma_x^2}\right]$$

式中:μ_x 为 x 的均值;σ_x 为标准偏差。随机矢量的对应形式由下式给出:

$$f_X(\boldsymbol{X})=\frac{1}{\sqrt{2\pi\det\boldsymbol{\Sigma}}}\exp\left[-\frac{1}{2}(\boldsymbol{X}-\boldsymbol{\mu})^{\mathrm{T}}\boldsymbol{\Sigma}^{-1}(\boldsymbol{X}-\boldsymbol{\mu})\right]$$

可以写为

$$\boldsymbol{X}\sim\mathcal{N}(\boldsymbol{\mu},\boldsymbol{\Sigma})$$

可以说，$\boldsymbol{X}$ 是正态分布，具有均值 $\boldsymbol{\mu}$ 和方差 $\boldsymbol{\Sigma}$。

图 G.1 给出了不同协方差矩阵的二维高斯随机变量的水平图。

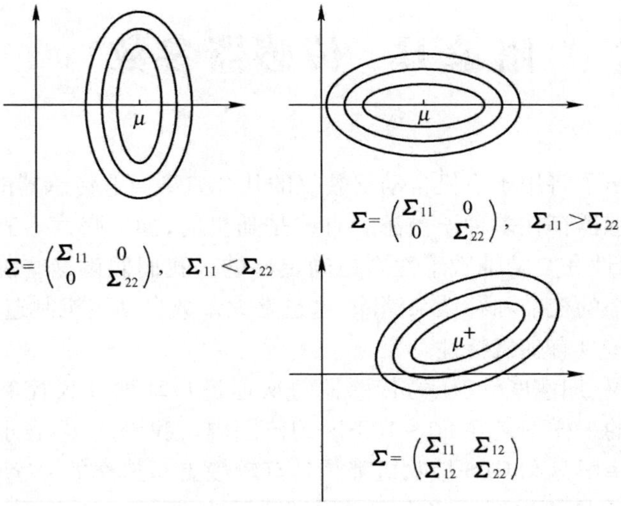

图 G.1　一个二维高斯随机变量概率密度函数的水平图

附录 H　传感器参数

本附录给出了将用于飞机自动驾驶仪的几个典型商业传感器的噪声和误差参数。每个传感器存在多种误差源。有些是随机的，如电噪声。其他噪声如非线性、温度敏感性和交叉轴敏感性则是确定性的。我们假设这些确定性的误差源可以通过仔细的校准和补偿来消除，这也是大多数自动飞机制造商所做的，大多数的剩余误差具有随机特性。

速率陀螺仪、加速度计、压力传感器每次通过自动驾驶仪控制回路进行采样。一个常见的采样率是在 50 ~ 100Hz 的范围内。我们用 T_s 表示控制回路的采样周期。数字罗盘和 GPS 接收机都是具有较慢更新速率的数字设备，其速率取决于传感器的具体模型。这些采样周期表示为 $T_{s,\text{compass}}$ 和 $T_{s,\text{GPS}}$，典型传感器的特定值如下。

H.1　速率陀螺

用于无人机的 MEMS 速率陀螺的例子是 Analog Device 公司的 ADXRS450。其速率范围为 ±350(°)/s，带宽为 80Hz，噪声密度为 0.015(°)/(s·$\sqrt{\text{Hz}}$)。由于传感器噪声而带来的标准偏差为

$$\sigma_{\text{gyro},*} = N\sqrt{B}$$

式中：B 为带宽；N 为噪声密度。对 ADXRS540 器件，其结果为 $\sigma_{\text{gyro},*} = 0.13$(°)/s。确定性误差的来源，包括交叉轴灵敏度（±3%）、非线性（0.05%，全范围的 RMS）和加速度敏感性（0.03(°)/(s·g)）。

H.2　加速度计

可以用于自动驾驶仪的一个 MEMS 加速度计例子是 Analog Device 公司的 ADXL325。它具有 ±6g 的范围和从 0.5 ~ 500Hz 的可变带宽。对一个自动驾驶仪，其典型带宽是 100Hz。噪声密度为 0.015μg/$\sqrt{\text{Hz}}$。由于传感器的噪声而带来的测量误差标准偏差为

$$\sigma_{\text{accel},*} = N\sqrt{B}$$

对 ADXL325 来说，其结果为 $\sigma_{\mathrm{accel},*}=0.0025g$。确定性误差源包括交叉轴灵敏度（±1%）和非线性（±0.2，全范围）。

H.3 压力传感器

可用于高度测量的一个绝对压力传感器例子是飞思卡尔半导体 MP3H6115A，其测量范围为 15～115kPa，其最大误差的特点是具有一个满量程的 1.5% 或 ±1.5kPa 的束缚。传感器的精度，正如最大误差所表示的，由于线性误差、温度敏感性和压力滞后等而受到限制。MEMS 绝对压力传感器的实际经验表明，精确的校准可以减少这些误差到约 0.125kPa 的温度偏置漂移和 0.01kPa 的传感器噪声。因此，$\beta_{\mathrm{abs\ press}}=0.125\mathrm{kPa}$，$\sigma_{\mathrm{abs\ press}}=0.01\mathrm{kPa}$。

飞思卡尔半导体压力传感器 MPXV5004G 是一种利用压差传感器作为空速传感器的例子。它的范围为 0～4kPa，其最大误差为全量程的 2.5% 或 0.1kPa。传感器的精度受限于线性误差、温度敏感性和压力滞后。这种类型的压差传感器的实践经验表明，仔细校准可以减少这些误差约 0.02kPa 的温度偏置漂移和 0.002kPa 的传感器噪声。因此，$\beta_{\mathrm{diff\ press}}=0.020\mathrm{kPa}$，$\sigma_{\mathrm{diff\ press}}=0.02\mathrm{kPa}$。

H.4 数字罗盘/磁力计

一个应用于小型无人机的数字罗盘例子是 Honeywell 公司的 HMR3300。它是一个 3 轴倾斜补偿装置，以单片机内置信号调理。当水平时精度为 ±1°、倾斜 ±30°时其精度为 ±3°。具有 0.5°的重复性和 8Hz 的更新速率（$T_{\mathrm{s,compass}}=0.125\mathrm{s}$）。假设准确性和可重复性误差的一部分是由于角度的不确定性，另一部分是来自于电磁干扰，则传感器噪声标准偏差的合理参数和偏移误差是 $\sigma_{\mathrm{mag}}=0.3°$ 和 $\sigma_{\mathrm{mag}}=1°$。

H.5 GPS

GPS 测量误差的来源和模型在 7.5 节中给予详细讨论。GPS 的采样周期在 0.2～2s变化。假定 GPS 的采样周期由 $T_{\mathrm{S,GPS}}=1.0\mathrm{s}$ 给出。

参考文献

[1] R. C. Nelson, *Flight Stability and Automatic Control.* Boston, MA: McGraw-Hill, 2nd ed., 1998.

[2] J. Roskam, *Airplane Flight Dynamics and Automatic Flight Controls, Parts I & II.* Lawrence, KS: DARcorporation, 1998.

[3] J. H. Blakelock, *Automatic Control of Aircraft and Missiles.* New York: John Wiley & Sons, 1965.

[4] J. H. Blakelock, *Automatic Control of Aircraft and Missiles.* New York: John Wiley & Sons, 2nd ed., 1991.

[5] M. V. Cook, *Flight Dynamics Principles.* New York: John Wiley & Sons, 1997.

[6] B. Etkin and L. D. Reid, *Dynamics of Flight: Stability and Control.* New York: John Wiley & Sons, 1996.

[7] B. L. Stevens and F. L. Lewis, *Aircraft Control and Simulation.* Hoboken, NJ: John Wiley & Sons, Inc., 2nd ed., 2003.

[8] D. T. Greenwood, *Principles of Dynamics.* Englewood Cliffs, NJ: Prentice Hall, 2nd ed., 1988.

[9] T. R. Kane and D. A. Levinson, *Dynamics: Theory and Applications.* New York: McGraw Hill, 1985.

[10] M. W. Spong and M. Vidyasagar, *Robot Dynamics and Control.* New York: John Wiley & Sons, Inc., 1989.

[11] M. D. Shuster, "A survey of attitude representations," *The Journal of the Astronautical Sciences*, vol. 41, pp. 439 – 517, October-December 1993.

[12] T. R. Yechout, S. L. Morris, D. E. Bossert, andW. F. Hallgren, *Introduction to Aircraft Flight Mechanics.* AIAA Education Series, American Institute of Aeronautics and Astronautics, 2003.

[13] M. Rauw, *FDC 1.2 – A SIMULINK Toolbox for Flight Dynamics and Control Analysis*, February 1998. Available at http://dutchroll.sourceforge.net/fdc.html.

[14] H. Goldstein, *Classical Mechanics.* Cambridge, MA: Addison-Wesley, 1951.

[15] A. V. Rao, *Dynamics of Particles and Rigid Bodies: A Systematic Approach.* Cambridge: Cambridge University Press, 2006.

[16] M. J. Sidi, *Spacecraft Dynamics and Control.* Cambridge Aerospace Series. New York: Cambridge University Press, 1997.

[17] S. S. Patankar, D. E. Schinstock, and R. M. Caplinger, "Application of pendulum method to UAVmomental ellipsoid estimation," in *6th AIAA Aviation Technology, Integration and Operations Conference (ATIO)*, AIAA 2006 – 7820, September 2006.

[18] M. R. Jardin and E. R. Mueller, "Optimized measurements of UAV mass moment of inertia with a bifilar pendulum," in *Proceedings of the AIAA Guidance, Navigation, and Control Conference and Exhibit*, AIAA 2007 – 6822, August 2007.

[19] J. B. Marion, *Classical Dynamics of Particles and Systems.* NewYork: Academic Press, 2nd ed., 1970.

[20] W. E. Wiesel, *Spaceflight Dynamics.* New York: McGraw Hill, 2nd ed., 1997.

[21] J. R. Wertz, ed., *Spacecraft Attitude Determination and Control.* Dordrecht, Neth.: Kluwer Academic Publishers, 1978.

[22] R. F. Stengel, *Flight Dynamics.* Princeton, NJ: Princeton University Press, 2004.

[23] K. S. Fu, R. C. Gonzalez, and C. S. G. Lee, *Robotics: Control, Sensing, Vision, and Intelligence.* New York: McGraw-Hill, 1987.

[24] J. W. Langelaan, N. Alley, and J. Niedhoefer, "Wind field estimation for small unmanned aerial vehicles," in *AIAA Guidance, Navigation, and Control Conference*, AIAA 2010 – 8177, August 2010.

[25] W. F. Phillips, *Mechanics of Flight*. New Jersey: Wiley, 2nd ed., 2010.

[26] R. Rysdyk, "UAV path following for constant line-of-sight," in *Proceedings of the AIAA 2nd Unmanned Unlimited Conference*, AIAA, AIAA 2003 – 6626, September 2003.

[27] J. Osborne and R. Rysdyk, "Waypoint guidance for small UAVs in wind," in *Proceedings of the AIAA Infotech@ Aerospace Conference*, September 2005.

[28] G. F. Franklin, J. D. Powell, and M. Workman, *Digital Control of Dynamic Systems*. Menlo Park, CA: Addison Wesley, 3rd ed., 1998.

[29] R. W. Beard, "Embedded UAS autopilot and sensor systems," in *Encyclopedia of Aerospace Engineering* (R. Blockley and W. Shyy, eds.), pp. 4799 – 4814. Chichester, UK: John Wiley & Sons, Ltd, 2010.

[30] G. F. Franklin, J. D. Powell, and A. Emami-Naeini, *Feedback Control of Dynamic Systems*. Menlo Park, CA: AddisonWesley, 4th ed., 2002.

[31] "U. S. standard atmosphere, 1976." U. S. Government Printing Office, Washington, D. C., 1976.

[32] National Oceanic and Atmospheric Administration, "The world magnetic model." http://www.ngdc.noaa.gov/geomag/WMM/, 2011.

[33] J. – M. Zogg, *GPS: Essentials of Satellite Navigation*. http://zogg-jm.ch/ Dateien/GPS_Compendium(GPS-x-02007).pdf, u-blox AG, 2009.

[34] B. W. Parkinson, J. J. Spilker, P. Axelrad, and P. Enge, eds., *Global Positioning System: Theory and Applications*. Reston, VA: American Institute for Aeronautics and Astronautics, 1996.

[35] E. D. Kaplan, ed., *Understanding GPS: Principles and Applications*. Norwood, MA: Artech House, 1996.

[36] M. S. Grewal, L. R. Weill, and A. P. Andrews, *Global Positioning Systems, Inertial Navigation, and Integration*. New Jersey: John Wiley&Sons, 2nd ed., 2007.

[37] J. Rankin, "GPS and differential GPS: An error model for sensor simulation," in *Position, Location, and Navigation Symposium*, pp. 260 – 266, 1994.

[38] R. Figliola and D. Beasley, *Theory and Design for Mechanical Measurements*. New York: John Wiley & Sons, Inc., 2006.

[39] S. D. Senturia, *Microsystem Design*. *Dordrecht*, Neth.: Kluwer Academic Publishers, 2001.

[40] J. W. Gardner, V. K. Varadan, and O. O. Awadelkarim, *Microsensors, MEMS, and Smart Devices*. New York: John Wiley & Sons, 2001.

[41] V. Kaajakari, *Practical MEMS: Design of Microsystems, Accelerometers, Gyroscopes, RF MEMS, Optical MEMS, and Microfluidic Systems*. Small Gear Publishing, 2009.

[42] R. E. Kalman, "A new approach to linear filtering and prediction problems," *Transactions of the ASME, Journal of Basic Engineering*, vol. 82, pp. 35 – 45, 1960.

[43] F. L. Lewis, *Optimal Estimation: With an Introduction to Stochastic Control Theory*. New York: John Wiley & Sons, 1986.

[44] A. Gelb, ed., *Applied Optimal Estimation*. Cambridge, MA: MIT Press, 1974.

[45] B. D. O. Anderson and J. B. Moore, *Linear Optimal Control*. Englewood Cliffs, NJ: Prentice Hall, 1971.

[46] R. G. Brown, *Introduction to Random Signal Analysis and Kalman Filtering*. New York: JohnWiley & Sons, Inc., 1983.

[47] A. M. Eldredge, "Improved state estimation for miniature air vehicles," Master's thesis, Brigham Young University, 2006.

[48] R. W. Beard, "State estimation for micro air vehicles," in *Innovations in Intelligent Machines I*, J. S. Chahl,

L. C. Jain, A. Mizutani, and M. Sato-Ilic, eds. , pp. 173 – 199, Berlin Heidelberg: Springer Verlag, 2007.

[49] A. D. Wu, E. N. Johnson, and A. A. Proctor, "Vision-aided inertial navigation for flight control," *Journal of Aerospace Computing, Information, and Communication*, vol. 2, pp. 348 – 360, September 2005.

[50] T. P. Webb, R. J. Prazenica, A. J. Kurdila, and R. Lind, "Vision-based state estimation for autonomous micro air vehicles," *AIAA Journal of Guidance, Control, and Dynamics*, vol. 30, May-June 2007.

[51] S. Ettinger, M. Nechyba, P. Ifju, and M. Waszak, "Vision-guided flight stability and control for micro air vehicles," *Advanced Robotics*, vol. 17, no. 3, pp. 617 – 640, 2003.

[52] J. D. Anderson, *Introduction to Flight*. McGraw Hill, 1989.

[53] D. R. Nelson, D. B. Barber, T. W. McLain, and R. W. Beard, "Vector field path following for miniature air vehicles," *IEEE Transactions on Robotics*, vol. 37, pp. 519 – 529, June 2007.

[54] D. R. Nelson, D. B. Barber, T. W. McLain, and R. W. Beard, "Vector field path following for small unmanned air vehicles," in *American Control Conference*, (Minneapolis,MN), pp. 5788 – 5794, June 2006.

[55] D. A. Lawrence, E. W. Frew, and W. J. Pisano, "Lyapunov vector fields for autonomous unmanned aircraft flight control," *AIAA Journal of Guidance, Control, and Dynamics*, vol. 31, pp. 1220 – 1229, September-October 2008.

[56] O. Khatib, "Real-time obstacle avoidance for manipulators and mobile robots," in *Proceedings of the IEEE International Conference on Robotics and Automation*, vol. 2, pp. 500 – 505, April 1985.

[57] K. Sigurd and J. P. How, "UAV trajectory design using total field collision avoidance," in *Proceedings of the AIAA Guidance, Navigation and Control Conference*, August 2003.

[58] S. Park, J. Deyst, and J. How, "A new nonlinear guidance logic for trajectory tracking," in *Proceedings of the AIAA Guidance,Navigation and Control Conference*, AIAA 2004 – 4900, August 2004.

[59] I. Kaminer, A. Pascoal, E. Hallberg, and C. Silvestre, "Trajectory tracking for autonomous vehicles: An integrated approach to guidance and control," *AIAA Journal of Guidance, Control and Dynamics*, vol. 21, no. 1, pp. 29 – 38, January-February 1998.

[60] T. W. McLain and R. W. Beard, "Coordination variables, coordination functions, and cooperative timing missions," *AIAA Journal of Guidance, Control and Dynamics*, vol. 28, no. 1, pp. 150 – 161, January 2005.

[61] L. E. Dubins, "On curves of minimal length with a constraint on average curvature, and with prescribed initial and terminal positions and tangents," *American Journal of Mathematics*, vol. 79, no. 3, pp. 497 – 516, July1957 .

[62] E. P. Anderson, R. W. Beard, and T. W. McLain, "Real time dynamic trajectory smoothing for uninhabited aerial vehicles," *IEEE Transactions on Control Systems Technology*, vol. 13, pp. 471 – 477, May 2005.

[63] G. Yang and V. Kapila, "Optimal path planning for unmanned air vehicles with kinematic and tactical constraints," in *Proceedings of the IEEE Conference on Decision and Control*, (Las Vegas, NV), pp. 1301 – 1306, December 2002.

[64] P. Chandler, S. Rasumussen, and M. Pachter, "UAV cooperative path planning," in *Proceedings of the AIAA Guidance, Navigation, and Control Conference*, (Denver, CO), AIAA 2000 – 4370, August 2000.

[65] D. Hsu, R. Kindel, J. – C. Latombe, and S. Rock, "Randomized kinodynamic motion planning with moving obstacles," in *Algorithmic and Computational Robotics: New Directions*, pp. 247 – 264f. Natick, MA: A. K. Peters, 2001.

[66] F. Lamiraux, S. Sekhavat, and J. – P. Laumond, "Motion planning and control for Hilare pulling a trailer," *IEEE Transactions on Robotics and Automation*, vol. 15, pp. 640 – 652, August 1999.

[67] R. M. Murray and S. S. Sastry, "Nonholonomic motion planning: Steering using sinusoids," *IEEE Transactions on Automatic Control*, vol. 38, pp. 700 – 716, May 1993.

[68] T. Balch and R. C. Arkin, "Behavior-based formation control for multirobot teams," *IEEE Transactions on Robotics and Automation*, vol. 14, pp. 926 –939, December 1998.

[69] R. C. Arkin, *Behavior-based Robotics.* Cambridge, MA: MIT Press, 1998.

[70] R. Sedgewick, Algorithms. Addison-Wesley, 2nd ed. , 1988.

[71] F. Aurenhammer, "Voronoi diagrams-a survey of fundamental geometric data struct," *ACMComputing Surveys*, vol. 23, pp. 345 –405, September 1991.

[72] T. H. Cormen, C. E. Leiserson, and R. L. Rivest, *Introduction to Algorithms.* New York: McGraw-Hill, 2002.

[73] T. K. Moon and W. C. Stirling, *Mathematical Methods and Algorithms.* Englewood Cliffs, NJ: Prentice Hall, 2000.

[74] S. M. LaValle and J. J. Kuffner, "Randomized kinodynamic planning," *International Journal of Robotic Research*, vol. 20, pp. 378 –400, May 2001.

[75] J. –C. Latombe, *Robot Motion Planning.* Dordrecht, Neth. : Kluwer Academic Publishers, 1991.

[76] H. Choset, K. M. Lynch, S. Hutchinson, G. Kantor, W. B. and Lydia E. Kavraki, and S. Thrun, *Principles of Robot Motion: Theory, Algorithms, and Implementation.* Cambridge, MA: MIT Press, 2005.

[77] S. M. LaValle, *Planning Algorithms.* Cambridge University Press, 2006.

[78] T. McLain and R. Beard, "Cooperative rendezvous of multiple unmanned air vehicles," in *Proceedings of the AIAA Guidance, Navigation and Control Conference*, (Denver, CO), AIAA 2000 –4369, August 2000.

[79] T. W. McLain, P. R. Chandler, S. Rasmussen, and M. Pachter, "Cooperative control of UAV rendezvous," in *Proceedings of the American Control Conference*, (Arlington, VA), pp. 2309 –2314, June 2001.

[80] R. W. Beard, T. W. McLain, M. Goodrich, and E. P. Anderson, "Coordinated target assignment and intercept for unmanned air vehicles," *IEEE Transactions on Robotics and Automation*, vol. 18, pp. 911 –922, December 2002.

[81] H. Choset and J. Burdick, "Sensor-based exploration: The hierarchical generalized Voronoi graph," *The International Journal of Robotic Research*, vol. 19, pp. 96 – 125, February 2000.

[82] H. Choset, S. Walker, K. Eiamsa-Ard, and J. Burdick, "Sensor-based exploration: Incremental construction of the hierarchical generalized Voronoi graph," *The International Journal of Robotics Research*, vol. 19, pp. 126 – 148, February 2000.

[83] D. Eppstein, "Finding the *k* shortest paths," *SIAM Journal of Computing*, vol. 28, no. 2, pp. 652 –673, 1999.

[84] S. M. LaValle, "Rapidly-exploring random trees: A new tool for path planning. " TR 98 – 11, Computer Science Dept. , Iowa State University, October 1998.

[85] J. J. Kuffner and S. M. LaValle, "RRT-connect: An efficient approach to single-query path planning," in *Proceedings of the IEEE International Conference on Robotics and Automation*, (San Francisco, CA), pp. 995 – 1001, April 2000.

[86] M. Zucker, J. Kuffner, and M. Branicky, "Multipartite RRTs for rapid replanning in dynamic environments," in *Proceedings of the IEEE International Conference on Robotics and Automation*, (Rome, Italy),April 2007.

[87] S. Karaman and E. Frazzoli, "Incremental sampling-based algorithms for optimal motion planning," *International Journal of Robotic Research*, (in review).

[88] A. Ladd and L. E. Kavraki, "Generalizing the analysis of PRM," in *Proceedings of the IEEE International Conference on Robotics and Automation*, (Washington, DC), pp. 2120 –2125, May 2002.

[89] E. Frazzoli, M. A. Dahleh, and E. Feron, "Real-time motion planning for agile autonomous vehicles," *Journal of Guidance, Control, and Dynamics*, vol. 25, pp. 116 – 129, January-February 2002.

[90] E. U. Acar, H. Choset, and J. Y. Lee, "Sensor-based coverage with extended range detectors," *IEEE Transactions on Robotics*, vol. 22, pp. 189 – 198, February 2006.

[91] C. Luo, S. X. Yang, D. A. Stacey, and J. C. Jofriet, "A solution to vicinity problem of obstacles in complete coverage path planning," in *Proceedings of the IEEE International Conference on Robotics and Automation*, (Washington DC), pp. 612 – 617, May 2002.

[92] Z. J. Butler, A. A. Rizzi, and R. L. Hollis, "Cooperative coverage of rectilinear environments," in *Proceedings of the IEEE International Conference on Robotics and Automation*, (San Francisco, CA), pp. 2722 – 2727, April 2000.

[93] J. Cortes, S. Martinez, T. Karatas, and F. Bullo, "Coverage control for mobile sensing networks," in *Proceedings of the IEEE International Conference on Robotics and Automation*, (Washington, DC), pp. 1327 – 1332, May 2002.

[94] M. Schwager, J. – J. Slotine, and J. J. Daniela Russell, "Consensus learning for distributed coverage control," in *Proceedings of the International Conference on Robotics and Automation*, (Pasadena, CA), pp. 1042 – 1048, May 2008.

[95] J. H. Evers, "Biological inspiration for agile autonomous air vehicles," in *Symposium on Platform Innovations and System Integration for Unmanned Air, Land, and Sea Vehicles*, (Florence, Italy), NATO Research and Technology Organization AVT – 146, paper no. 15, May 2007.

[96] D. B. Barber, J. D. Redding, T. W. McLain, R. W. Beard, and C. N. Taylor, "Vision-based target geo-location using a fixed-wing miniature air vehicle," *Journal of Intelligent and Robotic Systems*, vol. 47, pp. 361 – 382, December 2006.

[97] Y. Ma, S. Soatto, J. Kosecka, and S. Sastry, *An Invitation to 3 – D Vision: From Images to Geometric Models.* NewYork: Springer-Verlag, 2003.

[98] P. Zarchan, *Tactical and Strategic Missile Guidance*, vol. 124 of *Progress in Astronautics and Aeronautics.* Washington, DC: American Institute of Aeronautics and Astronautics, 1990.

[99] M. Guelman, M. Idan, and O. M. Golan, "Three-dimensional minimum energy guidance," *IEEE Transactions on Aerospace and Electronic Systems*, vol. 31, pp. 835 – 841, April 1995.

[100] J. G. Lee, H. S. Han, and Y. J. Kim, "Guidance performance analysis of bank-to-turn (BTT) missiles," in *Proceedings of the IEEE International Conference on Control Applications*, (Kohala, HI), pp. 991 – 996, August, 1999.

[101] E. Frew and S. Rock, "Trajectory generation for monocular-vision based tracking of a constant-velocity target," in *Proceedings of the 2003 IEEE International Conference on Robotics and Automation*, (Taipei, Taiwan), September 2003.

[102] R. Kumar, S. Samarasekera, S. Hsu, and K. Hanna, "Registration of highlyoblique and zoomed in aerial video to reference imagery," in *Proceedings of the IEEE Computer Society Computer Vision and Pattern Recognition Conference*, (Barcelona, Spain), June 2000.

[103] D. Lee, K. Lillywhite, S. Fowers, B. Nelson, and J. Archibald, "An embedded vision system for an unmanned four-rotor helicopter," in *SPIE Optics East*, *Intelligent Robots and Computer Vision XXIV: Algorithms, Techniques, and Active Vision*, vol. 6382 – 24, 63840G, (Boston, MA), October 2006.

[104] J. Lopez, M. Markel, N. Siddiqi, G. Gebert, and J. Evers, "Performance of passive ranging from image flow," in *Proceedings of the IEEE International Conference on Image Processing*, vol. 1, pp. 929 – 932, September 2003.

[105] M. Pachter, N. Ceccarelli, and P. R. Chandler, "Vision-based target geolocation using camera equippedMAVs," in *Proceedings of the IEEE Conference on Decision and Control*, (New Orleans, LA), December 2007.

[106] R. J. Prazenica, A. J. Kurdila, R. C. Sharpley, P. Binev, M. H. Hielsberg, J. Lane, and J. Evers, "Vision-based receding horizon control for micro air vehicles in urban environments," *AIAA Journal of Guidance*,

Dynamics, *and Control*, (inreview).

[107] I. Wang, V. Dobrokhodov, I. Kaminer, and K. Jones, "On vision-based target tracking and range estimation for small UAVs," in *AIAA Guidance*, *Navigation*, *and Control Conference and Exhibit*, pp. 1 - 11, August 2005.

[108] Y. Watanabe, A. J. Calise, E. N. Johnson, and J. H. Evers, "Minimumeffort guidance for vision-based collision avoidance," in *Proceedings of the AIAA Atmospheric Flight Mechanics Conference and Exhibit*, (Keystone, Co), American Institute of Aeronautics and Astronautics, AIAA 2006 – 6608, August 2006.

[109] Y. Watanabe, E. N. Johnson, and A. J. Calise, "Optimal 3 – D guidance from a 2 – D vision sensor," in *Proceedings of the AIAA Guidance*, *Navigation*, *and Control Conference*, (Providence, RI), American Institute of Aeronautics and Astronautics, AIAA 2004 – 4779, August 2004.

[110] I. H. Whang, V. N. Dobrokhodov, I. I. Kaminer, and K. D. Jones, "On vision-based tracking and range estimation for small UAVs," in *Proceedings of the AIAA Guidance*, *Navigation*, *and Control Conference and Exhibit*, (San Francisco, CA), August 2005.

[111] R. W. Beard, D. Lee, M. Quigley, S. Thakoor, and S. Zornetzer, "A new approach to observation of descent and landing of future Mars mission using bioinspired technology innovations," *AIAA Journal of Aerospace Computing*, *Information*, *and Communication*, vol. 2, no. 1, pp. 65 – 91, January 2005.

[112] M. E. Campbell and M. Wheeler, "A vision-based geolocation tracking system for UAVs," in *Proceedings of the AIAA Guidance*, *Navigation*, *and Control Conference and Exhibit*, (Keystone, Co), AIAA 2006 – 6246, August 2006.

[113] V. N. Dobrokhodov, I. I. Kaminer, and K. D. Jones, "Vision-based tracking and motion estimation for moving targets using small UAVs," in *Proceedings of the AIAA Guidance*, *Navigation*, *and Control Conference and Exhibit*, (Keystone, Co), AIAA 2006 – 6606, August 2006.

[114] E. W. Frew, "Sensitivity of cooperative target geolocation to orbit coordination," *Journal of Guidance*, *Control*, *and Dynamics*, vol. 31, pp. 1028 – 1040, July – August 2008.

[115] D. Murray and A. Basu, "Motion tracking with an active camera," *IEEE Transactions on Pattern Analysis and Machine Intelligence*, vol. 16, pp. 449 – 459, May 1994.

[116] S. Hutchinson, G. D. Hager, and P. I. Corke, "A tutorial on visual servo control," *IEEE Transactions on Robotics and Automation*, vol. 12, pp. 651 – 670, October 1996.

[117] J. Oliensis, "A critique of structure-from-motion algorithms," *Computer Vision and Image Understanding* (*CVIU*), vol. 80, no. 2, pp. 172 – 214, 2000.

[118] J. Santos-Victor and G. Sandini, "Uncalibrated obstacle detection using normal flow," *Machine Vision and Applications*, vol. 9, no. 3, pp. 130 – 137, 1996.

[119] L. Lorigo, R. Brooks, and W. Grimson, "Visually guided obstacle avoidance in unstructured environments," in *Proceedings of IROS* '97, (Grenoble, Fr.), September 1997.

[120] R. Nelson and Y. Aloimonos, "Obstacle avoidance using flow field divergence," *IEEE Transactions on Pattern Analysis and Machine Intelligence*, vol. 11, pp. 1102 – 1106, October 1989.

[121] F. Gabbiani, H. Krapp, and G. Laurent, "Computation of object approach by a wide field visual neuron," *Journal of Neuroscience*, vol. 19, no. 3, pp. 1122 – 1141, February 1999.

[122] R. W. Beard, J. W. Curtis, M. Eilders, J. Evers, and J. R. Cloutier, "Visionaided proportional navigation for micro air vehicles," in *Proceedings of the AIAA Guidance*, *Navigation and Control Conference*, (Hilton Head, NC), American Institute of Aeronautics and Astronautics, AIAA 2007 – 6609, August 2007.

[123] A. E. Bryson and Y. C. Ho, *Applied Optimal Control*. Waltham, MA: Blaisdell Publishing Company, 1969.

[124] M. Guelman, "Proportional navigation with a maneuvering target," *IEEE Transactions on Aerospace and Elec-

tronic Systems, vol. 8(3), pp. 364 – 371, May 1972.

[125] C. F. Lin, *Modern Navigation, Guidance, and Control Processing*. Englewood Cliffs, NJ: Prentice Hall, 1991.

[126] J. Waldmann, "Line-of-sight rate estimation and linearizing control by an imaging seeker in a tactical missile guided by proportional navigation," *IEEE Transactions on Control Systems Technology*, vol. 10, pp. 556 – 567, July 2002.

[127] J. B. Kuipers, *Quaternions and Rotation Sequences: A Primer with Applications to Orbits, Aerospace, and Virtual Reality*. Princeton, NJ: Princeton University Press, 1999.

[128] J. P. Corbett and F. B. Wright, "Stabilization of computer circuits," in *WADC TR* 57 – 25 (E. Hochfeld, ed.), (Wright-Patterson Air Force Base, OH), 1957.

[129] G. Platanitis and S. Shkarayev, "Integration of an autopilot for a micro air vehicle," in *Infotech@Aerospace*, AIAA 2005 – 7066, September, 2005.

[130] R. Rysdyk, "Course and heading changes in significant wind," in *AIAA Journal of Guidance, Control, and dynamics*, vol. 33, no. 4, pp. 1311 – 12, July-August 2010.

内 容 简 介

本书探讨了理解无人机问题所必需的物理系统和传感器方面的关键知识，包括底层的自动驾驶仪稳定性和高层的路径规划功能，对理解固定翼无人机的动态特性、控制和导航的关键概念和技术进行了全面且精练的介绍，使具有初步控制或机器人背景的读者能够很快进入到无人机研究领域。同时本书引导读者从刚体动力学入手，经过空气动力学、稳定性分析和用板载传感器进行状态估计，最后实现穿越障碍物的飞行。为了帮助理解，还设计了丰富的利用 Matlab/Simulink 环境的仿真项目。读者从刚体动力学建模开始，然后加入空气动力学和传感器模型，可以开发底层的自动驾驶仪程序、状态估计器和轨迹跟踪路线，也可以设计高层的路径规划算法。